語りかける量子化学

原子と物質をつなぐ14章

北條博彦 ● 著

JN047150

講談社

目 次

Mas Math ノート

第0章 • はじめに
～なぜ量子化学を学ぶのか

0.1 水とアルコール

　日本に化学が伝えられたのは幕末の頃らしいですが，当時は Chemie の当て字で「舎密」とよんでいたそうです．その後，すでに中国で使われていた「化学」という用語も輸入され，次第に置き換わっていきました．「化学」の語源は詳しくわかっていないようですが，化学の本質を実によく言い当てた秀逸な用語だと思います．化学は物質の変化を扱う学問だからです．

　物質の変化というと真っ先に化学反応が思い浮かびますね．分子の結合が組み変わって新しい分子ができる現象，またそれに伴う色や形状の変化は見る者を本能的に惹きつける魅力をもっています．今の小中学校では IT 化が進んで多種多様な情報が得られるようになりましたが，リトマス紙の色が変わったり，塩の結晶が成長したりするのを自分の目で見る体験は大切にしてほしいと思います．

　化学反応は時間的な変化だといえますが，これに加えて空間的な変化も化学における重要な視点です．ここでいう空間的な変化とは，原子が空間を占めるときの組成や配置の違いのことです．例えば酸素原子と水素原子二個が適切な形で並べば水分子ができますが，ここに炭素原子と水素原子二個が割り込んでくるとメタノールになります．高々数 Å の微小な空間で起こる原子の並べ替えが，私たちが暮らすマクロな世界では大きな違いとなって現れます．原子の組成や配置とはつまり分子構造のことです．分子構造を調べる化学の一分野を構造化学といいますが，物質の性質はその構造に起因する*という大前提に立てば，構造と性質の関係を明らかにするという目標も構造化学の射程に入ってきます．

　物質の性質は化学的性質と物理的性質に大別することができます．化学的性質とは化学反応に関係する性質です．例えば燃焼するかしないか(酸素との反応性)，酸性かアルカリ性か(H^+ イオンの解離のしやすさ)などの違いです．生体に対する作用も結

---

*　ただし逆は成り立たない．砂糖は甘いけれど，甘いからといって砂糖とは限らない．

1

局は化学反応ですから化学的性質と考えてよいでしょう．これらの性質は反応させてみないとわかりませんから，調べることによって物質そのものが変わってしまうこともあります．化学反応は分子の一部（または全部）がどのような構造をもっているかに左右されるので，化学的性質は分子自体の性質に大きく依存します．これに対して物理的性質とは沸点，融点，密度，誘電率，屈折率などの物理的な実験方法で測定できる性質（物性）をいいます．これらの性質を調べる測定によって物質自体は変化しません．物理的な性質は物質を構成する分子自体の性質だけでなく，その集合状態にも依存するという大きな特徴があります．

このことは構造化学的なアプローチによる物性解明を著しく困難にする一方，魅力的にもします．端的にいえば，「構造」として考えるべき対象をどのスケールまで広げれば実験結果を説明できるのか，という挑戦になります．簡単な例で説明しましょう．

水と炭素数1〜5の低級アルコールがあります（図0-1）．分子構造を見ると，水とメタノールの違いはわずかです．もちろん炭素原子があるかないかの違いは大きいのですが，ここではあえて物性の面から水と低級アルコールの間に線引きができるかどうか考えてみましょう．これらの物質の物性値を表にしました．

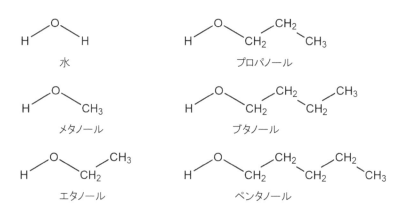

図0-1 水と低級アルコールの構造式

表 0-1　水と低級アルコールの物性値

	水	メタノール	エタノール	プロパノール	ブタノール	ペンタノール
沸点 ($T/℃$)	100.0	64.6	78.6	97.9	115.9	137.9
融点 ($T/℃$)	0.0	-97.6	-114.2	-124.4	-89.6	-78.2
誘電率 ($\varepsilon/\varepsilon_0$)	78.4	32.6	24.3	20.1	17.8	15.1
屈折率 (n_D)	1.3334	1.3286	1.3623	1.3854	1.3993	1.4117
密度 ($d/\mathrm{g\,cm}^{-3}$)	0.9982	0.7928	0.7893	0.8035	0.8097	0.8146

出典:『化学便覧』(第6版),『理科年表』(2009年版)ほか. 沸点は 1 atm の値, 誘電率は 25℃ の値(ブ
タノールのみ 20℃), 屈折率は 20℃ の値(ペンタノールのみ 15℃), 密度は 20℃ の値.

　数値を見ると, まず水の沸点がとびぬけて高いのが目を惹きます. いえ, ちょっと
待ってください. 確かにメタノールに比べると急に高くなっていますが, 一番高いの
はペンタノールです. 融点では炭素数と数値との関係はますますわかりにくくなって
います. 誘電率は水が突出していますが, 屈折率はあまり炭素の数によらないようで
す. 分子構造だけを眺めていても, 水とアルコールの区別どころかアルコール同士の
差異を説明するのも難しいのではないかと思います.

　これらの物性値の違いを, 高々Åスケールの原子配置の違いから説明するにはど
うしたらよいでしょうか. 私たちが暮らすマクロな世界と分子の世界とでは長さの
オーダーが 10 桁ほど違います. このようなオーダーの違いは私たちの思考パターン
に何か罠を仕掛けるでしょうか. 物理量のスケールの違いについて, ざっくりと人間
の世界, 化学の世界, 電子の世界に分けて表にしてみます.

表 0-2　物理量のスケール

	長さ (m)	質量 (kg)	時間 (s)	速度 ($\mathrm{m\,s}^{-1}$)	運動量 ($\mathrm{kg\,m\,s}^{-1}$)	運動エネルギー (J)
人間の世界	ヒトの背丈 1	ヒトの体重 10^2	ヒトの脈拍 1	歩く速さ 1	歩くヒト 10^2	歩くヒト 10^2
化学の世界	原子の直径 10^{-10}	原子の質量 10^{-26}	分子振動 10^{-13}	分子の速さ 10^3	分子の並進 10^{-23}	分子の並進 10^{-20}
電子の世界	電子の広がり 10^{-10}	電子の質量 10^{-30}	電子励起 10^{-16}	電子の速さ 10^6	電子の並進 10^{-24}	電子の並進 10^{-18}

　それぞれの世界において長さ，質量，時間の代表的な量を選び，それらの掛け算・割り算で速度，運動量，運動エネルギーを計算しました．代表例として挙げた量は著者の主観なので人によって完成する表は多少違うかもしれませんが，それぞれの世界で物理量のオーダーが何桁も違うというところに注目してください．人間の世界で値がほとんど 1 になっているのは，m，kg，s などの単位が人の生活に都合のいいように決められたからですね．しかし，分子や電子にとってはこれらの単位は必ずしも都合のいい単位にはなっていないのです．

　ニュートン(Newton)が偉大だといわれるのは，リンゴが木から落ちることを発見したからではありません．リンゴの落下と月などの天体の運動を司っている法則が同じであることを看破したからです．人間の世界と天体の世界とではやはり何十桁ものオーダーの違いがあるにもかかわらず，です．しかし一般にはこのような普遍性は成り立ちません．例えば人は鳥のような翼をつけても空を飛ぶことはできません．鳥の形を保ったまま大きくすると体長に対して翼の面積は二乗で増えますが，体重は三乗で増えます．体が小さいうちは翼の揚力は体重を持ち上げるのに十分だったとしても，三乗のグラフはいつか二乗のグラフを追い抜いてしまいます．空を飛ぶ鳥の大きさにはおのずと限界があるのです．これは，一つの物理量のスケールを変えたときに，他のいろいろな物理量が同じようには変化しないために起こることです．

　万能と思われたニュートン力学も，20 世紀に入って二通りの修正を迫られました．一つは月や惑星の距離感よりももっと大きなスケールの運動を論じるために必要な相対性理論*，もう一つは，原子や分子のスケールの運動を論じるために必要な量子力学です．19 世紀には分子集団の運動を記述するのに必要な熱力学が誕生しました．10^{-26} kg の物体が 10^{26} 個ある系の運動には，1 kg の物体が一個あるときの運動とは異なる方程式が必要だったのです．分子構造と物性の関係は，人間の世界のスケールに拡大された分子模型を眺めているだけではわかりません．物質の物性を理解するには，分子の世界で起きている電子の運動にまで深く分け入るミクロの視点と，分子が 10^{26} 個のオーダーで集まった集団を扱うマクロな視点の両方が必要なのです．

　本書のタイトルにもある量子化学とは，量子力学を使って化学の問題を解決しようという化学の一分野です．ここから先の 13 章は，量子化学の基礎となる考え方に始まり，原子から分子，分子から物質へと徐々に視点を移して物性の理解につながるように構成しました．1 章から 4 章までは量子力学に登場する用語や概念をまとめまし

---

*　相対性理論は光速に近い速さで運動する物体についての力学だが，宇宙論のような大きなスケールでその影響が顕在化することから，原子・分子スケールと対比させてこのような書き方をした．

た．難解といわれる量子力学ですが，その理由の大部分は数式の取り扱いにあるのではないかと想像します．本書ではやや高度な数学的記述は「Mas Math ノート」としてコラム化しました(Mas はスペイン語の「もっと」)．飛ばして読んでも意味が通じるようになっていますが，本文を二度三度と読んで数式に付き合う余裕が出てきたら読んでみてください．5 章から 9 章までは量子力学の考え方を使って分子の中の電子の運動，とりわけ共有結合ができる仕組みと，分子の形から生じるいろいろな性質に焦点をあてました．10 章から 12 章では視点をミクロからマクロに移しますが，量子力学でわかったことを物質の理解にどうやってつなげていくかというところに重点をおきました．13 章はエピローグの代わりとして，1〜12 章で見てきたことを踏まえて，水とアルコールの線引きについてのヒントとなる考察を記しておきました．

第1章 •量子化学の書きコトバ

1.1 原子の構造

1.1.1 大きさの比較

　原子の大きさは，半径 10^{-10} m の球とほぼ同じです．もちろん肉眼で見ることはできません．紀元前のギリシャの哲学者たちは，物質の究極的な構成要素としてアトモス ($\alpha\tau o\mu o\sigma$) という概念を唱えましたが，現代科学の「原子」はその概念に最も近いものといえるでしょう．アトモスは「これ以上分割することのできない単位」でしたが，原子にはさらに構造があります．原子は，10^{-14} m ほどの原子核と，それよりさらに小さい電子とで構成されています．原子核はさらに陽子と中性子からできています．それらはさらにいくつかのクォークからできているらしいのですが，化学の話をする限りは陽子・中性子あたりで止めておいて差し支えありません．

　電子の正確な大きさはわかっていませんが，少なくとも 10^{-18} m のスケールまでは何の構造も見いだされていません．そもそも電子は，いくらかの大きさのある粒子のようなものではないようです．電子は，今まで人類が知っている何物にも似ていません．だから何かに例えて説明しようとすると困ります．この問題の解決法については次節で扱います．電子の大きさはわかりませんが，質量があることはわかっています．しかも $9.1093837015 \pm 0.0000000028 \times 10^{-31}$ kg というかなりの高精度で測定されています．

　原子の質量は，最も軽い水素で 1.67×10^{-27} kg，最重量級のウラン238で 3.94×10^{-25} kg です．ウランには電子が92個ありますが，その質量を全部あわせても 8.38×10^{-29} kg ですから，原子の質量のうち 0.02% ほどにしかなりません．原子核の直径は原子の10000分の1ほどですが，その原子核が原子の質量のほとんどすべてを担っているのです．一方で，原子の体積のほとんどすべては，電子が担っていることになります．大きさもよくわかっていない電子にどうしてそんな芸当ができるのか不思議ですが，これは電子特有の運動形態の賜物です．

1.1.2 電子の運動

　電子は陰極線の「正体」として発見されました(高速の電子が希薄なガスを光らせているのが陰極線で,電子自体が光っているのではない).陰極線は磁石の力で曲がったので,その曲がり方から質量が割り出されました.電子に質量があるとわかり,科学者たちはこれが小さい粒子のようなものだと考えました.1897年のことです.当時,質量があるものといえば粒子以外の形態を思い浮かべることはできなかったでしょう.しかしその30年後の1927年,加速した電子ビームが波動のように干渉することがわかりました.干渉というのは水面にできた波紋がお互いに強め合ったり弱めあったりする,そういう相互作用の仕方のことです.当時,干渉するものといえば波動以外の様式を思い浮かべることもまたできなかったでしょう.電子は粒子としての性質と波動としての性質を併せもつ(測定の仕方によって異なる性質を見せる)存在だったのです.科学者たちはその頃の物理学で使われていた「粒子」と「波動」という言葉を借りて電子のふるまいを述べるしかありませんでした.

　その頃までには,光が電磁波の一種であることが実験・理論の両面からわかっていましたが,一方で光が粒子の性質を見せることもありました.光を粒子と見るときは光子とよびます.光子に質量はありませんが,光のエネルギーが連続的ではなく,ある量を単位として一個二個と段階的に増えると考えることで説明できる現象がいくつか見つかりました.また光には運動量があることもわかりました(質量が0なのに運動量があるというのは一見奇妙ですが,運動量を質量と速度の積で表すのは古典力学的な粒子にのみ当てはまる近似で,光子には通用しません → 第4章).このように,光に対しては粒子と波動の二重性を認めなくてはなりませんでしたから,電子に対し

表1-1　粒子と波動における物理量の表し方

	粒子	波動
速度	$\dfrac{p}{m}$	$\dfrac{\partial \omega}{\partial k}$
運動量	p	$\hbar k$
運動エネルギー	$\dfrac{p^2}{2m}$	$\hbar \omega$
説明	力学では速度よりも運動量を本質的な量と見る.粒子の場合 $p=mv$ の関係があるので,速度 v,運動エネルギー $mv^2/2$ をそれぞれ p を使って表すと表中の形になる.	プランク定数 $h=6.626\times10^{-34}$ Js は光の粒子性を記述する際に必要となる係数.$\hbar$ は $h/2\pi$.ω は角振動数($=2\pi f$),k は波数($=2\pi/\lambda$).速度は波束の群速度.

ても同じような見方をするのも自然な成り行きだったのでしょう.

　粒子と波動の二重性(duality)とは,だいぶわかりにくい表現です.そもそも何かと何かの二重性という言葉自体,他に使われる例がほとんどありません.これは数式で考えた方がすっきりわかります.運動に関わる物理量として,速度,運動量,運動エネルギーを考えます.粒子の場合,順に p/m,p,$p^2/2m$ と表されます.波動(光)の場合は表現が違って,$\partial\omega/\partial k$,$\hbar k$,$\hbar\omega$ です(**表 1-1**).これらの量がそれぞれ等しいとしてしまうのが,二重性の意味するところです.

$$\frac{p}{m} = \frac{\partial\omega}{\partial k} \tag{1.1}$$

$$p = \hbar k \tag{1.2}$$

$$\frac{p^2}{2m} = \hbar\omega \tag{1.3}$$

　いわば木に竹を接ぐような不思議な等式です.こんなことをしてしまって,何か不都合が生じないでしょうか.試しに式(1.2)を式(1.3)に代入して p を消去してみます.

$$\frac{\hbar^2 k^2}{2m} = \hbar\omega \tag{1.4}$$

両辺を k で偏微分します.

$$\frac{\hbar^2 k}{m} = \hbar\frac{\partial\omega}{\partial k} \tag{1.5}$$

左辺に式(1.2)を代入して整理すると,式(1.1)が得られます.同じように,どの二つの式を使っても残りの一個の式を導くことができます.これら三個の式は整合性が取れているのです.

　波の速度として登場しているのは,波束の群速度という量です.波束(wave packet)とは,いろいろな波数の波が重なってできた波の塊です(→Mas Math ノート3【波の重ね合わせ】).身近な例としては,長いロープを地面に伸ばしておいて,片端を勢いよく振り下ろしたときに走るロープの「たわみ」です.そのたわみの中心が移動する速度を群速度といいます.単純な正弦波なら,振動数 $\omega(=2\pi f;f$ は振動数)を波数 $k(=2\pi/\lambda;\lambda$ は波長)で割った量が速度になります.光なら $\omega=ck$ の関係があるので,$\omega/k=c$ が速度になります(この速度は位相速度とよばれます).波束の場合は ω が k によって複雑に変わりますから,ただ割るのではなく微分するのです.

　式(1.1)〜(1.3)の仮定が正しいという根拠はないのですが,これらを前提としてスタートしようというのが量子力学です.運動の状態が量子力学で記述されるような対

象を量子といいます．量子は「粒子らしさ」と「波動らしさ」を両方もった存在といえますが，「完全な粒子」や「完全な波動」ではありません（→Mas Math ノート 5【不確定性原理】）．「粒子らしさ」の基準は位置が正確に決められることで，「波動らしさ」とは波数が正確に決められることです．量子とは波束のようなもので，波束が空間的に大きく広がっている（波数のばらつきが小さい）ときは「波動らしい」性質が出ますし，逆に空間的に小さく縮まっている（波数のばらつきが大きい）ときは「粒子らしい」性質が出ます．ゆえに量子力学では，波束の空間的な広がりは位置の不確かさと解釈します．

式(1.2)は量子力学の歴史の中で特別な地位を占めています．$p = mv$，$k = 2\pi/\lambda$ を代入して整理すると，

$$\lambda = \frac{h}{mv} \tag{1.6}$$

という関係を得ます．これはド・ブロイ(de Broglie)の式といって，量子力学的に考えれば運動するすべての物体に波長が定義でき，波動の性質をもつことを意味します．この波長をド・ブロイ波長といい，波動を物質波といいます．純粋な波動であれば周期が無限に続くので，高い精度で波長を決めることができます．粒子的な性格が現れるということは波束として存在する範囲が狭くなることと同じで，波長の精度が低くなります．これは波数のばらつきが大きくなることと対応しています．物体の長さスケールに対してド・ブロイ波長の平均値が長ければ必然的に波束の空間的な広がりも大きくなりますから，それだけ「粒子らしさ」が薄れることになります．逆にド・ブロイ波の平均値が短ければ，空間的に狭い波束を作ることができるので「粒子らしさ」は強くなります．

Mas Math ノート 1

【スカラーとベクトル】

エネルギーや質量は方向をもたない量です．このような量をスカラーといい，本書では斜体(E や m)で表します．それに対し位置や運動量は方向をもつ量です．このような量をベクトルといい，本書では太字・斜体($\boldsymbol{x}$ や $\boldsymbol{p}$)で表します．

ベクトルは成分に分けて表示することができます．三次元空間内のベクトルであれば，

$$\boldsymbol{x} = (x_1, x_2, x_3), \quad \boldsymbol{p} = (p_1, p_2, p_3) \tag{M1.1}$$

のように書きます. 波数もベクトルで, 運動量のベクトルとは,

$$\boldsymbol{p} = \hbar\boldsymbol{k} = (\hbar k_1, \hbar k_2, \hbar k_3) \tag{M1.2}$$

という関係にあります. 空間が等方的であれば各成分に本質的な違いはないので, 任意の一次元方向の運動について,

$$p = \hbar k \tag{M1.3}$$

のように添え字を省略して書きます.
ベクトル同士の内積は,

$$\boldsymbol{k} \cdot \boldsymbol{x} = k_1 x_1 + k_2 x_2 + k_3 x_3 \tag{M1.4}$$

と計算しますが, 任意の一次元方向の運動に関しては, 単に kx と書きます.
位置に関する微分演算子も, やはりベクトルのような形で考えた方が便利で, これは ∇(ナブラ)という演算子で表します.

$$\nabla = \left(\frac{\partial}{\partial x_1}, \frac{\partial}{\partial x_2}, \frac{\partial}{\partial x_3} \right) \tag{M1.5}$$

二回微分する場合は ∇^2 と書きますが, これは ∇ と ∇ の内積と考えて,

$$\nabla^2 = \nabla \cdot \nabla = \frac{\partial^2}{\partial x_1{}^2} + \frac{\partial^2}{\partial x_2{}^2} + \frac{\partial^2}{\partial x_3{}^2} \tag{M1.6}$$

とします. ∇^2 はラプラシアンといい, 記号 Δ で書かれることもあります.
スカラー関数に ∇ を演算した結果はベクトルになりますが, ∇^2 を演算した結果はスカラーになります.

$$\nabla \psi = \left(\frac{\partial \psi}{\partial x_1}, \frac{\partial \psi}{\partial x_2}, \frac{\partial \psi}{\partial x_3} \right) \tag{M1.7}$$

$$\nabla^2 \psi = \frac{\partial^2 \psi}{\partial x_1{}^2} + \frac{\partial^2 \psi}{\partial x_2{}^2} + \frac{\partial^2 \psi}{\partial x_3{}^2} \tag{M1.8}$$

積分の際には, 微小体積要素を $\mathrm{d}\boldsymbol{x}$ と書きますが, これは暗に,

$$\int \mathrm{d}\boldsymbol{x} = \iiint \mathrm{d}x_1 \, \mathrm{d}x_2 \, \mathrm{d}x_3 \tag{M1.9}$$

という三重積分であることを表します.

Mas Math ノート 2

【オイラーの公式】

オイラー(Euler)の名を冠した式はいくつかありますが,中でも有名なのは,

$$\exp(i\pi) = -1 \tag{M2.1}$$

というものです.一般には,

$$\exp(i\theta) = \cos\theta + i\sin\theta \tag{M2.2}$$

という関係が成り立ちます.これは,任意の複素数をかけるという演算を位相平面上での一次変換として解釈すれば理解しやすいと思います.$\exp(i\theta)$ は原点を中心とした,角 θ(単位はラジアン)の回転(反時計回り)に相当します.例えば,角 β の回転に次いで角 α の回転をさせる場合は全部で角 $\alpha+\beta$ の回転をするわけですから,左辺は,

$$\exp(i\alpha)\exp(i\beta) = \exp(i(\alpha+\beta)) \tag{M2.3}$$

となります.このとき右辺は加法定理を使って,

$$\begin{aligned}
\cos(\alpha+\beta) + i\sin(\alpha+\beta) &= \cos\alpha\cos\beta - \sin\alpha\sin\beta + i(\sin\alpha\cos\beta + \cos\alpha\sin\beta) \\
&= (\cos\alpha + i\sin\alpha)(\cos\beta + i\sin\beta)
\end{aligned} \tag{M2.4}$$

となり,左辺と矛盾しないことがわかります.

また,式(M2.2)の左辺を θ で微分すると,

$$\begin{aligned}
\frac{\mathrm{d}}{\mathrm{d}\theta}\exp(i\theta) &= i\exp(i\theta) \\
&= i\cos\theta - \sin\theta \\
&= \frac{\mathrm{d}}{\mathrm{d}\theta}(\cos\theta + i\sin\theta)
\end{aligned} \tag{M2.5}$$

となって右辺の微分と等しいことがわかります.

正弦関数,余弦関数はオイラーの公式を使えば,

$$\begin{cases} \cos\theta = \mathrm{Re}[\exp(i\theta)] \\ \sin\theta = \mathrm{Im}[\exp(i\theta)] \end{cases} \tag{M2.6}$$

と表されます．Re[ ] と Im[ ] はそれぞれ実部，虚部をとることを意味しています．実部と虚部は位相が π/2 異なるだけなので，これはちょうど，右ねじの「ねじ山」を上から見るか，横から見るかという程度の違いでしかありません．三角関数が関わる問題を考えるときは，オイラー方式の複素関数，

$$f(\theta) = \exp(i\theta) \tag{M2.7}$$

のままいろいろな計算を進めておいて，最後に具体的な波形を知りたいときに実部あるいは虚部をとるようにすると便利です．

Mas Math ノート 3

【波の重ね合わせ】

科学用語としての波は，時間や空間について周期性のある関数のことです．波動関数ともいいます．波数 k の正弦波の変位 u_k は位置 x の関数で，オイラーの公式を使って，

$$u_k(x) = \exp(ikx) \tag{M3.1}$$

と表されます．この波が速度 v で x の正方向に進んでいるとき，u_k は時間 t の関数でもあり，

$$u_k(x,t) = \exp[i(kx - \omega t)] = \exp(ikx)\exp(-i\omega t) \tag{M3.2}$$

となります．ここで ω は角振動数で，$\omega = kv$ です．右辺に書いたように $u_k(x, t)$ は x の関数と t の関数に因数分解することができるので，時間についても周期性をもつことがわかります．

$u_k(x)$ は「波動関数の空間部分」ともよばれます．いろいろな k について $u_k(x)$ を足し合わせることを波の重ね合わせといいます．式(M3.3)中の F_i は足し合わせる際の重みづけです．

$$\begin{aligned} \psi(x) &= F_1 u_{k_1}(x) + F_2 u_{k_2}(x) + \cdots F_n u_{k_n}(x) \\ &= F_1 \exp(ik_1 x) + F_2 \exp(ik_2 x) + \cdots F_n \exp(ik_n x) \\ &= \sum_{i=1}^{n} F_i \exp(ik_i x) \end{aligned} \tag{M3.3}$$

例えば $k_1 = 1.8$ と $k_2 = 2.2$ の正弦波を 1：1 で重ね合わせた関数は $k = 2$ の付近にふく

らみをもった関数(波束)になります.重ね合わせる k とその重みづけ(F_i^2 の比)を
図 M3-1(a)のように変えていくと,結果は図 M3-1(b)のようになります(実線は
実部,点線は虚部).実部,虚部それぞれの二乗の和を絶対値の二乗(二乗ノルム)
といい,これを太線で表しています.

$$|\psi(x)|^2 = (\mathrm{Re}[\psi(x)])^2 + (\mathrm{Im}[\psi(x)])^2 \tag{M3.4}$$

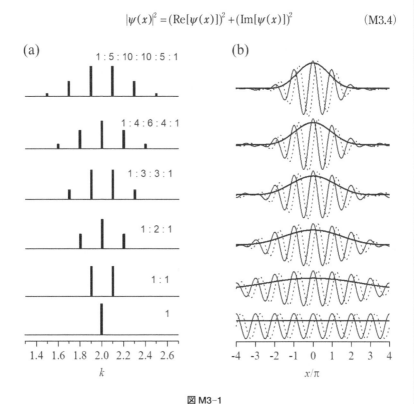

図 M3-1

ここで 1:1,1:2:1,1:3:3:1,1:4:6:4:1,1:5:10:10:5:1…とい
う比率はパスカル(Pascal)の三角形になっていて,このまま進めていくと正規分布
関数(ガウス(Gauss)関数)という釣り鐘型の関数に近づきます.それに合わせるよ
うに二乗ノルムの形もガウス関数に近づいていくのがわかります.
成分となっている正弦波の速度 v がすべて等しいとき,波束はその形を保ったまま
進み,その姿は物体の等速直線運動にも似ています.そのとき ω は k の関数とな
り,$d\omega/dk$ が波束の重心の移動速度(群速度)になります.一方,正弦波の角振動数

ωがすべて等しいときは（ω＝kv の関係があるので）v がまちまちになり，波束は進みながら崩れてしまいます．

1.1.3 古典力学の破たん

原子の構造については，トムソン（Thomson）の「ぶどうパンモデル」，ラザフォード（Ratherford）の「惑星モデル」，長岡半太郎の「土星モデル」などが提案されていたものの，いずれも決定打に欠けるものでした．1913 年，ボーア（Bohr）はそれまでのモデルの欠点を補う「ボーアモデル」を提案しました．

まずは古典的な太陽 - 惑星モデルで水素原子を考えてみましょう．原子の大きさは 10^{-10} m ほどです．半径 $r=1.0\times10^{-10}$ m として，陽子の周りを回転する電子を考えます．陽子と電子の間にはクーロン力が働きますから，このときのポテンシャルエネルギー U は，

$$U = -\frac{e^2}{4\pi\varepsilon_0 r} = -2.31\times10^{-18}\ \text{J} \tag{1.7}$$

となります．この種の運動では，運動エネルギー K がポテンシャルエネルギーの $-1/2$ 倍になることがわかっています（ビリアル定理）．

$$K = \frac{p^2}{2m} = -\frac{1}{2}U = 1.15\times10^{-18}\ \text{J} \tag{1.8}$$

電子の質量を代入すると，運動量がわかります．

$$p = 1.45\times10^{-24}\ \text{kg m s}^{-1} \tag{1.9}$$

電子が古典的な粒子だとすれば，その速度は 1.6×10^6 m s^{-1} になります．これは光速の 1% にも迫るほどの高速です．この電子は 1 秒間に核の周囲を 2.55×10^{15} 回転することになりますが，それは 2.55×10^{15} Hz の電磁波（波長 120 nm の紫外線）を放出し続けることを意味します．光はエネルギーですから，電子は次第にエネルギーを失い，いつかは核に突入してしまうことになります．実際には原子が安定に存在しうることを説明するため，ボーアは電子の角運動量（rp）が量子化される（h の整数倍の値しかとらない）という条件を加えました．ボーアの量子条件が成り立つ最小の半径（$rp=\hbar$ となる r）は 0.529177210903(85)$\times10^{-10}$ m で，ボーア半径といいます．

惑星モデルにボーア半径を用いれば，運動量は 1.99×10^{-24} kg m s^{-1} となります．この値をド・ブロイの式に代入して，ド・ブロイ波長を求めてみると，

$$\lambda = 3.32 \times 10^{-10}\,\text{m} \tag{1.10}$$

となります．この波長はちょうどボーア半径をもつ円の円周と同じです．ボーアの量子条件の下では軌道の円周がド・ブロイ波長の整数倍になります．これはあたかも電子の波が円周上に束縛されているかのような解釈を生みました．この電子が円周上に等確率で分布しているとすれば，運動量の x 成分である p_x の標準偏差は $1.99 \times 10^{-24}/\sqrt{2} = 1.41 \times 10^{-24}\,\text{kg m s}^{-1}$ と計算されます．これをハイゼンベルク（Heisenberg）の不確定性原理の式に代入してみると，x の不確定さは $0.374 \times 10^{-10}\,\text{m}$ ということになります．これは半径が $0.529 \times 10^{-10}\,\text{m}$ の円周上に等確率で分布しているときの標準偏差に相当します．つまりこのモデルからは，電子が円周上のどの点にも等しい確率で存在するということはいえても，円運動の描像を支持することにはなりませんでした．

　ド・ブロイの物質波の考え方は，ボーアモデルを補強した一方，古典力学に決定的な困難をもたらしました．水素原子のような単純な系でさえ，古典力学的な運動の記述はできないことを示して見せたのです．古典力学の大きな特徴は，物体の位置は時間の関数で与えられていて，初期値が与えられればあとは任意の時間での位置を言い当てられるという点でした．これを放棄するとなると，物体の位置を時間の関数で表すことをあきらめなくてはなりません．ここは古典力学を一旦忘れて，量子力学の仮定（式(1.1)～(1.3)）をもとにして原子の構造を説明しなくてはならないようです．

　科学者たちは，200 年来正しいと信じてきたニュートンの力学に「古典」というレッテルを貼ることになりました．任意の時間での現象を言い当てるよりも，得られた実験結果を説明できる理論の方が重要だと考えたのです．決まっているのは運動の「状態」だけで，その「状態」を観測する度に，状態に固有の物理量が得られるのだと考えることにしました．それは，どのような測定値がどのような頻度で現れるかという「確率」の問題となります．

Mas Math ノート 4

【フーリエ変換】

波の重ね合わせ（Mas Math ノート 3）の際，k の種類が連続になるように無限に増やしていくと，その重み F は k の関数 $F(k)$ で表せます．このとき式(M3.3)中の総和は積分に置き換わって，

$$\psi(x) = \frac{1}{\sqrt{2\pi}} \int_{-\infty}^{\infty} F(k)\exp(ikx)\,\mathrm{d}k \tag{M4.1}$$

となります(係数の $1/\sqrt{2\pi}$ は形式的なものです. あまり気にしなくても構いません). これは, 重みの分布($F(k)$)がわかれば波束の形($\psi(x)$)が一つに決まることを表しています. 式(M4.1)の関係があるとき,「$\psi(x)$ と $F(k)$ は互いにフーリエ(Fourier)変換の関係にある」,「$\psi(x)$ は $F(k)$ のフーリエ変換である」などといいます. 逆の変換をフーリエ逆変換といい,

$$F(k) = \frac{1}{\sqrt{2\pi}} \int_{-\infty}^{\infty} \psi(x) \exp(-ikx) \mathrm{d}x \qquad \text{(M4.2)}$$

と表しますが, これも本質的にはフーリエ変換であり, 順・逆の見方は相対的なものです.

$\psi(x)$ と $F(k)$ の対応表は数学の教科書などに載っていますが, 量子力学で特に重要なのはガウス関数のフーリエ変換です. ガウス関数は一般に,

$$G(x) = \frac{A}{\sqrt{2\pi\sigma^2}} \exp\left(-\frac{(x-x_0)^2}{2\sigma^2}\right) \qquad \text{(M4.3)}$$

という形をしています. $\exp$ の前の係数は, $G(x)$ を x の全域で積分したとき A になるように決められています. これを正規分布の関数と見るときは $A = 1$ とし, x_0 は平均値, σ は標準偏差を意味します. ガウス関数のフーリエ変換は,

$$\frac{1}{\sqrt{2\pi}} \frac{A}{\sqrt{2\pi\sigma^2}} \int_{-\infty}^{\infty} \exp\left(-\frac{x^2}{2\sigma^2}\right) \exp(-ikx) \mathrm{d}x$$

$$= \frac{A}{\sqrt{2\pi}} \exp\left(-\frac{\sigma^2 k^2}{2}\right) \qquad \text{(M4.4)}$$

$$= \frac{A}{\sqrt{2\pi}} \exp\left(-\frac{k^2}{2(1/\sigma)^2}\right)$$

であり, やはりガウス関数になります(簡単のため $x_0 = 0$ としました). ただしここで, $G(x)$ の標準偏差 σ とそのフーリエ変換後の標準偏差 $1/\sigma$ が反比例の関係にあることに注目してください. つまり幅の狭いガウス関数をフーリエ変換すると幅の広いガウス関数になり, その逆もまた然りということになります.

Mas Math ノート 5

【不確定性原理】

波数 k の正弦波の変位を,

$$u_k(x) = \frac{1}{\sqrt{2\pi}} \exp(ikx) \qquad \text{(M5.1)}$$

とします．重ね合わせの重みづけ関数 $F(k)$ の二乗ノルム $|F(k)|^2$ が，平均値 0，標準偏差 σ_k の正規分布に従うとします（式(M5.2)）.

$$|F(k)|^2 = \frac{1}{\sqrt{2\pi\sigma_k^2}} \exp\left(-\frac{k^2}{2\sigma_k^2}\right) \tag{M5.2}$$

$u_k(x)$ を $F(k)$ で重みづけして重ね合わされた波束は，

$$\psi(x) = \int_{-\infty}^{+\infty} F(k) u_k(x) \mathrm{d}k$$
$$= \left(\frac{1}{2\pi\sigma_k^2}\right)^{\frac{1}{4}} \int_{-\infty}^{+\infty} \exp\left(-\frac{k^2}{4\sigma_k^2}\right) \exp(ikx) \mathrm{d}k \tag{M5.3}$$

となります．標準偏差を波数の不確かさとみれば，運動量の不確かさ Δp は，

$$\Delta p = \hbar\sqrt{\langle k^2 \rangle - \langle k \rangle^2} = \hbar\sigma_k \tag{M5.4}$$

と考えてよいでしょう．$\psi(x)$ はガウス関数のフーリエ変換の形になっているので，

$$\psi(x) = \left(8\ \sigma_k^2\right)^{\frac{1}{4}} \exp(-\sigma_k^2 x^2) \tag{M5.5}$$

と計算することができます．これもまたガウス関数です．$\psi(x)$ の絶対値の二乗はこの波束の空間的な広がり（位置の分布関数）になります．

$$|\psi(x)|^2 = 2\sqrt{2\pi\sigma_k^2} \exp(-2\sigma_k^2 x^2)$$
$$= 2\pi \frac{1}{\sqrt{2\pi\sigma_x^2}} \exp\left(-\frac{x^2}{2\sigma_x^2}\right) \tag{M5.6}$$

上式の二段目では，位置に関する標準偏差

$$\sigma_x \equiv \frac{1}{2\sigma_k} \tag{M5.7}$$

を新たに導入しました．σ_x を位置の不確かさ Δx と見れば，

$$\Delta x = \sqrt{\langle x^2 \rangle - \langle x \rangle^2} = \sigma_x = \frac{1}{2\sigma_k} \tag{M5.8}$$

となります．つまり運動量の標準偏差と位置の標準偏差は反比例の関係にあって，

$$\Delta p \Delta x = \frac{1}{2}\hbar \tag{M5.9}$$

ということになります．ただし等式が成り立つのはガウス関数の場合で，他の分布関数の場合には右辺は左辺の下限値になります．

$$\Delta p \Delta x > \frac{1}{2}\hbar \qquad \text{(M5.10)}$$

これは,「量子の世界では運動量と位置の不確かさを同時に 0 にすることができない」現象と解釈され,不確定性原理とよばれています.ハイゼンベルクはこれを,観測によって系にゆらぎが生じるために引き起こされる誤差と解釈しましたが,現在ではこの見方に綻びが指摘されています.名古屋大学の小澤正直教授は,観測に伴う誤差と量子がもつ本来の不確定性を分けて考えた「小澤の不等式」を提案し,実験系を改良することによってハイゼンベルクの不等式の限界を越えられることを示しました.米国にある観測施設 LIGO(ライゴ)が 2017 年にノーベル賞を受賞した「重力波の検出」に際しても,小澤の不等式が大きく貢献したことが知られています(参考:石井茂著「ハイゼンベルクの顕微鏡」日経 BP 社(2012)).

1.2　状態の表し方

1.2.1　確率と期待値

　確率と統計の話は高校数学でも扱います.ですが,微積分や空間ベクトルに比べて扱いが軽いというか,数学の他分野との深いつながりが感じられません.確率で決まる何かを隠しもった「状態」というのは,統計で使う分布関数で表されますが,分布関数自体(例えば正規分布関数)をあまり数学的な対象(ガウス関数)と見ることは少ないように思います.空間ベクトルは,大学の数学で「線形代数」と名前を変えますが,実はこの線形代数こそ「状態」を数学的に取り扱うのに適した方法なのです.量子力学を学ぶに及んで,線形代数は微積分とも深い関係にあることを知るのですが,つまりここに高校数学で習った三つの分野がすべてつながります.

　まず,確率で決まる何かを隠しもった「状態」というのが何なのかはっきりさせましょう.確率 p_A, p_B, ... で起こる排反事象を A, B, ... とします.具体的には,サイコロの目でも,じゃんけんの手でもいいですし,ランチのセットドリンクをコーヒーにするか紅茶にするかでもいいのです.大事なのは,事象 A, B, ... は同時には起こらない(排反)ということです.サイコロの 1 と 2 は同時には出ませんね.この場合,すべての事象の確率の和 $p_A + p_B + ... = 1$ になります.ここで,まだ結果が出る前の状態を考えます.サイコロが空中に投げ出された状態,じゃんけんで手を出す直前の状態,ドリンクを店員さんに伝える直前の状態,などです.

　この状態では，直後に起こる事象はまだ確定していません．ですがその確率だけは
わかっているものとします．理想的なサイコロなら，1～6 の目はそれぞれ 1/6 の確
率で出ます．じゃんけんでは，例えばグーを出す癖のある人はその確率が 1/3 より
少し高いでしょう．ドリンクには好みがありますから，100%コーヒー，100%紅茶と
いうこともあり得ます．何らかの根拠から予想される確率を先験的確率といいます．
これに対して，実際に試技を行ってみて試技の回数と事象の起きた回数の比から計算
される確率を経験的確率といいます．試技の独立性が高ければ(一回の試技が次の試
技に影響を与えることがなければ)，試技の回数が増えるに伴い，経験的確率は先験
的確率に近づきます(大数の法則)．

　それぞれの事象に結びついた何かの値があれば，その期待値を考えることができま
す．サイコロならその目の数を考えるのが簡単でしょう．ドリンクならカフェインや
糖分の量とか，数値化できるものなら何でも構いません．事象 A, B, ... に固有のある
値 Q を $q_A, q_B, ...$ と書くと，その期待値 $\langle Q \rangle$ は，

$$\langle Q \rangle = p_A q_A + p_B q_B + \cdots \tag{1.11}$$

と表せます．例えばサイコロの目の期待値は，

$$\langle Q \rangle = \frac{1}{6} \times 1 + \frac{1}{6} \times 2 + \frac{1}{6} \times 3 + \frac{1}{6} \times 4 + \frac{1}{6} \times 5 + \frac{1}{6} \times 6 = 3.5 \tag{1.12}$$

となります．

1.2.2 ベクトルの効用

　前項のように異なるいくつかの排反事象を隠しもった「状態」を表す具体的な方法
について考えます．事象が異なるということは，お互いに自身に似た要素を見いだせ
ないという意味です．これは線形代数でいう「直交性」に似ているので，事象 A, B,
... を互いに直交した単位ベクトル $e_A, e_B, ...$ で表すことにします．互いに直交した単
位ベクトルの集まりを正規直交系といいます．直交性とは文字通り直角に交わること
ですが，数式上はベクトルの内積が 0 になることで表します(→Mas Math ノート 6
【ベクトルの内積】)．また，単位ベクトルというのは長さが 1 という意味ですが，数
式上は自身同士の内積(二乗ノルムともいいます)が 1 になることです．簡単のため A,
B 二つの事象だけ考えましょう．例えばサイコロの目が偶数か奇数か，などです．

$$e_A \cdot e_B = e_B \cdot e_A = 0$$
$$e_A \cdot e_A = 1$$
$$e_B \cdot e_B = 1$$

(1.13a–c)

では件<ruby>件<rt>くだん</rt></ruby>の「状態」はどうやって表すかというと，この e_A, e_B を基底とする空間（e_A, e_B で張られる空間ともいいます）の新たなベクトル ψ として表します．A 軸と B 軸の成分をそれぞれ ψ_A, ψ_B として次のように表すことができます．

$$\psi = \psi_A e_A + \psi_B e_B$$

(1.14)

ψ_A と ψ_B の決め方はある程度自由ですが，全く適当でいいというわけではありません．1 や 2 の目を出すサイコロが一個なら，空中を舞っているサイコロも一個ですから，$e_A, e_B, ...$ の長さに合わせて ψ の長さも 1 にした方がよさそうです．

$$\begin{aligned}
\psi \cdot \psi &= 1 \\
&= (\psi_A e_A + \psi_B e_B) \cdot (\psi_A e_A + \psi_B e_B) \\
&= \psi_A^2 (e_A \cdot e_A) + 2\psi_A \psi_B (e_A \cdot e_B) + \psi_B^2 (e_B \cdot e_B) \\
&= \psi_A^2 + \psi_B^2
\end{aligned}$$

(1.15)

式(1.15)の最後の変形には，式(1.13)を使いました．ψ_A と ψ_B がこの条件を満たすときに，ψ の長さは 1 になります．これを規格化条件といいます．

ψ_A と ψ_B の決め方にもう一つルールを設けましょう．事象 B よりも A の方がずっと起こりやすければ，ψ は e_A に近いベクトルになるように書くのが自然です（**図 1-1(a)**）．この場合，ψ_B よりも ψ_A の方が絶対値が大きくなるようにすればいいのです．規格化条件を満たしつつ，ψ を自然な向きに向けるには，確率の和の条件，

$$p_A + p_B = 1$$

(1.16)

と対応させるのがいいでしょう．つまり，

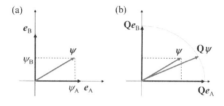

図 1-1　事象をベクトルで表す

$$\psi_A^2 = p_A$$
$$\psi_B^2 = p_B \tag{1.17}$$

とします.

ψ_A や ψ_B を求めるときに正か負かという問題が出てきますが,とりあえず今は考えない(どちらでもいい)ことにします.ψ_A や ψ_B を式で表すには,e_A, e_B の正規直交性を利用します.式(1.14)と e_A または e_B との内積をとれば,

$$e_A \cdot \psi = \psi_A (e_A \cdot e_A) + \psi_B (e_A \cdot e_B) = \psi_A$$
$$e_B \cdot \psi = \psi_A (e_B \cdot e_A) + \psi_B (e_B \cdot e_B) = \psi_B \tag{1.18a, b}$$

という関係が出てきます.e_A, e_B を正規直交系にとっておいたことの効能がこんなところに出てきます.

次に,状態 ψ のもとで Q の期待値を求めますが,まず準備が必要です.試技の結果事象 A が起きた場合,Q の値は q_A です.これを,

$$\mathbf{Q}e_A = q_A e_A \tag{1.19a}$$

と書くことにします.同じように,

$$\mathbf{Q}e_B = q_B e_B \tag{1.19b}$$

でもあります.

$\mathbf{Q}$ はベクトルに作用する作用素(operator)* といわれるものです.線形代数を習ったことがある人はこれを一次変換の行列と考えておいてよいですが,$\mathbf{Q}$ の具体的な形よりも役割の方が大事です.$\mathbf{Q}$ は事象 A を観察して,そのときの Q 値が q_A であることを見抜きます.観察した後はその結果(値が q_A であるという鑑定証のようなもの)をつけて,もとの事象 A の状態に戻しておきます.これは,測定器を操作する人(operator)の役割とも似ていますね.

式(1.19)が成り立っているとき,「e_A, e_B は $\mathbf{Q}$ の固有ベクトルである」といい,「q_A, q_B は e_A, e_B に対応する $\mathbf{Q}$ の固有値である」といいます(→Mas Math ノート 7【固有値方程式】).q_A を求めたいときは,式(1.19a)と e_A との内積をとって,

$$e_A \cdot (\mathbf{Q}e_A) = q_A (e_A \cdot e_A)$$
$$= q_A \tag{1.20}$$

---

* 作用素と演算子(2.1.3 項)はどちらも operator の訳語であり本質的な差異はない.数学では作用素,物理学では演算子が好まれるようで,本書ではベクトルに作用するものを作用素,関数に作用するものを演算子と呼び分けることにした.

とします．もちろん q_B についても同様です．ここで，演算する順序について気を付ける必要があります．左辺は，e_A に $\mathbf{Q}$ を作用させた後のベクトルと e_A との内積をとることを表していますから，順序を変えることはできません．一方右辺では，q_A は作用素ではなくただの数ですから一旦除けておき，e_A と e_A の内積をとった後でかけ直せばいいのです．

一方，$\boldsymbol{\psi}$ は $\mathbf{Q}$ の固有ベクトルではないので，

$$\mathbf{Q}\boldsymbol{\psi} = q_\psi \boldsymbol{\psi} \tag{1.21}$$

が成り立ちません（**図1-1**(b)）．サイコロの出目の平均が3.5だったとしても，3.5という目がでることは絶対にないのです．それでは状態 $\boldsymbol{\psi}$ のもとでの Q の期待値はどう表したらいいでしょうか．式(1.20)にならって，

$$\langle Q \rangle = \boldsymbol{\psi} \cdot (\mathbf{Q}\boldsymbol{\psi}) \tag{1.22}$$

としたらどうでしょうか．これは，$\boldsymbol{\psi}$ の延長線上に $\mathbf{Q}\boldsymbol{\psi}$ を射影した影の長さを求めていることになります．計算してみます．

$$
\begin{aligned}
\boldsymbol{\psi} \cdot (\mathbf{Q}\boldsymbol{\psi}) &= \\
&= (\psi_A e_A + \psi_B e_B) \cdot \{\mathbf{Q}(\psi_A e_A + \psi_B e_B)\} \\
&= \psi_A^2 \{e_A \cdot (\mathbf{Q}e_A)\} + \psi_A\psi_B\{e_A \cdot (\mathbf{Q}e_B) + e_B \cdot (\mathbf{Q}e_A)\} + \psi_B^2\{e_B \cdot (\mathbf{Q}e_B)\} \\
&= \psi_A^2 q_A + \psi_B^2 q_B \\
&= p_A q_A + p_B q_B
\end{aligned}
\tag{1.23}
$$

式(1.11)で考えた期待値の式と全く同じです．これで，状態をベクトルで表す手段と，その状態のもとでの，ある量の期待値を計算する方法が手に入りました．

Mas Math ノート6

【ベクトルの内積】

空間内の特定の位置は，適当な座標系とその各軸上の成分を書き並べて表現できます．三次元空間に x, y, z 座標の軸があれば，

$$(x, y, z) = (a_1, a_2, a_3) \tag{M6.1}$$

のように表せばいいのです．位置の表記は，原点からその位置までを結ぶベクトルの表記でもあります．

$$\boldsymbol{a} = (a_1, a_2, a_3) \tag{M6.2}$$

このベクトルはまた，3行1列の行列とも同一視できます．本書では行列には太字・立体を使います．

$$\mathbf{a} = \begin{pmatrix} a_1 \\ a_2 \\ a_3 \end{pmatrix} \tag{M6.3}$$

行列の行と列を入れ替えたものを転置行列(Transpose matrix)といい，右肩に T をつけて表します．

$$\mathbf{a}^{\mathrm{T}} = \begin{pmatrix} a_1 \\ a_2 \\ a_3 \end{pmatrix}^{\mathrm{T}} = (a_1 \quad a_2 \quad a_3) \tag{M6.4}$$

ベクトルの内積は，

$$\boldsymbol{a} \cdot \boldsymbol{a} = a_1^2 + a_2^2 + a_3^2 \tag{M6.5}$$

と表しますが，行列としての積で表すなら，

$$\mathbf{a}^{\mathrm{T}}\mathbf{a} = a_1^2 + a_2^2 + a_3^2 \tag{M6.6}$$

となります．ベクトルの自分自身との内積を二乗ノルムといって，その正の平方根 $\|\boldsymbol{a}\|$ がノルムです．ノルムはベクトルの始点と終点の間の距離を表しています．

$$\|\boldsymbol{a}\| = \sqrt{\mathbf{a}^{\mathrm{T}}\mathbf{a}} \tag{M6.7}$$

このように二点間の距離が正の実数として定義できるベクトル空間を距離空間といいます．$\mathbf{a}$ の要素は必ずしも実数である必要はありませんが，ノルムは実数でなければなりません．$\mathbf{a}$ の要素が複素数であっても，その共役転置行列 $\mathbf{a}^{\dagger}$，

$$\mathbf{a}^{\dagger} = (a_1^* \quad a_2^* \quad a_3^*) \tag{M6.8}$$

との内積は必ず実数になります．$\mathbf{a}^{\dagger}$ の各成分は，$\mathbf{a}$ の複素共役です．

$$\mathbf{a}^{\dagger}\mathbf{a} = (a_1^* \ a_2^* \ a_3^*) \begin{pmatrix} a_1 \\ a_2 \\ a_3 \end{pmatrix} = |a_1|^2 + |a_2|^2 + |a_3|^2 \tag{M6.9}$$

異なるベクトル $\boldsymbol{a}$ と $\boldsymbol{b}$ の内積は，左右を入れ替えると複素共役になります．

$$\boldsymbol{a} \cdot \boldsymbol{b} = \mathbf{a}^{\dagger}\mathbf{b} = a_1^* b_1 + a_2^* b_2 + a_3^* b_3 = (b_1^* a_1 + b_2^* a_2 + b_3^* a_3)^*$$
$$= (\mathbf{b}^{\dagger}\mathbf{a})^* = (\boldsymbol{b} \cdot \boldsymbol{a})^* \tag{M6.10}$$

三次元までの実ベクトルの場合,

$$\frac{\boldsymbol{a} \cdot \boldsymbol{b}}{\|\boldsymbol{a}\|\|\boldsymbol{b}\|} = \cos\theta \tag{M6.11}$$

とすると, θ を $\boldsymbol{a}$ と $\boldsymbol{b}$ のなす角とみなすことができます. これを n 次元複素ベクトルまで拡張して,

$$\frac{\boldsymbol{a} \cdot \boldsymbol{b}}{\|\boldsymbol{a}\|\|\boldsymbol{b}\|} = \frac{\displaystyle\sum_i^n a_i^* b_i}{\sqrt{\displaystyle\sum_i^n |a_i|^2}\sqrt{\displaystyle\sum_i^n |b_i|^2}} = \cos\theta \tag{M6.12}$$

と書けば, θ はやはり n 次元複素空間での角度と考えてよいでしょう. この式の $\cos\theta$ は $\{a_i\}$, $\{b_i\}$ をデータ列と見たときの相関係数と同じです(二乗ノルムは分散, 内積は共分散に相当します). 相関係数が 0 のとき $\{a_i\}$, $\{b_i\}$ は無相関と考えますが, これはベクトルとして見たときの $\boldsymbol{a}$ と $\boldsymbol{b}$ が直交していることに相当します. 排反事象を直交基底系で表す意味が何となく伝わったでしょうか.

1.2.3　ブラケット記法

　前項の例では, 事象は有限個で不連続(例えばサイコロの目に 1 と 2 の中間がない)でした. ベクトルを使って量子を扱うには連続で無限個の事象にも対応しなくてはなりません. そこでディラック(Dirac)が発明したブラケット(braket)記法の登場です.

　内積を表す「・」の左側と右側のベクトルはそれぞれ $\mathbf{e}_A{}^{\dagger}$, $\mathbf{e}_A$ という行列と同一視できます(→Mas Math ノート 6【ベクトルの内積】). これから先は, $\mathbf{e}_A$ の代わりに $|A\rangle$, $\mathbf{e}_A{}^{\dagger}$ の代わりに $\langle A|$ と書くことにします.

$$\mathbf{e}_A \to |A\rangle$$
$$\mathbf{e}_A{}^{\dagger} \to \langle A| \tag{1.24}$$

この記法では, 式(1.13a–c)の正規直交性を次のように表します.

$$\langle A|A\rangle = 1$$
$$\langle B|B\rangle = 1$$
$$\langle A|B\rangle = \langle B|A\rangle^* = 0 \tag{1.25a–c}$$

$\langle A|$ と $|A\rangle$ がつながって縦線が二本続くときは, 一本に省略します. 式(1.25c)は内積の左右を入れ替えると複素共役になることを意味していますが, これはもとのベクト

ル e_A と e_B の内積が,

$$e_A \cdot e_B = (e_B \cdot e_A)^* \tag{1.26}$$

となることと対応しています.

事象 A と B を確率的に内包している状態 Ψ は,内積の右側に来る場合なら,

$$|\Psi\rangle = \psi_A |A\rangle + \psi_B |B\rangle \tag{1.27}$$

左側に来る場合なら,

$$\langle\Psi| = \psi_A^* \langle A| + \psi_B^* \langle B| \tag{1.28}$$

と書きます.ψ_A と ψ_B の意味は先ほどとほぼ同じですが,複素数の可能性もあります.そういう前提で,規格化条件は以下のようになります.

$$\begin{aligned}
\langle\Psi|\Psi\rangle &= 1 \\
&= (\psi_A^* \langle A| + \psi_B^* \langle B|) \cdot (\psi_A |A\rangle + \psi_B |B\rangle) \\
&= |\psi_A|^2 \langle A|A\rangle + \psi_A^* \psi_B \langle A|B\rangle + \psi_A \psi_B^* \langle B|A\rangle + |\psi_B|^2 \langle B|B\rangle \\
&= |\psi_A|^2 + |\psi_B|^2
\end{aligned} \tag{1.29}$$

ψ_A や ψ_B を式で表すには,先ほどと同じように $|A\rangle$, $|B\rangle$ の正規直交性を利用します.

$$\begin{aligned}
\langle A|\Psi\rangle &= \psi_A \langle A|A\rangle + \psi_B \langle A|B\rangle = \psi_A \\
\langle B|\Psi\rangle &= \psi_A \langle B|A\rangle + \psi_B \langle B|B\rangle = \psi_B
\end{aligned} \tag{1.30a, b}$$

この記法のよいところは,内積をとるときにどちらから何をかけるのか間違いにくいという点です.

事象 A を観測してわかる Q の値については,

$$Q|A\rangle = q_A |A\rangle \tag{1.31}$$

Q に特別な字体を使っているのは,抽象的なベクトル $|A\rangle$ に作用する抽象的な作用素だということを明示するためです.q_A を求める式は,

$$\begin{aligned}
\langle A|Q|A\rangle &= q_A \langle A|A\rangle \\
&= q_A
\end{aligned} \tag{1.32}$$

と書けます.このルールを使えば,状態 Ψ のもとでの Q の期待値は,

$$\langle Q\rangle = \langle\Psi|Q|\Psi\rangle \tag{1.33}$$

と表せます．美しい形だと思いませんか．期待値を表す括弧（〈　〉）をブラケット（bracket）といいますが，式(1.33)はこれを分割したような形になっています．そこでディラックは〈A|をブラベクトル，|A〉をケットベクトルとよびました．洒落たネーミングです．ブラベクトルとケットベクトルはそれぞれ $\mathbf{a}^{\dagger}$ と $\mathbf{a}$ が抽象化された姿と考えてよいでしょう．

Mas Math ノート 7

【固有値方程式】

式(M7.1)の形の式を $\mathbf{Q}$ の固有値方程式といい，その解は q と $\mathbf{e}$ の組です．一般に固有値方程式の解は複数組存在します．

$$\mathbf{Qe} = q\mathbf{e} \tag{M7.1}$$

$\mathbf{Q}$ の二つの固有ベクトル $\mathbf{e}_A$ と $\mathbf{e}_B$ が，それぞれ成分表示で，

$$\mathbf{e}_A = \begin{pmatrix} 1 \\ 0 \end{pmatrix}, \ \mathbf{e}_B = \begin{pmatrix} 0 \\ 1 \end{pmatrix} \tag{M7.2}$$

と書けるような二次元座標軸を考えると，この座標系での $\mathbf{Q}$ の表現行列は，

$$\begin{pmatrix} q_A & 0 \\ 0 & q_B \end{pmatrix} \tag{M7.3}$$

と書けます．本文中では初めから $\mathbf{e}_A$ と $\mathbf{e}_B$ が直交するものと仮定しましたが，量子力学で出てくる重要な作用素の多くは自己共役（エルミート）という性質をもっていて，その固有ベクトルは直交することが保証されています（証明は略）．自己共役とは，表現行列の共役転置（行と列を入れ替え，複素共役をとった行列）がもとの行列に等しくなる性質のことです．自己共役行列は，成分がすべて実数なら対称行列です．

$\mathbf{e}_A$ と $\mathbf{e}_B$ は，$\mathbf{Q}$ ではない別の作用素 $\mathbf{S}$ に対しては固有ベクトルになっているとは限りません．$\mathbf{S}$ の固有ベクトルが $\mathbf{e}_A$, $\mathbf{e}_B$ と同じ平面上にあるなら，それを $\mathbf{e}'$ として，

$$\mathbf{e}' = \psi_A \mathbf{e}_A + \psi_B \mathbf{e}_B \tag{M7.4}$$

と書くことができます．これを $\mathbf{S}$ の固有値方程式，

$$\mathbf{Se}' = s\mathbf{e}' \tag{M7.5}$$

に代入し，$\mathbf{e}_A$ と $\mathbf{e}_B$ の直交性を利用すると，

$$\begin{pmatrix} \mathbf{e}_A^{\dagger}(\mathbf{S}\mathbf{e}_A) & \mathbf{e}_A^{\dagger}(\mathbf{S}\mathbf{e}_B) \\ \mathbf{e}_B^{\dagger}(\mathbf{S}\mathbf{e}_A) & \mathbf{e}_B^{\dagger}(\mathbf{S}\mathbf{e}_B) \end{pmatrix} \begin{pmatrix} \psi_A \\ \psi_B \end{pmatrix} = s \begin{pmatrix} \psi_A \\ \psi_B \end{pmatrix} \tag{M7.6}$$

という式が得られ，固有値問題は行列演算の問題に帰せられます．式(M7.6)の意味を幾何学的に表したのが図 M7-1 です．$\mathbf{S}$ の表現行列による一次変換で単位円は傾いた楕円に変換され，その楕円の長軸，短軸方向のベクトルが固有ベクトル，長半径，短半径が固有値です．

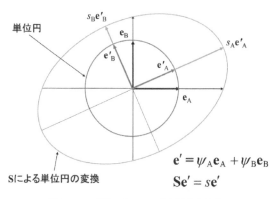

図 M7-1　固有ベクトルの幾何学的な意味

第2章・電子が従う方程式

2.1 原子の電子状態

2.1.1 電子軌道の姿

原子の中で電子がどのようにふるまうか，その運動の状態のことを電子状態といいます．電子の位置を時間の関数として表すのはあきらめなくてはならなかったので，電子の状態をあるベクトル$|\Psi\rangle$で表すことを考えましょう．前項の$|A\rangle$や$|B\rangle$に相当する事象としてはいろいろ考えられるのですが，まずは電子の位置に注目します．位置の期待値がわかれば，原子の中で電子が占めている大きさ（原子核の1万倍の半径）の説明がつくでしょう．

量子力学を使えば，水素原子の電子状態を計算することができます．詳細は次節にまわし，まずは理論的に得られた原子の姿を眺めましょう．**図2-1**は，水素原子を超高分解能・超高速カメラで撮影できるなら，という想定で描きました．(a)は多重露光を100回行ったところ，(b)は500回，(c)は5000回です．黒い点は電子の位置です．前節では，電子の位置ははっきりと決まるものではないと書きましたが，ある瞬間何らかの方法でそこにあることを（誤差を伴って）検出するということは可能です．以後，こうして電子がある位置に検出されることを，（やや厳密さに欠けるものの）単に「現れる」「出現する」などと表現します．

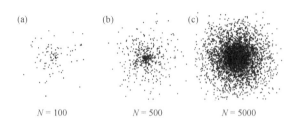

(a)　(b)　(c)

$N = 100$　$N = 500$　$N = 5000$

図2-1　電子の出現頻度シミュレーション

　一回一回の測定では電子の位置は全くランダムに思えますが，測定回数を重ねるに従って，原子の輪郭がおぼろげながら見えてきます．はっきりと「ここまでが原子」といえるような境界はありませんが，電子が現れるのはほぼ半径 1.2 ～ 1.3 Å のあたり（一点鎖線の円）までといっていいでしょう．点の密度が高いところは，電子が現れる確率が高いところです．位置 x を含む微小領域 dx の中に電子が見つかる確率を $p(x)dx$ として表すことができそうです．

　水素原子では電子の分布が球対称ですから，中心（原子核の位置）からの距離 r の関数として表すのが便利です．式(2.1) の中の a_0 はボーア半径（$a_0 = 0.529177210903$(85) Å，点線の円）で，原子スケールの現象を調べるのにほどよい長さの単位として使われます．

$$p(r) = \frac{1}{\pi a_0^3} \exp\left(-\frac{2r}{a_0}\right) \tag{2.1}$$

これを全空間で積分すれば 1 になります．

$$\int_0^2 \int_0^\pi \int_0^\infty p(r) r^2 \sin\theta \, dr \, d\theta \, d\varphi = 1 \tag{2.2}$$

球対称の関数ですから，θ と φ に関する積分は先にやってしまいます．

$$\int_0^\infty 4\pi r^2 p(r) dr = 1 \tag{2.3}$$

この積分の中身を動径分布関数といい，方向にかかわらず中心から距離 r の点での電子の出現確率を表します．この積分を無限大ではなくある半径まで行うと，その球の内部に電子が出現する確率の総和になります．

$$P(r) = \int_0^r 4\pi r'^2 p(r') dr' = 1 - \left\{ \sum_{m=0}^2 \frac{1}{m!} \left(\frac{2r}{a_0}\right)^m \right\} \exp\left(-\frac{2r}{a_0}\right) \tag{2.4}$$

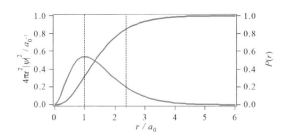

図 2-2　動径分布関数（青線）とその積分曲線（赤線）

　動径分布とその積分曲線（$P(r)$）をグラフにしたのが**図 2-2** です．動径分布関数は，ちょうど $r = a_0$ のところでピークになります（点線）．ただし**図 2-1** からもわかるように，この半径のところに電子の出現が頻発するというわけではありません．$r = a_0$ の球の内部に電子が出現する確率は高々 30％程度です．半径を 1.2 Å（一点鎖線）まで広げると，その球の内部に電子が出現する確率は，80％を越えるようです．この半径は，他の原子が水素原子に近づくことのできる限界の半径（ファン・デル・ワールス（van der Waals）半径（→11.1 節））として実験的に求められている値です．

2.1.2　波動関数

　1.2 節の記法にならって，ある状態において「電子の位置を観測したら x であった」という事象を $|x\rangle$ で表します．x は三次元空間内の位置ですが，話を簡単にするためにその x 座標だけを考えます．y 座標，z 座標についてもそれぞれ同じように考えて構いません．三次元空間での電子状態は，次節で原子を扱うときに詳しく見ることにします．

　$|x\rangle$ の正規直交性についてきちんと定義しておかなくてはなりません．異なる位置 x と x' について，

$$\langle x | x' \rangle = 0\,?$$
$$\langle x | x \rangle = 1\,? \qquad\qquad (2.5\text{a–c})$$
$$\langle x' | x' \rangle = 1\,?$$

となればいいはずですね．末尾に ? をつけてあるのは，x が連続的な量なのに前と同じように書いていいものか，今は確証がないからです．一応これが成り立つとして話を進めます．

　電子を観測したときに，位置が x か x' のどちらかしかないという状態なら，

$$|\Psi\rangle = \psi_x |x\rangle + \psi_{x'} |x'\rangle \qquad\qquad (2.6)$$

と書けます．$|\psi_x|^2$ や $|\psi_{x'}|^2$ はそれぞれ電子の位置が x や x' だという事象が起こる確率です．ですが，電子の位置が二か所に限定されるというのは少々不自然ですね．電子は空間内のいたるところに現れる可能性があるはずです．$|x\rangle$ が連続的に変わるので，和の代わりに積分を使います．

$$|\Psi\rangle = \int \psi(x) |x\rangle \mathrm{d}x \qquad\qquad (2.7)$$

$|x\rangle$ の係数はもはや，x, x' を添え字とする離散的な数ではなく，x の関数 $\psi(x)$ に姿を変えました．普通はこの $\psi(x)$ を波動関数とよんでいます（理由は次節で明かします）．

$|\Psi\rangle$ の規格化条件について見てみます.

$$\langle\Psi|\Psi\rangle = \iint \psi(x')^{*}\psi(x)\langle x'|x\rangle \,\mathrm{d}x\,\mathrm{d}x' \tag{2.8}$$

$x = x'$ のときだけ $\langle x|x'\rangle$ が 1 になると考えているので,

$$\langle\Psi|\Psi\rangle = \int |\psi(x)|^{2}\,\mathrm{d}x = 1 \tag{2.9}$$

となります. 式(2.9)への変形では $|x\rangle$ の正規直交性を仮定しましたが厳密にはもう少し複雑な定義をしておかないと不都合があります(→Mas Math ノート 8【デルタ関数】).

この規格化条件は,「電子の位置を観測したとき, x を含む微小領域 $\mathrm{d}x$ の内部である確率が $|\psi(x)|^{2}\,\mathrm{d}x$ になること」と解釈すれば納得できます. 確率 $p(x)$ を全範囲で積分すれば 1 になるからです.

$$|\psi(x)|^{2}\,\mathrm{d}x = p(x)\mathrm{d}x \tag{2.10}$$

波動関数 $\psi(x)$ の形を与えるには, 式(2.7)に左から $\langle x|$ との内積をとって,

$$\begin{aligned}\langle x|\Psi\rangle &= \int \psi(x')\langle x|x'\rangle \,\mathrm{d}x' \\ &= \psi(x)\end{aligned} \tag{2.11}$$

とします. これは $|\Psi\rangle$ の x-表示ともいいます.

Mas Math ノート 8

【デルタ関数】

$|x\rangle$ と $|x'\rangle$ の内積として具体的に,

$$\langle x|x'\rangle = \delta(x-x') \tag{M8.1}$$

という関数を考えます. 式(2.8)から(2.9)への展開ではこの関数の性質として,

$$\int f(x)\delta(x-x')\mathrm{d}x = f(x') \tag{M8.2}$$

が成り立つことを暗に仮定していたのです. このような性質をもつ関数は, 普通に $x^{2}, \log x, \sin x$ などの関数で表すことができません. この関数の奇妙さをはっきりさせましょう. $f(x) = 1$ とします.

$$\int \delta(x-x')\mathrm{d}x = 1 \tag{M8.3}$$

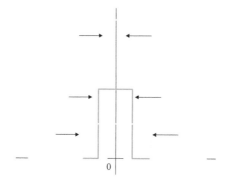

図M8-1　デルタ関数のイメージ（面積を保ったまま幅を狭くした極限の長方形）

つまりこの関数自体は積分すれば1です．しかし $x \neq x'$ のとき，$\langle x|x' \rangle$ は0と考えているので，

$$\delta(x-x') = 0 \quad (if \ x \neq x') \tag{M8.4}$$

です．ほとんどの x でこの関数の値は0なのに積分すると1になるのですから，$x = x'$ のときには何か特別なことが起きていることになります．こういう関数は例えば図 M8-1 のような長方形の関数の横幅を狭くしていく極限として定義されます．面積を1に保ったまま横幅を0にするのですから，高さは無限大になります．こういう「普通ではない」関数を超関数といいます．$\delta(x)$ はディラックのデルタ関数という超関数です．

デルタ関数には，関数 $D(x) = 1$ のフーリエ変換（の $1/\sqrt{2\pi}$ 倍）という側面もあります．

$$\frac{1}{\sqrt{2\pi}} \int 1 \exp(ik'(x-x')) \, dk' = \sqrt{2\pi}\delta(x-x') \tag{M8.5}$$

デルタ関数の別の表し方として覚えておくと便利でしょう．これを使うと正弦波関数，

$$u_k(x) = \frac{1}{\sqrt{2\pi}} \exp(ikx) \tag{M8.6}$$

の正規直交性を以下のように表すことができます．

$$\int u_{k'}^{*}(x) u_k(x) \, dx = \frac{1}{2\pi} \int \exp(i(k'-k)x) \, dx \\ = \delta(k'-k) \tag{M8.7}$$

つまり正弦波関数は運動量の固有状態を展開する際の基底ベクトルとして使えるということです.

2.1.3 シュレーディンガー方程式

電子がある特定の状態でいるというのは, その状態に固有の物理量がしっかり決まるということです. しっかり, というのは測定の回数ごとに値がばらついたりしないということです. こういう状態をその物理量の固有状態といいます. 固有状態ではない状態では, 物理量は確率的にしか決まりません. 量子力学を建設した科学者たちは, 原子が安定して存在するのは電子のエネルギーが一定値をとっているからだと考えました.

電子のエネルギーの測定には作用素 $\mathcal{H}$ を使います.

$$\mathcal{H}|\Psi\rangle = E|\Psi\rangle \tag{2.12}$$

エネルギーは電子の位置だけでは決まりませんから, $\mathcal{H}$ の固有状態になるためには, 一か所にとどまっていてはいけないということです. 電子がいろいろな位置に確率的に現れるという状態は式(2.7)のように表せますから, これを代入して,

$$\mathcal{H}\int \psi(x')|x'\rangle \mathrm{d}x' = E\int \psi(x')|x'\rangle \mathrm{d}x' \tag{2.13}$$

となります. $\langle x|$ との内積をとると,

$$\int \langle x|\mathcal{H}|x'\rangle \psi(x')\mathrm{d}x' = E\int \psi(x')\langle x|x'\rangle \mathrm{d}x' = E\psi(x) \tag{2.14}$$

ここからの計算は本題からはずれますので, Mas Math ノート 9【演算子の表現】にまとめました. 結果のみ示すと,

$$\hat{H}\psi(x) = E\psi(x) \tag{2.15}$$

となります. これを(定常状態の)シュレーディンガー(Schrödinger)方程式といいます. $\hat{H}$ をハミルトン(Hamilton)演算子といい, 上の＾記号(アクサンシルコンフレックス, 簡単にハットと読むことが多い)は, これが単なる数ではなく演算子だということを明示しています. 式(2.12)と式(2.15)は似た形をしていますが, 意味は少し違います. $|\Psi\rangle$ はある「状態」を抽象的に表したもので, $\psi(x)$ は具体的な関数としての姿をもっています. $\mathcal{H}$ は抽象的な作用素ですが, $\hat{H}$ は具体的な演算子としての姿をもっています. $\hat{H}$ の中には微分演算子が含まれているため, 計算の順序を変えると結果が変

わってしまいます．＾がついているものは順序を変えないようにしましょう．

【演算子の表現】

$|x\rangle$ は位置の固有ベクトルです．位置の観測に対応する作用素 X に対して，

$$X|x\rangle = x|x\rangle \tag{M9.1}$$

となるようなベクトルです．$\langle x'|$ との内積をとると，

$$\langle x'|X|x\rangle = x\langle x'|x\rangle = x\delta(x'-x) \tag{M9.2}$$

となります．これを X の x-表示といいます．次に，運動量の観測に対応する作用素 $\mathcal{P}$ を $|x\rangle$ に作用させるとこうなります（2 段目から 3 段目の変形は式（M10.7）を参照）．

$$\begin{aligned}
\mathcal{P}|x\rangle &= \mathcal{P}1|x\rangle \\
&= \int \mathcal{P}|k'\rangle\langle k'|x\rangle\,\mathrm{d}k' \\
&= \frac{1}{\sqrt{2\pi}}\int \hbar k'|k'\rangle\exp(-ik'x)\,\mathrm{d}k'
\end{aligned} \tag{M9.3}$$

これと $\langle x'|$ の内積をとると，$\mathcal{P}$ の x-表示が得られます．

$$\begin{aligned}
\langle x'|\mathcal{P}|x\rangle &= \frac{1}{\sqrt{2\pi}}\int \hbar k'\langle x'|k'\rangle\exp(-ik'x)\,\mathrm{d}k' \\
&= \frac{1}{2\pi}\int \hbar k'\exp(ik'(x'-x))\,\mathrm{d}k' \\
&= -i\hbar\frac{\partial}{\partial x'}\left[\frac{1}{2\pi}\int \exp(ik'(x'-x))\,\mathrm{d}k'\right] \\
&= -i\hbar\frac{\partial}{\partial x'}\delta(x'-x)
\end{aligned} \tag{M9.4}$$

ついでに $\mathcal{P}^2$ の x-表示も見ておきましょう．結果のみ示します．

$$\langle x'|\mathcal{P}^2|x\rangle = -\hbar^2\frac{\partial^2}{\partial x'^2}\delta(x'-x) \tag{M9.5}$$

電子の全エネルギーは，運動エネルギーと位置エネルギーの和なので，対応する作用素（ハミルトン作用素）は，

$$\mathcal{H} = \frac{\mathcal{P}^2}{2m} + V(X) \tag{M9.6}$$

と書けます. これを x-表示で書けば,

$$\langle x'|\mathcal{H}|x\rangle = \frac{1}{2m}\langle x'|\mathcal{P}^2|x\rangle + \langle x'|V(X)|x\rangle$$

$$= -\frac{\hbar^2}{2m}\frac{\partial^2}{\partial x'^2}\delta(x'-x) + V(x)\delta(x'-x) \tag{M9.7}$$

$$\equiv \hat{H}\delta(x'-x)$$

という演算子になります. これがハミルトン作用素の x-表示です. また, 同じハミルトン作用素を p-表示で書くと,

$$\langle k'|\mathcal{H}|k\rangle = \frac{1}{2m}\langle k'|\mathcal{P}^2|k\rangle + \langle k'|V(X)|k\rangle$$

$$= \frac{\hbar^2 k'^2}{2m}\delta(k'-k) + F_V(k)\delta(k'-k) \tag{M9.8}$$

$$\equiv \hat{H}_k\delta(k'-k)$$

という全く違った形の演算子になります. ここで F_V は V のフーリエ変換です.

$\mathcal{H}$ を $|\psi\rangle$ に作用させた結果を x-表示すると, 以下のようになります.

$$\langle x|\mathcal{H}|\psi\rangle = \int \langle x|\mathcal{H}|x'\rangle\langle x'|\psi\rangle\,\mathrm{d}x'$$

$$= \int \hat{H}\delta(x-x')\psi(x')\mathrm{d}x' \tag{M9.9}$$

$$= \hat{H}\psi(x)$$

これは, x-表示の演算子を, x-表示の波動関数に対して作用させたのと同じことです. これ以降は, $\mathcal{H}$ の x-表示を単に $\hat{H}$ と書くことにします.

作用素や状態ベクトルは, 展開する基底系によって異なった形の演算子や関数になります. x-表示で記述した波動関数には x-表示の演算子を, p-表示で記述した波動関数には p-表示の演算子を使わないといけません.

Mas Math ノート 10

【基底の変換】

式 (2.7) と (2.11) から, $|\Psi\rangle$ を次のように書くことができます.

$$|\Psi\rangle = |A\rangle\langle A|\Psi\rangle + |B\rangle\langle B|\Psi\rangle + \cdots = \sum_A |A\rangle\langle A|\Psi\rangle \tag{M10.1}$$

これは次のような恒等作用素 (もとの状態を変えない作用素) 1 を考えているのと同

じとみなせます．作用を受けるベクトルは（　）の中に入ります．

$$1(\quad) = \sum_A |A\rangle\langle A|(\quad) \tag{M10.2}$$

恒等作用素がこのように書けるのは，対象としているすべてのベクトルが $\{|A\rangle\}$ で張られる空間に納まっているときで，このとき $\{|A\rangle\}$ を完全系とよびます．連続的な基底系でも同じようなことができますが，その場合は和記号が積分に変わります．

$$1(\quad) = \int |x\rangle\langle x|(\quad)\mathrm{d}x \tag{M10.3}$$

$|x\rangle$ は位置の観測に対応する作用素 X に対して，

$$X|x\rangle = x|x\rangle \tag{M10.4}$$

となるようなベクトルです．位置が一つに決まっている状態ですから，完全に粒子的な状態です．

一方，完全に波動的な状態というのは，波数が一つに決まっている状態です．これを $|k\rangle$ と書きます．$|k\rangle$ に $\hbar$ をかければ運動量の固有状態になります．

$$|p\rangle = \hbar|k\rangle$$
$$\mathcal{P}|p\rangle = p|p\rangle \tag{M10.5a, b}$$

$|k\rangle$ は波数 k の平面波に相当しますから，次のように書けます．

$$|k\rangle = \frac{1}{\sqrt{2\pi}}\int \exp(ikx')|x'\rangle\mathrm{d}x' \tag{M10.6}$$

これは $|k\rangle$ を $|x\rangle$ で展開した形で，積分の前の $1/\sqrt{2\pi}$ は，$|k\rangle$ を規格化するための係数です．$\langle x|$ と $|k\rangle$ の内積は次のように計算できます．

$$\begin{aligned}\langle x|k\rangle &= \frac{1}{\sqrt{2\pi}}\int \exp(ikx')\langle x|x'\rangle\mathrm{d}x' \\ &= \frac{1}{\sqrt{2\pi}}\int \exp(ikx')\delta(x-x')\mathrm{d}x' \\ &= \frac{1}{\sqrt{2\pi}}\exp(ikx)\end{aligned} \tag{M10.7}$$

$\{|k\rangle\}$ も完全系になるので，やはり恒等作用素が次のように書けます．

$$1(\quad) = \int |k\rangle\langle k|(\quad)\mathrm{d}k \tag{M10.8}$$

ある状態 $|\Psi\rangle$ に *1* を作用させても本質的に変わらないはずですから，$|\Psi\rangle$ は基底系によっていろいろな表現方法があることになります．$\{|x\rangle\}$ が張る空間では，

$$|\Psi\rangle = \int |x\rangle\langle x|\Psi\rangle \mathrm{d}x = \int |x\rangle \psi(x)\mathrm{d}x \qquad (\text{M10.9})$$

となり，また $\{|k\rangle\}$ が張る空間では，

$$|\Psi\rangle = \int |k\rangle\langle k|\Psi\rangle \mathrm{d}x = \int |k\rangle F(k)\mathrm{d}k \qquad (\text{M10.10})$$

と表現できます．新しく出てきた関数 $F(k)$ は，関数 $\psi(x)$ との間に，

$$\begin{aligned} F(k) = \langle k|\Psi\rangle &= \int \langle k|x\rangle\langle x|\Psi\rangle \mathrm{d}x \\ &= \frac{1}{\sqrt{2\pi}} \int \exp(-ikx)\psi(x)\mathrm{d}x \end{aligned} \qquad (\text{M10.11})$$

という関係があります．$F(k)$ は $\psi(x)$ のフーリエ変換ということになります．このように，基底が完全系であれば *1* を作用させることによって，状態の表現をいろいろと変えることができます．$\langle x|\Psi\rangle$ を $\langle k|\Psi\rangle$ に変えるだけでフーリエ変換ができてしまうあたりがブラケット記法の便利なところでしょう．

$\psi(x)$ が波動関数とよばれる理由について考えます．もともと，波動方程式というのは量子力学の誕生よりもずっと前に確立していて，

$$\frac{\partial^2}{\partial t^2}u(x,t) = \frac{\omega^2}{k^2}\frac{\partial^2}{\partial x^2}u(x,t) \qquad (2.16)$$

という形をしています．$u(x,t)$ は変位で，位置によっても時間によっても変わります．この方程式を満たす u の中でも，

$$u(x,t) = \psi(x)\exp(-i\omega t) \qquad (2.17)$$

の形をしているものを定在波といいます（→Mas Math ノート2）．定在波は，$\psi(x)$ で表される波形が，正負どちらの方向にも移動することなく振動するような波動です．実際には，正負両方向に等しい速度で移動する波が重ね合わされているために定位置で振動しているように見えるだけなので，運動量も運動エネルギーも0ではありません．定在波の式を波動方程式に代入すると，

$$\frac{\partial^2}{\partial x^2}\psi(x) = -k^2\psi(x) \qquad (2.18)$$

となります．これは，微分演算子 $\partial^2/\partial x^2$ についての固有値方程式の形になっていま

す．演算子を物理量の観測に対応させ，その固有値を観測可能な値とみなす量子力学の基本的な考え方は，ここに端を発しています．量子力学では波の運動量を $\hbar k$ と見るので，運動量についての固有値方程式は，

$$-i\hbar\frac{\partial}{\partial x}\psi(x) = p\psi(x) \tag{2.19}$$

となります．また，運動エネルギーについては以下の通りです．

$$-\frac{\hbar^2}{2m}\frac{\partial^2}{\partial x^2}\psi(x) = \frac{p^2}{2m}\psi(x) \tag{2.20}$$

　束縛された電子の運動エネルギーは，全エネルギー E からポテンシャルエネルギー V を引いたものなので，

$$-\frac{\hbar^2}{2m}\frac{\partial^2}{\partial x^2}\psi(x) = (E-V)\psi(x) \tag{2.21}$$

となり，シュレーディンガー方程式が導かれます．

$$\left[-\frac{\hbar^2}{2m}\frac{\partial^2}{\partial x^2} + V(\hat{x})\right]\psi(x) = E\psi(x) \tag{2.22}$$

この式は，ポテンシャル $V(x)$ のもとで電子が振幅 $\psi(x)$ をもつ定在波として存在すると見たとき，$\psi(x)$ が満たすべき条件を規定しているのです．これが，$\psi(x)$ を波動関数とよぶ所以です．

2.2　エネルギー準位

2.2.1　水素様原子

　水素原子は陽子一個と電子一個からなる最も簡単な原子です．水素原子のシュレーディンガー方程式は厳密に解くことができますが，原子番号が一つ大きいヘリウムになると途端に解けなくなってしまいます．それは電子が二個に増えるためです．このような多電子系は何らかの近似法を使って解かなければなりませんが，詳細は第3章にまわしましょう．ここでは陽子複数個と電子一個からなる，架空の「水素様原子」の電子状態を調べて，その結果をもとに他の原子の電子状態を想像することにします．

　水素様原子のハミルトン演算子は

$$\hat{H} = -\frac{\hbar^2}{2m}\nabla^2 - \frac{Ze^2}{4\pi\varepsilon_0 r} \tag{2.23}$$

と書けます．これは運動エネルギーとポテンシャルエネルギーの和になっています．

第1項に含まれている ∇^2 記号はラプラシアンといって，位置に関する二階微分を三次元の系に拡張した演算子です（→Mas Math ノート1【スカラーとベクトル】）．

$$\nabla^2 = \frac{\partial^2}{\partial x^2} + \frac{\partial^2}{\partial y^2} + \frac{\partial^2}{\partial z^2} \tag{2.24}$$

式(2.24)は x, y, z を座標軸とした直交座標系で表したものですが，同じ演算子を r, θ, φ を座標軸とした極座標系で表すこともできます（→Mas Math ノート11【極座標表示】）．ラプラシアンを極座標表示するとずいぶん複雑な形になりますが，原子は球対称なので結果的には極座標を使った方が，計算が楽になります．

第2項は原子核と電子の静電ポテンシャルエネルギーを表しています．r は電子の位置ベクトル $\boldsymbol{r}$ を，やはり極座標 (r, θ, φ) で表したものです．Z は核の中の陽子の数です．この第2項がなければ電子は三次元空間を自由に運動することになります．束縛がなければ遥か宇宙空間にまで足を延ばしかねない電子が，静電力による強い束縛を受けているために原子核のごく近傍（$\sim 10^{-10}$ m 程度）にとどまるのです．静電力おそるべしですね．また，それほど強い束縛力をもってしても，電子の位置を完全に固定してしまうことはできません．電子の「波でありたい」性質もまたおそるべしです．

Mas Math ノート11

【極座標表示】

三次元空間中の位置を指定するには三個の数値が必要です．直交座標系を使って，x, y, z 軸上の各成分を列記するのもやり方の一つです．その際には位置をベクトル $\boldsymbol{x}$ で表し，その成分を，

$$\boldsymbol{x} = (x_1, x_2, x_3) \tag{M11.1}$$

と書きました．これを直交座標表示といいます．これとは別に，極座標表示というやり方があって，

$$\boldsymbol{r} = (r, \theta, \phi) \tag{M11.2}$$

と書きます．位置ベクトルを $\boldsymbol{r}$ で書いたときは，暗に極座標表示であることを示しています．r は原点から $\boldsymbol{r}$ までの距離，θ は $\boldsymbol{r}$ と z 軸がなす角，ϕ は $\boldsymbol{r}$ を xy 面に射影したベクトルと x 軸がなす角です．これらの関係は次式に整理することができます．

$$x_1 = r \sin\theta \cos\phi$$
$$x_2 = r \sin\theta \sin\phi \qquad \text{(M11.3a–c)}$$
$$x_3 = r \cos\theta$$

∇ や ∇^2 などの微分演算子は極座標表示でも書くことができますが，その形は直交座標表示とは大きく異なります．

$$\nabla = \left(\frac{\partial}{\partial r}, \ \frac{1}{r}\frac{\partial}{\partial \theta}, \ \frac{1}{r\sin\theta}\frac{\partial}{\partial \phi} \right) \qquad \text{(M11.4)}$$

$$\nabla^2 = \frac{1}{r^2}\frac{\partial}{\partial r}\left(r^2 \frac{\partial}{\partial r} \right) + \frac{1}{r^2 \sin\theta}\frac{\partial}{\partial \theta}\left(\sin\theta \frac{\partial}{\partial \theta} \right) + \frac{1}{r^2 \sin^2\theta}\frac{\partial^2}{\partial \phi^2} \qquad \text{(M11.5)}$$

積分を行う際には，微小体積要素を $\mathrm{d}\boldsymbol{r}$ と書きますが，これは暗に，

$$\int \mathrm{d}\boldsymbol{r} = \iiint r^2 \sin\theta \, \mathrm{d}r \, \mathrm{d}\theta \, \mathrm{d}\phi \qquad \text{(M11.6)}$$

であることを表しています．積分の中に現れる $r^2 \sin\theta$ はヤコビ(Jacobi)行列式といって，(r, θ, ϕ) の組み合わせごとに異なる微小体積要素の大きさを調整する働きをする因子です．

　水素様原子のシュレーディンガー方程式，

$$\left[-\frac{\hbar^2}{2m}\nabla^2 - \frac{Ze^2}{4\pi\varepsilon_0 r} \right]\psi(\boldsymbol{r}) = E\psi(\boldsymbol{r}) \qquad (2.25)$$

が厳密に解けるとはいえ，その手続きはかなり煩雑です．詳細は他書(例えば高塚「化学結合論入門」)に譲り，結果のみ示します．

$$\psi(\boldsymbol{r}) = \sqrt{\frac{Z^3}{\pi a_0^3}} \exp\left(-\frac{Zr}{a_0} \right)$$
$$E = -\frac{Z^2 m e^4}{32\pi^2 \varepsilon_0^2 \hbar^2} \qquad (2.26)$$

これは可能な解($\psi(\boldsymbol{r})$ と E の組み合わせ)のうち，最も E が低いものです．この $\psi(\boldsymbol{r})$ を二乗すると，前節で出した確率分布関数 $p(\boldsymbol{r})$ になります．

　このまま話を進めてもいいのですが，原子の世界を記述するには，それに都合のよい単位で測った方が式の見かけがすっきりします．原子単位系では，長さの単位をボーア半径 a_0，

$$a_0 = \frac{4\pi\varepsilon_0 \hbar^2}{me^2} = 5.29177210903 \pm 0.00000000085 \times 10^{-11}\,\mathrm{m} \qquad (2.27)$$

とし, エネルギーの単位はハートリー (hartree) E_h,

$$E_h = \frac{me^4}{16\pi^2 \varepsilon_0^2 \hbar^2} \cong 4.35974 \times 10^{-18} \text{ J} \tag{2.28}$$

を使います. 原子単位系で書くと, 式(2.23)のハミルトン演算子とその解は次のように簡単になります. 本章の以下の部分では特に断らずに原子単位で書きます.

$$\hat{H} = -\frac{1}{2}\nabla^2 - \frac{Z}{r} \tag{2.29}$$

$$\psi(\boldsymbol{r}) = \sqrt{\frac{Z^3}{\pi}} \exp(-Zr)$$

$$E = -\frac{1}{2}Z^2 \tag{2.30}$$

ブラケット記法では, ごく簡単に,

$$\mathcal{H}|\Psi\rangle = -\frac{1}{2}Z^2|\Psi\rangle \tag{2.31}$$

と書けますが, ここで, $\mathcal{H}$ と $\hat{H}$, $|\Psi\rangle$ と $\psi(x)$ の間には次の関係があることを確認しておきましょう (→Mas Math ノート9【演算子の表現】).

$$\langle \boldsymbol{r}'|\mathcal{H}|\boldsymbol{r}\rangle = \hat{H}\delta(\boldsymbol{r}' - \boldsymbol{r})$$

$$\langle \boldsymbol{r}|\Psi\rangle = \psi(\boldsymbol{r}) \tag{2.32a, b}$$

2.2.2 量子数

シュレーディンガー方程式の解は, 前項で挙げたもののほか複数あります. 実は無限にあるのですが, 現実に原子の波動関数として考慮に値するのはせいぜい50個くらいです. それにしても, それぞれの波動関数に1から50まで通し番号を付けていたのでは見通しが悪すぎます.

式(2.29)のハミルトン演算子を, 式(M11.5)を用いて少々書き換えて,

$$\hat{H} = \hat{R} + \frac{1}{2r^2}\hat{L}^2 \tag{2.33}$$

とします. ここで,

$$\hat{R} = -\frac{1}{2r^2}\frac{\partial}{\partial r}\left(r^2 \frac{\partial}{\partial r}\right) - \frac{Z}{r} \tag{2.34}$$

$$\hat{L}^2 = -\frac{1}{\sin\theta}\frac{\partial}{\partial\theta}\left(\sin\theta\frac{\partial}{\partial\theta}\right) - \frac{1}{\sin^2\theta}\frac{\partial^2}{\partial\phi^2} \tag{2.35}$$

としました. $\hat{R}$ は r だけに関わる演算子ですから, 動径方向の運動に関する運動エネルギーと, 核による静電ポテンシャルエネルギーとの両方を含んでいます. $\hat{L}^2$ は角運動量の二乗を観測する演算子です. $\hat{L}^2$ を $2r^2$ で割ると, 回転による運動エネルギーになります.

$\hat{L}^2$ はさらに,

$$\hat{L}^2 = \hat{L}_x^2 + \hat{L}_y^2 + \hat{L}_z^2 \tag{2.36}$$

というように, 角運動量の x, y, z 成分の二乗の和で表されます. このうち, 一つの成分, 例えば z 成分に注目すれば,

$$\hat{L}_z = -i\frac{\partial}{\partial \varphi} \tag{2.37}$$

という演算子で書くことができます. ただ, 一つの軸を選んでこう書いてしまうと, 残りの成分 $\hat{L}_x, \hat{L}_y$ はあまり見通しのよい形で書くことができません. 角運動量については別途第 3 章で詳しく解説しましょう.

シュレーディンガー方程式を満たす波動関数, つまり $\hat{H}$ の固有関数は, 同時に $\hat{L}^2$ の固有関数であり, $\hat{L}_z$ の固有関数でもあります (→Mas Math ノート 12【演算子の可換性】). もちろんそれぞれの演算子に対して固有値は異なります. これを利用すると, 波動関数の分類が少し楽になります. まず,

$$\hat{H}\psi(\boldsymbol{r}) = -\frac{Z^2}{2n^2}\psi(\boldsymbol{r}) \tag{2.38}$$

となる関数は添え字 n で区別します. 同じようにして,

$$\hat{L}^2\psi(\boldsymbol{r}) = l(l+1)\psi(\boldsymbol{r}) \tag{2.39}$$

$$\hat{L}_z\psi(\boldsymbol{r}) = m\psi(\boldsymbol{r}) \tag{2.40}$$

と演算してみれば, 区別に使える添え字として l, m が出てきます. 波動関数にこれらの添え字をつけて,

$$\psi_{n,l,m}(\boldsymbol{r}) = R_n(r)\Theta_{l,|m|}(\theta)\Phi_m(\varphi) \tag{2.41}$$

と書いて区別し, 最初の 14 個を表 2-1 に示します. l の個数は n に依存していて, 0 から $n-1$ までの n 個に限られます. また, m の個数は l に依存していて, $-l$ から $+l$ までの $2l+1$ 個に限られます.

m の値は $\hat{L}_z$ の固有値ですから, 角運動量ベクトルの z 成分に対応します. 古典的

な回転体では L_z が最大になるのは回転軸が z 軸と平行なときですが，これをそのまま量子論的な回転体に適用することはできません．$\hat{L}^2$ の固有値が $l(l+1)$ ですから，角運動量の大きさは $\sqrt{l(l+1)}$ となります．一方 m の最大値は l なので，古典的な図式に当てはめれば回転軸は z 軸から少し傾いていることになります．

表 2–1 水素様原子の波動関数($n=3$ まで)

n	l	m	$R_n(r)$	$\Theta_{l,|m|}(\theta)$	$\Phi_m(\varphi)$
1	0	0	$2Z^{\frac{3}{2}}\exp(-Zr)$	$\dfrac{1}{\sqrt{2}}$	$\dfrac{1}{\sqrt{2\pi}}$
2	0	0	$\dfrac{1}{2\sqrt{2}}Z^{\frac{3}{2}}(2-Zr)\exp\left(-\dfrac{Zr}{2}\right)$	$\dfrac{1}{\sqrt{2}}$	$\dfrac{1}{\sqrt{2\pi}}$
2	1	0	$\dfrac{1}{2\sqrt{6}}Z^{\frac{5}{2}}r\exp\left(-\dfrac{Zr}{2}\right)$	$\dfrac{\sqrt{3}}{\sqrt{2}}\cos\theta$	$\dfrac{1}{\sqrt{2\pi}}$
2	1	1		$\dfrac{\sqrt{3}}{2}\sin\theta$	$-\dfrac{1}{\sqrt{2\pi}}\exp(+i\phi)$
2	1	-1			$\dfrac{1}{\sqrt{2\pi}}\exp(-i\phi)$
3	0	0	$\dfrac{1}{81\sqrt{3}}Z^{\frac{3}{2}}(27-18Zr+2Z^2r^2)\exp\left(-\dfrac{Zr}{3}\right)$	$\dfrac{1}{\sqrt{2}}$	$\dfrac{1}{\sqrt{2\pi}}$
3	1	0	$\dfrac{2\sqrt{2}}{81\sqrt{3}}Z^{\frac{3}{2}}(6-Zr)Zr\exp\left(-\dfrac{Zr}{3}\right)$	$\dfrac{\sqrt{3}}{\sqrt{2}}\cos\theta$	$\dfrac{1}{\sqrt{2\pi}}$
3	1	1		$\dfrac{\sqrt{3}}{2}\sin\theta$	$-\dfrac{1}{\sqrt{2\pi}}\exp(+i\phi)$
3	1	-1			$\dfrac{1}{\sqrt{2\pi}}\exp(-i\phi)$
3	2	0	$\dfrac{4}{81\sqrt{30}}Z^{\frac{7}{2}}r^2\exp\left(-\dfrac{Zr}{3}\right)$	$\dfrac{\sqrt{5}}{2\sqrt{2}}(3\cos^2\theta-1)$	$\dfrac{1}{\sqrt{2\pi}}$
3	2	1		$\dfrac{\sqrt{30}}{2\sqrt{2}}\sin\theta\cos\theta$	$-\dfrac{1}{\sqrt{2\pi}}\exp(+i\phi)$
3	2	-1			$\dfrac{1}{\sqrt{2\pi}}\exp(-i\phi)$
3	2	2		$\dfrac{\sqrt{30}}{4\sqrt{2}}\sin^2\theta$	$\dfrac{1}{\sqrt{2\pi}}\exp(+i2\phi)$
3	2	-2			$\dfrac{1}{\sqrt{2\pi}}\exp(-i2\phi)$

　波動関数の識別に使った添え字は，量子数とよばれています．n は主量子数，l は方位量子数，m は磁気量子数という名がついています．波動関数の具体的な形がわからなくとも，量子数がわかれば演算子の固有値がわかるのでたいていはそれで用が足りてしまいます．だからブラケット記法を使って，

$$\psi_{n,l,m}(\boldsymbol{r}) \equiv \langle \boldsymbol{r}|n,l,m\rangle \tag{2.42}$$

とすれば，

$$
\begin{aligned}
&\mathcal{H}|n,l,m\rangle = -\frac{Z^2}{2n^2}|n,l,m\rangle \\
&\mathcal{L}^2|n,l,m\rangle = l(l+1)|n,l,m\rangle \\
&\mathcal{L}_z|n,l,m\rangle = m|n,l,m\rangle
\end{aligned}
\tag{2.43a–c}
$$

というように書いても構いません．

Mas Math ノート 12

【演算子の可換性】

前に (1.3 節) 演算子は一般には順序を変えてはならないと書きましたが，演算子の中には順序を入れ替えてよいものと，いけないものがあります．入れ替えができる演算子は互いに「可換である」といい，そうでないものを「非可換である」といいます．

演算子 $\hat{A}, \hat{B}$ が可換であれば，

$$\hat{A}\hat{B}\psi = \hat{B}\hat{A}\psi \tag{M12.1}$$

ですから，「交換子」という新たな演算子 $[\hat{A}, \hat{B}]$ を導入して，

$$[\hat{A}, \hat{B}]\psi \equiv (\hat{A}\hat{B} - \hat{B}\hat{A})\psi = 0 \tag{M12.2}$$

と書くこともあります．ψ が $\hat{A}$ の固有関数であれば，

$$\hat{A}\psi = a\psi \tag{M12.3}$$

となる a が存在します．両辺に左から $\hat{B}$ を演算すると，

$$
\begin{aligned}
\hat{B}\hat{A}\psi &= a\hat{B}\psi \\
&= \hat{A}\hat{B}\psi
\end{aligned}
\tag{M12.4}
$$

ですから，$\hat{B}\psi$ も $\hat{A}$ の(固有値 a に対応する)固有関数ということになります．つまり $\hat{B}\psi$ は ψ の高々定数倍だということです．その定数を b とすれば，

$$\hat{B}\psi = b\psi \tag{M12.5}$$

と書けますから，ψ は $\hat{B}$ の固有関数でもあります．可換な演算子は同一の固有関数(同時固有関数)をもつことになります．演算子を物理量の観測と対応させる量子力学では，可換な演算子は同時測定が可能な物理量とみなします．

位置の演算子 $\hat{x}$ と運動量の演算子 $\hat{p}$ は非可換です．交換子を演算すると，

$$
\begin{aligned}
[\hat{x}, \hat{p}]\psi &= \left\{\hat{x}\left(-i\frac{\partial}{\partial x}\right) - \left(-i\frac{\partial}{\partial x}\right)\hat{x}\right\}\psi \\
&= x\left(-i\frac{\partial}{\partial x}\psi\right) - \left(-i\frac{\partial}{\partial x}\right)x\psi \\
&= \left(-ix\frac{\partial}{\partial x}\psi\right) - \left\{\left(-i\frac{\partial}{\partial x}x\right)\psi - ix\frac{\partial}{\partial x}\psi\right\} \\
&= -i\psi
\end{aligned}
\tag{M12.6}
$$

となりますから，$\hat{x}$ と $\hat{p}$ は同時固有関数をもちません．

角運動量については，交換関係は以下の通りです．

$$
\begin{aligned}
[\hat{L}_x, \hat{L}_y]\psi &= i\hat{L}_z\psi \\
[\hat{L}_y, \hat{L}_z]\psi &= i\hat{L}_x\psi \\
[\hat{L}_z, \hat{L}_x]\psi &= i\hat{L}_y\psi
\end{aligned}
\tag{M12.7}
$$

2.2.3　軌道の形と名前

　x - 表示した電子の波動関数は，電子の位置に関する情報を与えます．1.1 節で見た惑星の軌道(orbit)のようなモデルでは，電子の位置は円周上に限定されています．電子の波動関数の場合はだいぶ趣が違いますが，惑星モデルとの類推で波動関数を「軌道(orbital)」ともよびます．量子数 n, l, m の値と，軌道の形の関係を概観しておきましょう．波動関数の形は，$R_n(r)$，$\Theta_{l,m}(\theta)$，$\Phi_m(\varphi)$ のすべてによって決定します．n が大きくなるにつれて $R_n(r)$ の形は複雑になっていきます．角度分布を決めているのは $\Theta_{l,m}(\theta)$ と $\Phi_m(\varphi)$ で，これらの関数は n によって変化しません．波動関数の形を表すには l と m を使えばいいということになるのですが，これを軌道として見るときには特別に s, p, d, f, ... などの記号を使います．対応表を**表 2-2** に示します．

表 2-2　角運動量に関連する記号

角運動量	一電子軌道		分子軌道	多電子原子の	直線分子の
	記号	記号の由来	記号	電子状態	電子状態
0	s	sharp	σ	S	Σ
1	p_x, p_y, p_z	principal	π	P	Π
2	d_{z^2}, $d_{x^2-y^2}$, d_{xy}, d_{yz}, d_{zx}	diffuse	δ	D	Δ
3	f	fundamental		F	
4	g			G	
5	h			H	

　s, p, d, f の名の由来はそれぞれ sharp（鋭い）, principal（主要な）, diffuse（ぼやけた）, fundamental（台形の）の頭文字で，それぞれの軌道に関わるスペクトルの形状にあるようです．今となってはそんな由来は忘れ去られつつありますが，軌道の形を見て「これは p 軌道」，「これは d_{z^2} 軌道」…等々条件反射で名前が出てくる能力は理系の大学 1 年くらいまでには身につけたいものです．f より先はアルファベット順に g, h, i,... と続きます．$n=1$ の s 軌道は 1s 軌道，$n=2$ の p 軌道は 2p 軌道など，頭に主量子数を付けてよびます．

　最重量級のアクチノイド原子でも 5f 軌道までしか使っていませんから，それ以上の軌道に名をつける意味を訝しむ声もあるかもしれません．今では s , p , d , f , ... の記号はもとの意味を拡張して，角運動量の違いを表すために使われています．電子が一個だけなら 5f($l=3$）まででも，電子が二個や三個結合している系ではそれ以上の角運動量をもちうるのです．ただ，そういう場合は大文字 S , P , D , F , ... を使います．原子ではなく，二原子以上の直線状分子になると対応するギリシャ文字 Σ , Π , Δ , ... を使います．第 5 章で出てくる分子内の軌道については，小文字 σ , π , δ , ... を使います．

　表 2-2 から，p 軌道が 3 種類（p_x, p_y, p_z），d 軌道が 5 種類（d_{z^2}, $d_{x^2-y^2}$, d_{xy}, d_{yz}, d_{zx}）あることがわかりますが，これらがそれぞれ m の値に対応するというわけではありません．$x , y , ...$ などの添え字は，波動関数の形をおおまかに表すものです．m の値が 0 以外の波動関数は複素関数なので形をイメージしにくいですから，実関数になるように適当な組み合わせで足し引きして虚数部分を消してしまいます．波動関数の角度依存部分は，極座標と直交座標の関係を使って x , y , z に書き換えます．例えば，$2p_x$ の関数は，

$$\psi_{2\mathrm{px}}(\boldsymbol{r}) = \frac{1}{\sqrt{2}} R_2(r)\Theta_{1,1}(\theta)\{\Phi_{-1}(\phi)+\Phi_{-1}(\phi)\}$$

$$= \frac{\sqrt{3}}{2\sqrt{\pi}} R_2(r)\sin\theta\cos\phi \tag{2.44}$$

$$= \frac{1}{4\sqrt{2\pi}} Z^{\frac{5}{2}} \exp\left(-\frac{Zr}{2}\right)x$$

となります．極座標系と直交座標系の変数が入り混じっていて妙ですが，関数の形を
イメージするには都合がいいのです．

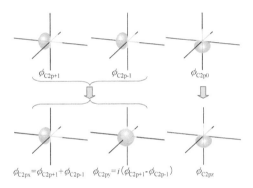

図 2-3　炭素原子の 2p 軌道．もともとの解である複素関数の形（上段）と実関数化された形（下段）

第3章 • 2個以上の電子をもつ原子

3.1 構成原理

3.1.1 元素の周期性

水素様原子の場合，波動関数は n, l, m の各量子数で区別されていても，各波動関数のエネルギーは n だけで決まります．これは，水素様原子では1個の電子しかないと仮定しているからです．電子が2個以上になると，異なる波動関数で表される電子同士が相互作用(クーロン反発など)するため，エネルギーが少々変わってきます．多電子系分子の波動関数については第6章で詳しく扱うとして，まずは簡単な多電子系である原子について，波動関数とエネルギーの関係を見ておきましょう．

電子が複数ある場合，電子と電子の間で起こる静電的な反発の効果を正確に取り入れて計算しなくてはなりません．しかしそれはどうやら無理らしいのです．そういう「多体問題」は人類が惑星の運行を計算しようとした頃からの長い努力もむなしく，解決されていません．多電子原子の波動関数は水素様原子のような正確さでは求めることができないのです．何らかの近似をする必要がありますが，そのスタート地点が水素様原子の軌道なのです．電子は，エネルギーの低い順に軌道を満たしていくのが最も安定になります．この原則を構成原理といいます．それぞれの軌道(例えば1sや2p)は，電子を二個ずつ収容することができます．二個である理由を説明するには「電子スピン」について知る必要がありますが，それは3.2節で扱うことにして先を急ぎます．

水素原子の場合，水素様原子の解で $Z=1$ と置けば正しい解になります．ヘリウム以降，核の電荷が1ずつ増えるに従って電子の数も増えていきます．ただし，**表3-1** の中の Z を1ずつ大きくしたのでは，実際に測定された値とだいぶずれてしまいます．これは，原子の中を運動する電子が，他の電子に対して核の正電荷の影響力を弱める(遮蔽する)ためです．例えば，ヘリウムの1s軌道の中では，二つの電子がお互いに核電荷を遮蔽しています．炭素の2s軌道の電子に対しては，もう一方の2s電子や2p電子，先に入っている二個の1s電子が核電荷を遮蔽します．こうして，ある電

表 3-1　スレーター則による有効核電荷の値

Z	原子	Z^*		
		1s	2s, 2p	3s, 3p
1	H	1.00		
2	He	1.70		
3	Li	2.70	1.30	
4	Be	3.70	1.95	
5	B	4.70	2.60	
6	C	5.70	3.25	
7	N	6.70	3.90	
8	O	7.70	4.55	
9	F	8.70	5.20	
10	Ne	9.70	5.85	
11	Na	10.70	6.85	2.20
12	Mg	11.70	7.85	2.85
13	Al	12.70	8.85	3.50

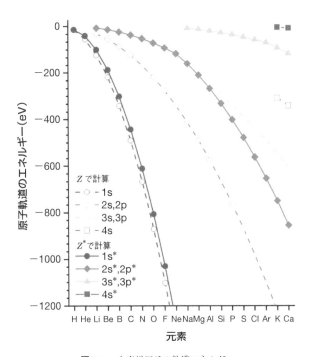

図 3-1　水素様原子の軌道エネルギー

子が実質的に感じる正電荷は Z より小さくなるため,「有効核電荷(Z^*)」とよんで区別します.

　有効核電荷を見積もる簡単な方法として, スレーター(Slater)則という経験則があります. この方法では, まず原子の軌道を(1s), (2s, 2p), (3s, 3p), (3d), (4s, 4p), (4d), (4f), (5s, 5p), (5d), (5f), (6s, 6p) というグループに分け, この順で内側 → 外側とよびます. ある電子に注目したとき, その電子が属するグループよりも外側のグループの電子は遮蔽の効果がないものとします. 同じグループに属する電子は, 電子一個につき陽子 0.35 個分を遮蔽します(ただし 1s グループの場合だけ 0.3). 注目している電子が(ns, np)グループにいるときは, $((n-1)^*)$グループの 1 電子は陽子 0.85 個分, さらに内側のグループの 1 電子は陽子一個分を遮蔽します. 注目している電子が$(n\mathrm{d})$または$(n\mathrm{f})$のときは, それより内側のグループの 1 電子は陽子一個分を遮蔽します. スレーター則に従ってZ^*を決めたのが**表 3-1**, そのZ^*を使って水素様原子の軌道エネルギーを計算したのが**図 3-1** です.

　これで$(3\mathrm{s}, 3\mathrm{p})$と$(3\mathrm{d})$のエネルギー差は分かれることになりますが, まだ 3s と 3p の間に準位の区別はありません. より詳しい計算をしてみると, p 軌道よりも s 軌道の方が核の付近の出現確率が高くて安定ですし, 現実の原子でもそういう順序になっているようです. ここまで見ると, 1s→2s→2p→3s→3p→… という順序で軌道が電子で満たされていくのが自然なように思えます. ですが, 実際この後に続くのは 3d ではなくて 4s です. その後 3d→4p→5s→4d→5p→6s→4f→5d→6p→7s→5f →6d→7p→… と続きます. 一見不規則に見える並びにも, 解釈は可能です. n は電子の動径方向の運動量を表していて, 一方 l は回転軸まわりの角運動量の尺度ですから, 両者の和は総運動エネルギーの大小を決めます. 確かに, $n+l$の値で比べると電子が満たされる順序と一致します(ただし同点のときは n が小さい方を先にします). これはマーデルング(Madelung)則, ジャネット(Janet)則などとよばれます.

　このように電子が軌道を満たす順番に規則性があることを考えると, 元素の性質に周期性が現れるのももっともなことのように思えます. 原子体積の大部分は電子が担っているのですから, 原子の性質は電子の軌道, しかも原子の表層付近の電子の運動の状態に左右されるのです. とはいえ, 元素の周期表はきれいな碁盤目ではなく, かなりいびつな形をしています. それは, それぞれの主量子数 n に対して $n-1$ 通りの異なる方位量子数 l があることと, 軌道のエネルギーの順番が n, l, Z^* の組み合わせによって不規則に変化することの二点に起因しているのです.

3.1.2 軌道角運動量

周期表の中で，電子が同じ l の軌道を満たしていく過程，例えば B, C, N, O, F, Ne の部分では，磁気量子数 m はどのような順序になっているでしょうか．m が小さい順に入っていくのでもなければ，$2p_x, 2p_y, 2p_z$ の順に入っていくのでもありません．実はこれはかなり難しい問題ですが，説明は可能です．2p 軌道に電子が複数個ある状態では，個々の $\Phi_m(\varphi)$ はもはや $\hat{L}_z$ の固有関数になりません．それどころか，$\Theta_{l,|m|}(\theta)\Phi_m(\varphi)$ が $\hat{L}^2$ の固有関数になりません．個々の $\Theta_{l,|m|}(\theta)\Phi_m(\varphi)$ を足したり引いたりして組み合わせれば，近似的に $\hat{L}^2$ や $\hat{L}_z$ の固有関数を求めることができます（→Mas Math ノート 14【多電子系の角運動量】）．それに加えて，次項で扱う電子スピンの状態も考えて，原子の電子状態は決まります．

ですがそんな複雑なことをやっていたのでは，せっかく単純な軌道モデルのよいところが台無しです．2p 軌道は六個の電子を収容できると単純に考えて，B から Ne まで順番に電子が一個ずつ増えると考えておいても，困ることはほとんどありません．化学では（特に物性を扱う化学では）単独の原子を相手にすることがほとんどないからです．分子の一員として存在する原子は，単独の原子とは環境が違うので，安定な電子状態が変わるのです．もっと大雑把に，(2s, 2p) のグループに 8 個の電子を収容できるとして，Li から Ne まで電子が一個ずつ増えると考えておいてもいいくらいです．これは K 殻，L 殻，…の電子殻の考え方に通じますね．

いろいろな m の取り方のうち，最もエネルギーが低くなる「最安定電子配置」を推定する方法として，フントの規則という経験則が知られています．実験事実によれば，電子のスピン角運動量の総和が最大で，その中で軌道角運動量の総和が最大になるような電子配置が安定になる傾向が見られます．

Mas Math ノート 13

【角運動量】

角運動量とは，ごく大雑把なイメージとしては回転する物体の勢いの尺度です．式の上では，

$$L = r \times p \tag{M13.1}$$

と表されるベクトル量です．ベクトル量ですから向きがあります．L は回転している物体の回転軸の方を向くベクトルで，ベクトルの先端から眺めたときに物体が反

時計回りをしているようにとります.

回転軸の周りの慣性モーメントを I とすれば，回転運動の運動エネルギーは，

$$E = \frac{1}{2I}(\boldsymbol{L} \cdot \boldsymbol{L}) = \frac{1}{2I}L^2 \tag{M13.2}$$

と表すことができます. 質量 m の物体が回転軸から r 離れたときの慣性モーメントは mr^2 ですから，上式は式(2.33)のハミルトン演算子と対応する形になっています.

原子中の電子の軌道角運動量の演算には，角運動量を量子力学的な演算子に直したものを使います. x, y, z 成分を演算子の形で書くと以下のようになります.

$$\hat{L}_x = (\hat{r} \times \hat{p})_x = -i\left(y\frac{\partial}{\partial z} - z\frac{\partial}{\partial y} \right) = i\left(\frac{\cos\phi}{\tan\theta}\frac{\partial}{\partial\phi} + \sin\phi\frac{\partial}{\partial\theta} \right)$$

$$\hat{L}_y = (\hat{r} \times \hat{p})_y = -i\left(z\frac{\partial}{\partial x} - x\frac{\partial}{\partial z} \right) = i\left(-\cos\phi\frac{\partial}{\partial\theta} + \frac{\sin\phi}{\tan\theta}\frac{\partial}{\partial\phi} \right) \tag{M13.3a–c}$$

$$\hat{L}_z = (\hat{r} \times \hat{p})_z = -i\left(x\frac{\partial}{\partial y} - y\frac{\partial}{\partial x} \right) = -i\frac{\partial}{\partial\phi}$$

このうち $\hat{L}_z$ は，$\hat{H}$ や $\hat{L}^2$ との同時固有関数をもちますが，$\hat{L}_x$ と $\hat{L}_y$ はそうなりません. $\hat{L}_x$ と $\hat{L}_y$ はどちらも単独では使い勝手のいい演算子になりませんが，

$$\hat{L}_+ = \hat{L}_x + i\hat{L}_y$$
$$\hat{L}_- = \hat{L}_x - i\hat{L}_y \tag{M13.4a, b}$$

という組み合わせで作った新しい演算子 $\hat{L}_+$ と $\hat{L}_-$ は，以下の面白い性質をもっています.

$$\hat{L}_+ \Theta_{l,|m|}\Phi_m = \sqrt{l(l+1) - m(m+1)}\,\Theta_{l,|m+1|}\Phi_{m+1}$$
$$\hat{L}_- \Theta_{l,|m|}\Phi_m = \sqrt{l(l+1) - m(m-1)}\,\Theta_{l,|m-1|}\Phi_{m-1} \tag{M13.5a, b}$$

ブラケット記法では以下の通りです.

$$\mathcal{L}_+|l,m\rangle = \sqrt{l(l+1) - m(m+1)}\,|l,m+1\rangle$$
$$\mathcal{L}_-|l,m\rangle = \sqrt{l(l+1) - m(m-1)}\,|l,m-1\rangle \tag{M13.6a, b}$$

一見すると固有値方程式のようですが, 左右の状態ベクトルは m の値が 1 だけ違っています. $\hat{L}_+$ と $\hat{L}_-$ は, 演算される状態の m 値を上げたり下げたりすることから, このセットで昇降演算子とよばれています. m がすでに最高値($=l$)のときに $\hat{L}_+$ を演算したり，すでに最低値($=-l$)のときに $\hat{L}_-$ を演算したりした場合は 0 になるようにできています.

昇降演算子を使って，$\hat{L}^2$ を書き換えることができます．二段目の変形は $\hat{L}_x$ と $\hat{L}_y$ の交換関係（→Mas Math ノート 12【演算子の可換性】）を使った結果です．

$$\hat{L}^2 = \frac{1}{2}(\hat{L}_+\hat{L}_- + \hat{L}_-\hat{L}_+) + \hat{L}_z^2$$
$$= \hat{L}_z(\hat{L}_z - 1) + \hat{L}_+\hat{L}_- \tag{M13.7}$$

軌道角運動量に似た量としてスピン角運動量があります．スピン角運動量は古典的には説明できない内部自由度によるものなので，具体的な形で演算子を書くことはできません．しかし固有値方程式の形は角運動量によく似ていて，スピン角運動量の大きさにあたる S と，その x, y, z 成分 S_x, S_y, S_z の間の関係も同じように書けます．電子一個のスピン角運動量量子数 S は 1/2，その z 成分にあたる m_S は $+1/2$ か $-1/2$ のどちらかの値しかとらないので，昇降演算子は次のようになります．

$$S_+|1/2, -1/2\rangle = |1/2, +1/2\rangle$$
$$S_-|1/2, +1/2\rangle = |1/2, -1/2\rangle \tag{M13.8a, b}$$

Mas Math ノート 14

【多電子系の角運動量】

炭素原子を例に，二電子系の角運動量の固有状態について考えます．炭素原子は 2p 軌道（$n = 2, l = 1$）に二個の電子をもっていますが，m の値はどうなっているでしょうか．角運動量の作用素 $\mathcal{L}$ は，電子 1 に作用する $\mathcal{L}_1$ と電子 2 に作用する $\mathcal{L}_2$ との和になります．

$$\mathcal{L}^2 = (\mathcal{L}_1 + \mathcal{L}_2)^2$$
$$= (\mathcal{L}_{1z} + \mathcal{L}_{2z})(\mathcal{L}_{1z} + \mathcal{L}_{2z} - 1) + (\mathcal{L}_{1+} + \mathcal{L}_{2+})(\mathcal{L}_{1-} + \mathcal{L}_{2-}) \tag{M14.1}$$

二電子系の状態ベクトルを，直積の形，

$$|m_1 ; m_2\rangle \equiv |m(1)\rangle \otimes |m(2)\rangle \tag{M14.2}$$

で表します（→Mas Math ノート 15【直積】）．角運動量の固有状態は，式(M14.2) の個々の電子配置ベクトルが張る空間にあると考えて，線形結合で表します．

$$|L, M\rangle = \sum_{m_1, m_2 = -l}^{l} c_{m_1, m_2}^{L, M} |m_1 ; m_2\rangle \tag{M14.3}$$

電子 1 の m_1，電子 2 の m_2 がそれぞれ +1, 0, −1 の三通りの値をとる可能性があり ますから，この和は 9 個の項についてとることになります．いろいろな組み合わせ のうち，作用素 $\mathcal{L}^2$ の固有状態となるようなものを探せばよいのです．

$$\mathcal{L}^2|L,M\rangle = L(L+1)|L,M\rangle \tag{M14.4}$$

固有状態を求めるため，作用素 $\mathcal{L}^2$ を m_1；m_2 - 表示します．つまり，電子配置ベク トル $\{|m_1;m_2\rangle\}$ を完全系として，恒等作用素 1 を $\mathcal{L}^2$ の前後に挟みこめばいいので す．

$$1(\quad) = \sum_{m_1,m_2=-l}^{l} |m_1;m_2\rangle\langle m_1;m_2|(\quad) \tag{M14.5}$$

$\mathcal{L}^2$ の m_1；m_2 - 表示は 9×9 の行列 $\mathbf{L}^2$ になります．行列要素は下記の計算で求めら れます．

$$(\mathbf{L}^2)_{m_1';m_2',m_1;m_2} = \langle m_1';m_2'|\mathcal{L}^2|m_1;m_2\rangle \tag{M14.6}$$

m_1；m_2 の組み合わせに順序をつけて，

	1	2	3	4	5	6	7	8	9
m_1	1	1	1	0	0	0	−1	−1	−1
m_2	1	0	−1	1	0	−1	1	0	−1

とすれば行列 $\mathbf{L}^2$ が満たすべき固有値方程式は，

$$\mathbf{L}^2\mathbf{c}^{L,M} = L(L+1)\mathbf{c}^{L,M} \tag{M14.7}$$

$$\mathbf{L}^2 = \begin{pmatrix} 6 & 0 & 0 & 0 & 0 & 0 & 0 & 0 & 0 \\ 0 & 4 & 0 & 2 & 0 & 0 & 0 & 0 & 0 \\ 0 & 0 & 2 & 0 & 2 & 0 & 0 & 0 & 0 \\ 0 & 2 & 0 & 4 & 0 & 0 & 0 & 0 & 0 \\ 0 & 0 & 2 & 0 & 4 & 0 & 2 & 0 & 0 \\ 0 & 0 & 0 & 0 & 0 & 4 & 0 & 2 & 0 \\ 0 & 0 & 0 & 2 & 0 & 2 & 0 & 0 & 0 \\ 0 & 0 & 0 & 0 & 2 & 0 & 4 & 0 \\ 0 & 0 & 0 & 0 & 0 & 0 & 0 & 6 \end{pmatrix}, \quad \mathbf{c}^{L,M} = \begin{pmatrix} c_{1;1}^{L,M} \\ c_{1;0}^{L,M} \\ c_{1;-1}^{L,M} \\ c_{0;1}^{L,M} \\ c_{0;0}^{L,M} \\ c_{0;-1}^{L,M} \\ c_{-1;1}^{L,M} \\ c_{-1;0}^{L,M} \\ c_{-1;-1}^{L,M} \end{pmatrix} \qquad \text{(M14.8a, b)}$$

となります．この行列の固有値 $L(L+1)$，および各固有値に対応する固有ベクトルは下表 **表 M14-1** の通りです．可能なスピンの状態 S と項記号，相対エネルギー（実測

表 M14-1　二電子系の角運動量固有状態

$L(L+1)$	L	M	$|L,M\rangle$	S	項	相対エネルギー (cm^{-1})
6	2	2	$|1;1\rangle$			
6	2	1	$\frac{1}{\sqrt{2}}|1;0\rangle + \frac{1}{\sqrt{2}}|0;1\rangle$			
6	2	0	$\frac{1}{\sqrt{6}}|1;-1\rangle - \frac{\sqrt{2}}{\sqrt{3}}|0;0\rangle + \frac{1}{\sqrt{6}}|-1;1\rangle$	0	$^1D_2$	10192.63
6	2	-1	$\frac{1}{\sqrt{2}}|0;-1\rangle + \frac{1}{\sqrt{2}}|-1;0\rangle$			
6	2	-2	$|-1;-1\rangle$			
2	1	1	$\frac{1}{\sqrt{2}}|1;0\rangle - \frac{1}{\sqrt{2}}|0;1\rangle$		$^3P_0$	0.00
2	1	0	$\frac{1}{\sqrt{2}}|1;-1\rangle - \frac{1}{\sqrt{2}}|-1;1\rangle$	1	$^3P_1$	16.40
					$^3P_2$	43.40
2	1	-1	$\frac{1}{\sqrt{2}}|0;-1\rangle - \frac{1}{\sqrt{2}}|-1;0\rangle$			
0	0	0	$\frac{1}{\sqrt{3}}|1;-1\rangle - \frac{1}{\sqrt{3}}|0;0\rangle + \frac{1}{\sqrt{3}}|-1;1\rangle$	0	$^1S_0$	21648.01

値)も併せて示します. フントの規則の通り, S が最大値 1 で, その中で L が最大値 1(といっても他に選択肢がありませんが)の状態($^3\mathrm{P}_0$)が最安定になっています.

表 M14-1 中の $|L, M\rangle$ 列に表れる係数はクレブシュ–ゴルダン(Clebsh–Gordan)係数とよばれる数列の一部です.

Mas Math ノート 15

【直積】

m 次元ベクトル空間 U の要素を $|a\rangle$, n 次元ベクトル空間 V の要素を $|b\rangle$ とします. U の要素と V の要素の任意の組み合わせからなる集合のことを U と V の直積といって, $U \times V$ で表します. $U \times V$ の要素もまた, $|a\rangle$ と $|b\rangle$ の直積とよびます. 表記法にはいろいろあって, $|a\rangle \otimes |b\rangle$, $|a\rangle|b\rangle$, $|a;b\rangle$, $|ab\rangle$ などと書かれます.

空間 U, V に基底系 $\{|e_i\rangle\}$, $\{|f_s\rangle\}$ を用意すれば, $U \times V$ は基底系 $|e_i\rangle \otimes |f_s\rangle$(または $|e_i\rangle|f_s\rangle$, $|e_i; f_s\rangle$, $|e_i f_s\rangle$ など)で張られる mn 次元のベクトル空間とみなせます. $|a\rangle \otimes |b\rangle$ は次のように表せます.

$$|a\rangle \otimes |b\rangle = \sum_{i=1}^{m} \sum_{s=1}^{n} a_i b_s |e_i\rangle \otimes |f_s\rangle \tag{M15.1}$$

直積を具体的に成分表示する方法の一つとして, クロネッカー(Kronecker)積があります. $|a\rangle$, $|b\rangle$ をそれぞれ成分表示で,

$$|a\rangle \rightarrow (a_1\ a_2\ \cdots\ a_m)^\top \tag{M15.2}$$

$$|b\rangle \rightarrow (b_1\ b_2\ \cdots\ b_n)^\top \tag{M15.3}$$

と表すとすれば, $|a\rangle \otimes |b\rangle$ は,

$$|a\rangle \otimes |b\rangle \rightarrow (a_1 b_1\ a_1 b_2 \cdots a_1 b_n\ a_2 b_1\ a_2 b_2 \cdots a_2 b_n \cdots\cdots a_m b_1\ a_m b_2 \cdots a_m b_n)^\top \tag{M15.4}$$

というベクトルで書けます. これは $U \times V$ の基底を,

$$|e_i\rangle \otimes |f_s\rangle \rightarrow (0\ 0\ 0 \cdots 1 \cdots 0\ 0\ 0)^\top \tag{M15.5}$$
$$\uparrow (in-n+s)\text{th column}$$

と定義しているのと同じことです. クロネッカー積の定義に従えば直積同士の内積は,

$$\{\langle a'|\otimes\langle b'|\}\{|a\rangle\otimes|b\rangle\}$$
$$= (a_1'^* b_1'^*\ a_1'^* b_2'^* \cdots a_1'^* b_n'^*\ a_2'^* b_1'^* \cdots a_m'^* b_n'^*)(a_1 b_1\ a_1 b_2 \cdots a_1 b_n\ a_2 b_1 \cdots a_m b_n)^\top$$
$$= a_1'^* b_1'^* a_1 b_1 + a_1'^* b_2'^* a_1 b_2 + \cdots a_1'^* b_n'^* a_1 b_n + a_2'^* b_1'^* a_2 b_1 + \cdots a_m'^* b_n'^* a_m b_n \qquad \text{(M15.6)}$$
$$= (a_1'^* a_1 + a_2'^* a_2 + \cdots a_m'^* a_m)(b_1'^* b_1 + b_2'^* b_2 + \cdots b_n'^* b_n)$$
$$= \langle a'|a\rangle\langle b'|b\rangle$$

となります. 結果として, 空間 U の要素同士, 空間 V の要素同士で内積をとるのと同じことになります.

空間 U, V 上の作用素 $\mathcal{A}, \mathcal{B}$ に対してもその直積 $\mathcal{A}\otimes\mathcal{B}$ が定義できます. $\mathcal{A}\otimes\mathcal{B}$ は空間 $U\times V$ 上の作用素として働き, U 上の作用素が U 上の要素に, V 上の作用素が V 上の要素に作用します.

$$\mathcal{A}\otimes\mathcal{B}\{|a\rangle\otimes|b\rangle\} = \mathcal{A}|a\rangle\otimes\mathcal{B}|b\rangle \qquad \text{(M15.7)}$$

ここで $|a\rangle$, $|b\rangle$ がそれぞれ $\mathcal{A}$, $\mathcal{B}$ の固有ベクトルだとして, 固有値を α, β とします.

$$\mathcal{A}|a\rangle = \alpha|a\rangle \qquad \text{(M15.8)}$$

$$\mathcal{B}|b\rangle = \beta|b\rangle \qquad \text{(M15.9)}$$

恒等作用素 $\mathit{1}$ を使って, $\mathcal{A}\otimes\mathit{1}+\mathit{1}\otimes\mathcal{B}$ という作用素を考えれば,

$$\{\mathcal{A}\otimes\mathit{1}+\mathit{1}\otimes\mathcal{B}\}\{|a\rangle\otimes|b\rangle\} = \mathcal{A}|a\rangle\otimes|b\rangle + |a\rangle\otimes\mathcal{B}|b\rangle$$
$$= \alpha|a\rangle\otimes|b\rangle + |a\rangle\otimes\beta|b\rangle \qquad \text{(M15.10)}$$
$$= (\alpha+\beta)|a\rangle\otimes|b\rangle$$

となって, $|a\rangle\otimes|b\rangle$ がこの作用素の固有ベクトルになっていることがわかります. $U\times V$ 空間の作用素を簡単に,

$$\mathcal{A}\otimes\mathit{1}+\mathit{1}\otimes\mathcal{B} = \mathcal{A}+\mathcal{B} \qquad \text{(M15.11)}$$

と書くこともありますが, どの作用素がどの空間の要素についてのものなのか注意が必要です. 紛れのないようにするため, 本書では電子の添え字 $1, 2, \cdots$ を使って,

$$(\hat{h}\otimes\mathit{1}+\mathit{1}\otimes\hat{h})\{|\psi_a(1)\rangle\otimes|\psi_b(2)\rangle\} = (\hat{h}_1+\hat{h}_2)\{|\psi_a(1)\rangle\otimes|\psi_b(2)\rangle\} \qquad \text{(M15.12)}$$

のように書き, $\hat{h}_1, \hat{h}_2$ がそれぞれ $|\psi_a(1)\rangle, |\psi_b(2)\rangle$ に作用することを明示しています.

3.2　スピン角運動量

3.2.1　スピンと磁気

　前節では，原子の中の電子の状態を区別するパラメータとして主量子数 n，方位量子数 l，磁気量子数 m の三つを挙げました．電子にはスピンとよばれる状態の自由度がもう一つあります．スピンの名はもともと「自転」のことで，その名のとおり古くは電子の自転の向きの自由度と解釈されました．実際，そう考えることで説明できる部分も多いのです．ただ，電子の大きさは $10^{-18}\,\mathrm{m}$ 以下（そもそも大きさがあるかどうかも不明）なので，自転というイメージが地球などのそれとはだいぶ違うものになります．

　電子には $9.28476\times10^{-24}\,\mathrm{J\,T^{-1}}$ の大きさの磁気モーメントがあります．つまりそれ自身が磁石だということです．電子が磁石の性質をもっているというよりは，マクロに現れる磁石の性質が個々の電子の性質の現れなのです．スピンという量子数は磁気モーメントの大きさや向きに関係するパラメータです．古典電磁気学では，電荷が回転すればその角運動量に比例して磁気モーメントが生じます（→Mas Math ノート16【磁気双極子のモーメント】）．だから電子に対しても，磁気モーメントのうち角運動量の部分を取り出してスピンという名でよんでいるのです．

　古典的な電磁気学では電荷が回転することで磁気モーメントが生じます．一方，量子の世界では磁気モーメントが先にあって，その原因となるような回転運動を仮定するのです．具体的にはスピン角運動量に何かの比例定数をかけたものが磁気モーメントになると考えます．

　半古典的に，半径 a（ボーア半径）の円軌道を回転している電子から生じる磁気モーメントが計算できます．これをボーア磁子といい，μ_B で表します．

$$\mu_\mathrm{B} = \frac{e\hbar}{2m_\mathrm{e}} \cong 9.2740\times10^{-24}\,\mathrm{J\,T^{-1}} \tag{3.1}$$

自転というより公転のイメージで算出された値ですが，少なくとも量子の世界の磁気の強さを比べる際の基準にはなるでしょう．単位の $1\,\mathrm{J\,T^{-1}}$（ジュール／テスラ）は，磁束密度 $1\,\mathrm{T}$ の磁場に平行に置いたときにエネルギーが $1\mathrm{J}$ 低くなるような磁気モーメントの大きさです．

　自由電子の磁気モーメントは，$-9.28476\times10^{-24}\,\mathrm{J\,T^{-1}}$ で，ボーア磁子にかなり近い値です．これがスピン角運動量に比例すると考えれば，

$$\mu_e = -g_e \mu_B s \tag{3.2}$$

と書けます. g_e は自由電子の g 因子です. g 因子は回転の様式によって決まる値で, 純粋な軌道回転であれば 1, 純粋なスピンなら 2 です. 原子や分子の中の電子では, 軌道角運動量とスピン角運動量の結合があるため理想的な値からずれます. s はスピン量子数です. 原子の軌道には電子が二個ずつ入るように見えることから, スピン磁気量子数 m_s は 1/2 と -1/2 の二通りしかなく, つまりスピン量子数 s は 1/2 です. この式を実測値と合わせるためには, g_e は 2.00232 ということになります. 2 からのずれは異常磁気モーメントとよばれ, 量子電磁気学によってかなりよく説明できることがわかっています.

多電子系の場合は, 複数の電子の軌道角運動量とスピン角運動量の両方が磁気モーメントに寄与します. 両角運動量から計算される合成角運動量を J とすれば,

$$\mu = g_J \mu_B \sqrt{J(J+1)} \tag{3.3}$$

と書けます. g_J は全電子の回転様式によって決まる g 因子です.

厳密にいえば原子の磁気モーメントには原子核からの寄与もあります. 陽子も中性子も磁気モーメントをもっているからですが, その大きさは電子の磁気モーメントよりもずっと小さいので, 普通は問題にしないのです. 原子核の磁気モーメントは次のように書けます.

$$\mu = g_N \mu_N I$$

g_N は核の g 因子, μ_N は核磁子, I は核スピンの量子数です. 核磁子の表式はボーア磁子に似て,

$$\mu_N = \frac{e\hbar}{2m_p} \cong 5.0508 \times 10^{-27}\,\mathrm{J\,T^{-1}} \tag{3.4}$$

となります. 電子の質量を陽子の質量に置き換えた形です. 核の磁性が電子の磁性よりずっと弱い (1000 分の 1 程度しかない) のは, 核と電子の質量比に由来しているといえます.

g 因子も核スピンも, 核の種類によって様々です. 陽子, 中性子のスピンはそれぞれ 1/2 ですが, その個数によって全核スピンが決まるからです. いくつかの核種 (と中性子) について, **表 3-2** に値をまとめておきます. なお, 陽子・中性子がともに偶数個の核種は, スピンが 0 になります.

表 3-2　いろいろな核種の磁気的性質

核種	磁気モーメント $\mu/10^{-27}\,\mathrm{J\,T^{-1}}$	核スピン	g 因子
^{1}H	14.106	1/2	5.5856
中性子	-9.6621	1/2	-3.8261
^{2}H	4.3307	1	0.8574
^{13}C	3.5477	1/2	1.4048
^{14}N	2.0393	1	0.4037
^{17}O	-9.5652	5/2	-0.7575
^{31}P	5.7155	1/2	2.2632

Mas Math ノート 16

【磁気双極子のモーメント】

物理学における磁気の扱いには，大別して二通りの方式があります．磁気単極子（モノポール）を想定する方式と，しない方式です．磁気単極子を想定すると，電気のクーロン力の式との対応がわかりやすくなる一方で，実体のわからないものを基準にしているという据わりの悪さもあります．

磁気単極子の大きさは単位ウェーバ（記号 Wb）で測り，$1\,\mathrm{Wb}=1\,\mathrm{J\,A^{-1}}$ です．電気双極子（10.1 節）の場合と同様に，磁荷 $\pm q_{\mathrm{m}}$ の単極子（つまり N 極と S 極）が距離 r 隔てて結合しているとき，この双極子のモーメント μ は，

$$\mu = q_{\mathrm{m}} r \tag{M16.1}$$

となり，単位は Wb m です．この双極子を磁場 H の中に平行に置いたときのエネルギー U は，

$$U = -\mu H \tag{M16.2}$$

で表されます．

式（M16.2）の両辺の単位は J になるはずなので，磁場の単位は $\mathrm{A\,m^{-1}}$ だとわかります．これは，半径 a の円形に電流 I が流れたときに円の中心に生じる磁場が，

$$H = \frac{I}{2a} \tag{M16.3}$$

であることと辻褄が合ってます．電流が磁場を生じる一方で電流は磁場から力を受

けますから，結局電流同士が力を及ぼしあうことになります．かつてはこのときの力をもとに電流の大きさが定義されていて，1 m 離れた平行な導線 1 m あたりに働く力，

$$F = \frac{\mu_0 I^2}{2} \qquad (\text{M16.4})$$

が 2×10^{-7} N になるときの電流を 1 A としていました(2019 年からの定義では，1 秒間に 1 C 流れる電流)．定数 μ_0 を磁気定数(真空の透磁率)といい，2019 年までは正確に $4\pi \times 10^{-7}$ N A^{-2} に等しい値でした．

磁場の強さを，仮想的な磁気単極子の面密度と関連付けられると便利です．磁束密度とよばれるこの量 B は単位テスラ(記号 T)で測り，1 T = 1 Wb m^{-2} です．このとき，1 Wb の磁荷が 1 A m^{-1} の磁場から受ける力を 1 N と定義することにより，

$$B = \mu_0 H \qquad (\text{M16.5})$$

という関係が得られます．磁気単極子が存在するかどうかにかかわらず磁束密度を測定することは可能なので，磁束密度に基づいて磁気双極子の大きさを定義することも可能です．その場合式(M16.2)は，

$$U = -\mu_{\text{m}} B \qquad (\text{M16.6})$$

と書き換えられ，μ_{m} の単位は J T^{-1} となります．(M16.2)，(M16.5)，(M16.6)を比べると，

$$\mu = \mu_{\text{m}} \mu_0 \qquad (\text{M16.7})$$

の関係があることがわかります．磁気モーメントを μ とするときは，電場と磁場を対置させており(E–H 対応)，暗に磁気単極子を想定していることになります．一方で電場と磁束密度を対置させる場合(E–B 対応)は，必ずしも磁気単極子の存在を前提としません．

3.2.2 見えない次元

スピンの角運動量の大きさに対応する作用素を S，角運動量の一成分(例えば z 成分)に対応する作用素を S_z とすれば，その固有ベクトルがスピンの固有状態になります．これらの演算子の性質は前章の軌道角運動量の作用素 $\mathcal{L}^2$, $\mathcal{L}_z$(式 2.43a-c)とかなり

よく似ています.

$$S^2 |s, m_s\rangle = s(s+1) |s, m_s\rangle$$
$$S_z |s, m_s\rangle = m_s |s, m_s\rangle$$

(3.5a, b)

S^2 の固有値に現れる s をスピン量子数, S_z の固有値である m_s をスピン磁気量子数と
いいます. 固有ベクトルはこれらの量子数を使って, 式(2.43a-c)と同じ方式で書きま
した. ブラケット記法は, このように具体的な運動形態がよくわからない状態に対し
ても使えるところが便利です.

　軌道角運動量では m の値が $-l$ から $+l$ までの $2l+1$ であったのと似て, m_s の値
は $-s$ から $+s$ までの $2s+1$ 通りです. 一個の電子は $s = 1/2$ と決まっていて, した
がって m_s は $-1/2$ と $+1/2$ の二通りです. $m_s = 1/2$ の状態を上向きスピン, $-1/2$ の
状態を下向きスピンといいます. それぞれ慣例的に α スピン・β スピンともいうこと
から,

$$\left| \frac{1}{2}, \frac{1}{2} \right\rangle \equiv |\alpha\rangle$$
$$\left| \frac{1}{2}, -\frac{1}{2} \right\rangle \equiv |\beta\rangle$$

(3.6a, b)

という書き方も多く見られます.

　波動関数を電子状態の x - 表示として表したのと同じように, どうしてもスピンの
状態を関数で表したい場合もあります. そういうときはスピン座標という「見えない
次元」の座標軸 ω を考えて, スピン状態を ω - 表示します. 上向き・下向きのスピン
を,

$$\langle \omega | \alpha \rangle \equiv \alpha(\omega)$$
$$\langle \omega | \beta \rangle \equiv \beta(\omega)$$

(3.7a, b)

という関数で書きます. ω 軸は実際には見えませんし, α, β という関数も具体的に
書き記すことはできませんが, 形式的に関数の形に書いておくことで見た目の整合性
がとれて扱いやすくなります.

　水素様原子の中の電子の状態を区別するには量子数 n, l, m を使い, それを軌道と
よんで各々二個ずつの電子で満たされると考えました. その二個ずつというのは,
m_s が $1/2$ か $-1/2$ かという状態の区別です. だから個々の状態を,

$$|\Psi_{n,l,m,m_s}\rangle = |n, l, m, m_s\rangle$$

(3.8)

と書いて(s は常に $1/2$ なので省略します), 各々の状態を電子が一個ずつ占めると考

えてもよいのです.

r 座標と ω 座標をひとまとめにして ξ(グザイ) 座標,

$$|\boldsymbol{r}, \omega\rangle = |\xi\rangle \tag{3.9}$$

とすれば, 個々の状態を ξ - 表示して,

$$\langle \xi | n, l, m, \alpha \rangle \equiv \psi_{n,l,m}(\xi)$$
$$\langle \xi | n, l, m, \beta \rangle \equiv \bar{\psi}_{n,l,m}(\xi) \tag{3.10a, b}$$

という波動関数で表せます. 上付き棒が β スピン, 棒無しが α スピンであることを示しています.

スピン角運動量と軌道角運動量の相互作用が十分に弱く(軽い原子ではこの近似が成り立ちます), 独立に考えてよい場合は, ξ 座標を r 座標と ω 座標に分離して,

$$\langle \boldsymbol{r}, \omega | n, l, m, \alpha \rangle \equiv \psi_{n,l,m}(\boldsymbol{r})\alpha(\omega) = R_n(r)\Theta_{l,|m|}(\theta)\Phi_m(\phi)\alpha(\omega)$$
$$\langle \boldsymbol{r}, \omega | n, l, m, \beta \rangle \equiv \psi_{n,l,m}(\boldsymbol{r})\beta(\omega) = R_n(r)\Theta_{l,|m|}(\theta)\Phi_m(\phi)\beta(\omega) \tag{3.11a, b}$$

と書くことができます. 波動関数のうち r の関数で書ける部分を空間軌道, ω の関数まで含めた全体をスピン軌道といいます. つまり一個の空間軌道には電子が二個まで入れると考え, 一個のスピン軌道には電子が一個まで入れると考えます.

3.2.3 パウリの禁制律

一個のスピン軌道には一個の電子しか入れないといいましたが, その理由については何もいっていませんでした. 一個の状態をとれる電子がただ一個だけというルールをパウリの禁制律(他に排他律, 排他原理などとも)といいますが, 実はそれほど当たり前のことではありません. 電子の運動状態を区別するのに「軌道」というメタファーを使ったことによってその特殊性に気が付きにくくなっているのです. マクロな世界なら, 同じ高度の静止軌道上を運動している人工衛星はいくらでもあります. また量子の世界でも, 光子は一つの状態に何個でも入ることができます.

電子がもつ特殊な性質は, パウリ(Pauli)が提唱した「交換に関する反対称性」という言い方でまとめられます. これは, 多電子系で任意の二個の電子を交換したときに, 全体の波動関数の符号が反転する(正なら負に, 負なら正になる)という性質です. これがなぜパウリの禁制律につながるのか, 簡単な例を示します.

スピン軌道を区別するパラメータ n, l, m, m_s の組を, 簡単に A, B で区別しましょう. まず, 二個の電子(仮に1, 2と番号付けします)がそれぞれ状態 A, 状態 B であ

る状態 Ψ を,

$$|\Psi(1,2)\rangle = |A(1)\rangle \otimes |B(2)\rangle$$
$$\equiv |A;B\rangle \tag{3.12}$$

と書くことにします. ○に×の記号は「直積」を表します. 直積とはベクトル同士の積の取り方の一種ですが, 詳しいことは Mas Math ノート 15【直積】を参照してください. ここでは簡単に,「電子 1 の状態がパラメータ群 A で表され」, かつ「電子 2 の状態がパラメータ群 B で表され」ているという理解で十分です.

　二電子系の状態を式(3.12)の形に書くということは, 暗に「電子 1 の状態が A」という事象と「電子 2 の状態が B」という事象が独立に起こることを意味します. なぜなら, 二つの事象が同時に起こる確率が, それぞれの事象が起こる確率の積になるからです. つまり,

$$|\xi_1;\xi_2\rangle = |\xi(1)\rangle \otimes |\xi(2)\rangle \tag{3.13}$$

との内積をとると,

$$\langle \xi_1;\xi_2|\Psi(1,2)\rangle = \{\langle \xi(1)| \otimes \langle \xi(2)|\}\{|A(1)\rangle \otimes |B(2)\rangle\}$$
$$= \langle \xi(1)|A(1)\rangle \langle \xi(2)|B(2)\rangle \tag{3.14}$$
$$= \psi_A(\xi_1)\psi_B(\xi_2)$$

となり, この両辺の絶対値を二乗すれば,

$$|\langle \xi_1;\xi_2|\Psi(1,2)\rangle|^2 = |\psi_A(\xi_1)|^2|\psi_B(\xi_2)|^2 \tag{3.15}$$

となります. 確かに,「状態 A における電子 1 の座標が ξ_1 で, かつ状態 B における電子 2 の座標が ξ_2 である」確率が,「状態 A における電子 1 の座標が ξ_1 である」確率と「状態 B における電子 2 の座標が ξ_2 である」確率の積になっています. 電子 1 がどんな状態をとっていようと, 電子 2 の状態の取り方には何ら影響を与えない, というのがこの式の意味です.

　式(3.12)で, 電子 1 と電子 2 を交換してみます. つまり電子 1, 電子 2 がそれぞれ状態 B, 状態 A にある状態 Ψ を考えます.

$$|\Psi(2,1)\rangle = |B(1)\rangle \otimes |A(2)\rangle \tag{3.16}$$

これは, 電子を交換する前の状態と結びつけることができません. 見かけは似ていても全く別の状態です. 二電子系の状態ベクトルとしてただ 1 項の直積を使っている限

り,「電子の交換に関する反対称性」は表現できません.

二電子系の状態ベクトルを次のように書けば,「電子の交換に関する反対称性」が満たされます.

$$|\Psi(1,2)\rangle = \frac{1}{\sqrt{2}}\{|A(1)\rangle \otimes |B(2)\rangle - |B(1)\rangle \otimes |A(2)\rangle\} \tag{3.17}$$

{ }の前の係数はベクトルのノルムを1に保つための規格化係数です. この式で, 電子1と電子2を交換してみます. 結果は,

$$\begin{aligned}|\Psi(2,1)\rangle &= \frac{1}{\sqrt{2}}\{|B(1)\rangle \otimes |A(2)\rangle - |A(1)\rangle \otimes |B(2)\rangle\} \\ &= -\frac{1}{\sqrt{2}}\{|A(1)\rangle \otimes |B(2)\rangle - |B(1)\rangle \otimes |A(2)\rangle\} \\ &= -|\Psi(1,2)\rangle\end{aligned} \tag{3.18}$$

となって,確かに符号が反転しました.

電子1, 2がともに同じ状態,例えばAであるとします. Aはスピン座標を含めたすべての量子状態を区別しますから,状態Aでいられるのは一個の電子しかないはずです. そのような状態を無理やり書いても,状態ベクトルは0になってしまいます. つまりその状態は存在しえないということです.

$$\begin{aligned}|\Psi(1,2)\rangle &= \frac{1}{\sqrt{2}}\{|A(1)\rangle \otimes |A(2)\rangle - |A(1)\rangle \otimes |A(2)\rangle\} \\ &= 0\end{aligned} \tag{3.19}$$

パウリの禁制律そのものですね. 反対称性を表す式(3.17)が, パウリの禁制律の数学的表現になっているということです. 交換に関して反対称である粒子は電子だけなく様々な素粒子にも見つかっています. この性質をもつ粒子を総称してフェルミ(Fermi)粒子といいます.

パラメータ群 A, B はスピン座標も含めたすべての量子状態を区別していました. ここからは電子の空間的な量子状態 Φ は共通で, スピンの量子状態 σ だけが違うという状況を考えることにしましょう. 状態 Ψ を次のように書いてみます.

$$|\Psi(1,2)\rangle = |\Phi(1,2)\rangle \otimes |\sigma(1,2)\rangle \tag{3.20}$$

この状態も, 電子の交換について反対称でなくてはなりません. この要請を満たすには二通りの方法があって, 一つは空間部分の状態が反対称でスピン部分は対称という場合.

表 3-3　二電子系のスピン角運動量固有状態

$S(S+1)$	S	M_s	$|S,M_s\rangle$	$2S+1$	項
2	1	1	$|\alpha;\alpha\rangle$	3	
2	1	0	$\dfrac{1}{\sqrt{2}}|\alpha;\beta\rangle + \dfrac{1}{\sqrt{2}}|\beta;\alpha\rangle$	3	三重項
2	1	-1	$|\beta;\beta\rangle$	3	
0	0	0	$\dfrac{1}{\sqrt{2}}|\alpha;\beta\rangle - \dfrac{1}{\sqrt{2}}|\beta;\alpha\rangle$	1	一重項

$$|\Phi(2,1)\rangle = -|\Phi(1,2)\rangle$$
$$|\sigma(2,1)\rangle = |\sigma(1,2)\rangle \tag{3.21a, b}$$

もう一つは，逆に空間部分は対称でスピン部分が反対称という場合です．

$$|\Phi(2,1)\rangle = |\Phi(1,2)\rangle$$
$$|\sigma(2,1)\rangle = -|\sigma(1,2)\rangle \tag{3.22a, b}$$

二電子系のスピンの固有状態は，個々の電子のスピン配置状態の線形結合で近似できると考えて，

$$|\sigma(1,2)\rangle = |S,M_s\rangle$$
$$= \sum_{m_{s1},\,m_{s2}=\alpha,\,\beta} c_{m_{s1},\,m_{s2}}^{S,M_s} |m_{s1};m_{s2}\rangle \tag{3.23}$$

と書くことにします．ここから先の計算の仕方は Mas Math ノート 14【多電子系の角運動量】とほぼ同じなので，重複を避けて結果のみ示します（表 3-3）．

二個の電子の組み合わせによって，スピン S が 1 の状態と 0 の状態ができることがわかります．$S=1$ の状態は，さらに M_s が 1，0，-1 の三個の状態に分類できます．こういう状態を「三重に縮退している」といいます．$S=0$ のときは $M_S=0$ のみですから，縮退していません．$S=1$ の状態をスピン三重項状態，$S=0$ の状態をスピン一重項状態といい，$2S+1$ の値を縮退度といいます．

$S=1$ の状態では，電子 1，2 の交換によって全体の状態ベクトルの符号が変わりません．例えば，

$$|\sigma(1,2)\rangle = \frac{1}{\sqrt{2}}|\alpha;\beta\rangle + \frac{1}{\sqrt{2}}|\beta;\alpha\rangle \tag{3.24}$$

については，

$$|\sigma(2,1)\rangle = \frac{1}{\sqrt{2}}|\beta;\alpha\rangle + \frac{1}{\sqrt{2}}|\alpha;\beta\rangle$$
$$= |\sigma(1,2)\rangle$$

(3.25)

となります．他のベクトルについても同様で，これらはみな「電子の交換に関して対称」な状態です．一方，$S=0$ の状態は反対称であることもすぐに確かめられます．全量子状態を考えたときに状態は反対称になっているべきですから，二電子系ではスピン三重項のときには空間部分の状態ベクトルが反対称，スピン一重項のときには空間部分が対称になります．Mas Math ノート 14【多電子系の角運動量】で L と S の組み合わせがおのずと決まってしまうように書いてあるのは，そういうわけです．

第4章 • 粒子としての光

4.1 光のエネルギー

4.1.1 光の二重性

原子や分子など，化学の世界の主役たちは目に見えません．光学顕微鏡を使っても見えません．光学顕微鏡は，目に見える光(可視光)を使って物体の位置を見定める装置です．透過，吸収，散乱，回折，屈折，反射，干渉など，波としての光の性質が利用されています．物体が大きく見えるのは，物体を透過した光や物体にあたって反射，散乱，回折した光が，レンズに入射するときに屈折して進路が広がるからです．光が散乱したり回折したりするためには，光の波長が物体の大きさと同じ程度でなくてはいけません．原子や分子は，たった一つでは可視光を散乱させたり回折させたりしないので，顕微鏡では見えないのです．

原子や分子を観察するには，少し違った光の使い方をします．原子や分子に光を照射すると，光のエネルギーが一部失われ，原子や分子に受け渡されます．物質を通過してきた光のエネルギーを調べれば，そこにどんな原子や分子があるかがわかるのです．原子や分子は光と相互作用してエネルギーを授受しますが，光を純粋な波，電子を純粋な粒子と考えていたのではこうした実験事実を説明できません．波動と波動は共鳴によってエネルギーを授受することができ，物体と物体は衝突によってエネルギーを授受することができます．波が物体によって反射されたり，散乱されたりするときは，エネルギーを授受することができないのです．量子力学では，光と電子それぞれが波動と粒子の二面性をもつと考えて，両者が共鳴したり衝突したりしてエネルギーを授受する過程を説明するのです．

波として見るときの光の正体は電磁波です．電磁波とは電場と磁場が振動しながら空間を伝わる，エネルギーの存在形態の一つです．このような波動が存在しうることを，マクスウェル(Maxwell)が理論的に示しました．電磁波はどれも光速 c で伝わりますが，波長や周波数は様々な値をとることができます．大きく分けて波長が 1 mm 以下(周波数が 3 THz 以上)の電磁波を光，それ以外を電波とよんでいます．周波数

が高くなるに従ってまっすぐ進もうとする性質(直進性)が強くなり,障害物によって反射・散乱されるため届く距離が短くなります.

光の強度(放射照度)は単位面積・単位時間あたりのエネルギー(SI 単位で W m^{-2})で表します.地球を照らす太陽光の強度はほぼ 1.4 kW m^{-2}, 発表などに使うレーザーポインタは 1 mW mm^{-2} ($=$ 1 MW m^{-2})程度です.マクスウェル方程式によれば,光の強度 I は電場 $\mathbf{F}$ と磁場 $\mathbf{H}$ の大きさの積に比例し,またそれは($\mathbf{H}$ と $\mathbf{F}$ の別の関係式から)電場の大きさの二乗に比例するともいえます[*].

$$I = \frac{1}{2}|\mathbf{F}||\mathbf{H}| = \frac{1}{2}nc\varepsilon_0|\mathbf{F}|^2 \tag{4.1}$$

ここで n は媒質の屈折率,ε_0 ($= 8.854 \times 10^{-12}$ F m^{-1})は電気定数(真空の誘電率)です.空気中ではほぼ $n = 1$ と見て構いません(可視光領域でおおむね 1.0003 以下).

粒子として見るときの光は,光子といいます.プランク(Planck)は黒体輻射のスペクトルを説明するために光量子仮説を提唱し,光子一個のエネルギーを $\hbar\omega$ だと考えました.光を光子の流れと考えると,その強度 I は $\hbar\omega$ に光子の数密度 ρ_p と流速($=$ 光速 c)をかけた,

$$I = \hbar\omega c\rho_\mathrm{p} = \frac{hc^2\rho_\mathrm{p}}{\lambda} \tag{4.2}$$

で表されます.最右辺は角振動数の代わりに波長 λ で表した式です.式(4.1)と比べると,

$$\rho_\mathrm{p} = \frac{\lambda I}{hc^2} = \frac{n\varepsilon_0\lambda|\mathbf{F}|^2}{2hc} \tag{4.3}$$

となって,光子の密度が電場の二乗に比例することがわかります.光子の密度は,太陽光なら代表的な波長 500 nm で計算して 1.2×10^{13} m^{-3},赤色(波長 650 nm)のレーザーポインタなら 1.1×10^{16} m^{-3} ということになります.

4.1.2 光の単位

放射照度の値だけ見ると太陽光よりもレーザーポインタの方が 1000 倍以上強いことになります.ただし,太陽の光は四方八方に放射される一方,レーザーポインタの光は半径数 mm のまま直線状に進みます.こうした違いから,光源そのもののエネルギーを比べる単位も必要となってきます.地球-太陽間の距離(1.5×10^{11} m)の半径の球表面の面積(2.8×10^{23} m^2)を放射照度にかけると,3.9×10^{26} W となります.

---

[*] 電磁気学では電場を $\mathbf{E}$ で表すことが多いが,本書では E をエネルギーにあて,電場は $\mathbf{F}$ で統一する.

この量を放射束といい，太陽は 1 秒間に 3.9×10^{26} J のエネルギーを放射していることがわかります．かたやレーザーポインタの放射束は 10 mW 程度です．放射束を 4π で割ると単位立体角あたりの放射エネルギーになり，これを放射強度（単位 W sr^{-1}）といいます．放射強度を光源の面積で割った量は放射輝度といい，まぶしさの尺度になります．同じ強度でも小さい光源から発した光の方が「まぶしい」と感じられますね．太陽の表面積（6.1×10^{18} m^2）より，その放射輝度は 5.1×10^{6} W sr^{-1} m^{-2} となります．地球から見た太陽は面積 1.5×10^{18} m^2 の円ですが，この値で放射束を割った量 2.6×10^{8} W m^{-2} を放射発散度といいます．レーザーポインタは照射面積と光源の面積がほぼ変わらないので，放射発散度は 1×10^{6} W m^{-2} 程度です．

同じ放射照度の光でも，人の目には青色や赤色の光よりも緑色の光の方が明るく見えます．これは人の目の視感度が波長によって異なる（黄緑色付近の感度がよい）からです．感度の最大値を 1 とした標準比視感度を国際照明委員会(CIE)が定めていて，これに従って波長補正した値を測光量といいます．測光量には照度（単位ルクス(lx)），光束（単位ルーメン(lm)），光度（単位カンデラ(cd)），輝度（単位ニト(nt)），光束発散度（単位ルクス(lx)）があり，それぞれ放射照度，放射束，放射強度，放射輝度，光束発散度を波長補正し，683 をかけた値と定義されています．例えば，比視感度が 1 となる 555 nm の光の放射強度が 1 W sr^{-1} のとき，光度は 683 cd になります．cd は SI 系の基本単位にもなっています．カンデラの語源は candle と同じで，ろうそくの火の光度はほぼ 1 cd です．

4.1.3　光の吸収

「分子が光子を吸収する」とはどういうことなのか，モデルを使って説明してみます．光子の流れの通り道に原子や分子などの障害物があって，それに衝突すると光子のエネルギーが授受されるとします．衝突する前，一個の光子の存在確率は光の軌跡全域にわたって一定ですから，光子そのものの位置を特定することはできません．障害物にあたってエネルギーが授受された瞬間，光子は「そこにいた」ことになるのです．このような見方は，波動として運動していた電子が何らかの方法で観測された瞬間に位置が決まるという考え方と少し似ています．

光が物質を透過する際には，その通過距離 d に応じて強度が指数関数的に減少します．これをランベルト(Lambert)の法則といって，I_0，I_{T} をそれぞれ入射光と透過光の強度として，

$$I_{\mathrm{T}} = I_0 \, 10^{-\alpha d} \tag{4.4}$$

と表せます．減衰係数 α を吸収係数といいます．透過する物質が希薄溶液の場合，吸収係数は溶質の濃度 C に比例します（ベールの法則）．二つの法則をあわせて，ランベルト–ベール（Lambert–Beer）の法則という形で目にすることも多いでしょう．

$$I_\mathrm{T} = I_0\,10^{-\varepsilon Cd} \tag{4.5}$$

ε はモル吸光係数といって溶質に固有の値です．普通 $\mathrm{mol^{-1}\,L\,cm^{-1}}$ の単位で表します．モル吸光係数の単位を SI で書き直すと $\mathrm{m^2\,mol^{-1}}$，つまり 1 mol あたりの面積の次元になります．光子の通り道に障害物があって，それにあたった光子は必ず消滅する（エネルギーが障害物に吸収される）とすれば，その障害物 1 mol の断面積（の $\log_{10}\mathrm{e}$（約 0.434）倍）がモル吸光係数に相当します（→Mas Math ノート 17【ランベルト–ベールの法則】）．この断面積を吸収断面積ということもあります．吸収断面積に単位面積あたりの光子数をかけると，光子が吸収される確率 p が導かれます．

$$\begin{aligned} p &= ac\rho_\mathrm{p} \\ &= 10^{-1} \times \frac{\varepsilon c\rho_\mathrm{p}}{\log_{10}\mathrm{e}} \end{aligned} \tag{4.6}$$

例えばクロロフィル a の吸収断面積を計算すると，波長 660 nm の光に対して $3.3\,\mathrm{Å^2}$ になります．クロロフィル a の中で光を吸収しているのは Mg–ポルフィリンという平面型の分子で，その面積は $2\sim30\,\mathrm{Å^2}$ 程度（自由回転を考慮しても $7\sim10\,\mathrm{Å^2}$ 程度）ですから，吸収断面積は分子の面積そのものを表しているわけではありません．また，吸収断面積は入射してくる光の波長によっても異なりますから，障害物の例えにも限界があります．ランベルト–ベールの法則が成り立つような光吸収現象は，光を粒子として見ることでよく説明できますが，一方で，光を電磁波として見たときにも光吸収の現象を説明できなくてはなりません．また，吸収された光子のエネルギーは分子の中でどのように蓄えられるのか，それについては第 9 章であらためて触れることにします．

Mas Math ノート 17

【ランベルト–ベールの法則】

光を式(4.2)のような光子の流れと考えてランベルト–ベールの法則を導きます．面積 A，厚さ t の透明な薄板があり，この薄板には面積 a の遮光シールが互いに重ならないように N 枚張り付けられているとします．光の進路上にこの遮光シールが

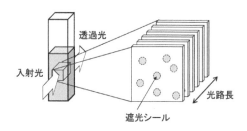

図 M17-1　溶液を透過する光のイメージ

あると光子は必ず吸収され，それ以外の部分では光子は完全に透過すると仮定します（**図 M17-1**）．

この薄板に強度 I_0 の光を照射すると，Na/A の確率で光子は吸収されますから，透過光の強度の平均値 $\langle I_\mathrm{T} \rangle$ は

$$\langle I_\mathrm{T} \rangle = \left(1 - \frac{Na}{A} \right) I_0 \tag{M17.1}$$

と表せます．A に比べて a が十分小さければ，この薄板は透過率 $r\,(=1-Na/A)$ の均一な減光フィルターとみなしてもよいでしょう．このフィルターを n 枚重ねれば透過光の強度は，

$$I_\mathrm{T} = r^n I_0 = \left(1 - \frac{Na}{A} \right)^n I_0 \tag{M17.2}$$

となります．光が通過する距離（フィルター n 枚分の厚さ）を $d\,(=nt)$，遮光シールの密度を $\rho\,(=Nn/Ad)$ とします．式（M17.2）の両辺の常用対数をとって整理すると，以下のようになります．

$$\log_{10} \left(\frac{I_\mathrm{T}}{I_0} \right) = \log_{10} (1 - \rho a t)^{\frac{d}{t}}$$
$$= \rho a d \log_{10} (1 - \rho a t)^{\frac{1}{\rho a t}} \tag{M17.3}$$

ここで自然対数の底（$\mathrm{e} = 2.718\cdots$）を導く以下の公式，

$$\lim_{x \to 0} \left[\log_{10} (1 - x)^{\frac{1}{x}} \right] = -\log_{10} \mathrm{e} \tag{M17.4}$$

を使うと，$t \to 0$ の極限（d を一定に保ったまま薄板を無限に薄くする）で式（M17.3）は次のようになります．

$$\log_{10}\left(\frac{I_\mathrm{T}}{I_0}\right) = -\rho ad \log_{10} \mathrm{e} \cong -0.434\,\rho ad \qquad \text{(M17.5)}$$

モル濃度 $C = \rho/N_\mathrm{A}$ を使って書き換えれば,減光の割合は遮光シール 1 mol 分に対応した量ということになります.式(M17.5)の log をなくして,次式を得ます.

$$I_\mathrm{T} = I_0\,10^{-0.434 CN_\mathrm{A}ad} \qquad \text{(M17.6)}$$

これをランベルト–ベールの法則と比べると,モル吸光係数 ε は遮光シールの面積に比例した量に相当することがわかります.

$$\varepsilon \cong 0.434\,N_\mathrm{A}a \qquad \text{(M17.7)}$$

この考察では,一枚の薄板に対して遮光シールが重ならないように張られていると仮定していたことに注意しましょう.ランベルト–ベールの法則は,高濃度の溶液では成り立たないことがわかっています.光路上に分子が重なって存在するとモル吸光係数が過小評価されてしまうからです.

　光が関わる化学反応では,光子のエネルギーそのものよりも,光子の数が問題になることがときどきあります.光子数を mol 単位で測った量を,アインシュタイン(Einstein)という単位(記号 E)で表します.光子の密度に光速,照射時間,照射面積をかければ照射された光子の数になるので,これをアボガドロ(Avogadro)定数で割れば E 単位での光子数 Q_p になります.

$$Q_\mathrm{p} = \frac{\rho cta}{N_\mathrm{A}} = \frac{\lambda Ita}{N_\mathrm{A}hc} \qquad \text{(4.7)}$$

太陽光が 1 秒間,$1\ \mathrm{cm}^2$ の面積に照射されたときの光子数は 4.2×10^{-7} E,これがレーザーポインタなら 5.5×10^{-3} E となります.光が関わる化学反応については,(1)光化学第一法則(入射された光子のうち,分子に吸収されたものだけが反応に関わる),(2)光化学第二法則(光子を吸収した分子のうち全部または一部が反応を起こす),が知られています.(2)に際して,光子を吸収した分子数に対する,反応分子数の比を量子収率といいます.

4.1.4　相対性理論と光

　「光の速度は常に一定である(止まっている人から見ても,動いている人から見ても)」ということを前提に,アインシュタインは特殊相対性理論を構築しました.相

対性理論の帰結として得られる式の一つに，以下のエネルギーの式があります.

$$E = \sqrt{m^2 c^4 + p^2 c^2} \qquad (4.8)$$

m は(物体の)質量，p は(物体の)運動量，c は光速です．便宜上「物体の」と書きましたが，この式は光にも当てはまります．光の質量は 0 とされていて，

$$E = pc \qquad (4.9)$$

です．光子のエネルギーは $\hbar\omega$ ですから，光子の運動量は，

$$p = \frac{\hbar\omega}{c} = \hbar k \qquad (4.10)$$

となります(**表1-1** で，「波動の運動量」として登場した式です).

　古典力学的な粒子では pc が mc^2 に比べてはるかに小さいので，式(4.8)はテイラー(Taylor)展開を使って，

$$
\begin{aligned}
E &= mc^2 \sqrt{1 + \left(\frac{p}{mc}\right)^2} \\
&\cong mc^2 \left\{ 1 + \frac{1}{2}\left(\frac{p}{mc}\right)^2 \right\} \\
&= mc^2 + \frac{p^2}{2m}
\end{aligned}
\qquad (4.11)
$$

と近似できます．質量に起因するエネルギーと運動エネルギーの和になっています．古典力学では運動中の質量は保存されると考えますから，第 2 項だけに注目するのです．古典力学的粒子の運動量は mv で表されますが，これは下記のように相対論的な運動量の式で $v \ll c$ としたときの近似解です．

$$
\begin{aligned}
p &= mv\left\{ \sqrt{1 + \left(\frac{v}{c}\right)^2} \right\}^{-1} \\
&\cong mv
\end{aligned}
\qquad (4.12)
$$

　1.1 節では，粒子と波動の速度を関係づける式として，

$$\frac{p}{m} = \frac{\partial \omega}{\partial k} \qquad (4.13)$$

を仮定しました．この式を大前提として考えられたシュレーディンガー方程式は相対論を考慮していないことになります．電子は古典力学的な尺度に比べて非常に大きい速度で運動していますから，厳密には相対論を考慮した方程式を扱う必要がありま

す．ディラック方程式はそのような方程式のうち最も成功したものの一つで，この方程式を解くと電子がスピン量子数をもつことが自然に導かれます．またディラックはこの方程式によって（本人は意図せずに）陽電子の存在を予言することになりました．

第5章 ● 原子はなぜつながるのか

5.1 共有結合

5.1.1 価電子と内殻電子

　原子の中の電子は，決まったエネルギーをもつ「ハミルトン作用素の固有状態」にあって，その状態ベクトルを x - 表示した関数は波動関数とよばれます．波動関数はその関数の形に応じて1s軌道，2s軌道などの名前で識別され，「電子が軌道に入る」というメタファーによって原子の成り立ちを説明するのに一役買っています．この軌道モデルは確かによくできていますが，太陽系の惑星のような軌道を連想させる点は難ありです．同心球の表面に電子が広がっているようなイラストなら，いくらかましです．

　原子の「体積」は，そのほとんどすべてが電子の位置の不確定性によるものです．とはいえ電子は綿菓子のようなものでも，水滴のようなものでもありません．電子は今までに私たちが知っている何物にも似ていないのです．だから原子の「体積」というのも私たちがマクロ世界で考える体積とは違います．原子同士が近づける限界の距離から原子半径を算出し，「原子の独占領域」みたいなものを定義するのが現実的で

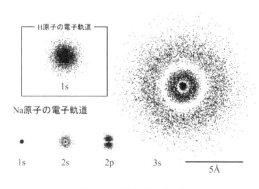

図5-1　原子軌道の大きさ

しょう．そのようにして得られた原子半径として，ファン・デル・ワールス半径，共有結合半径，イオン半径などがあります．

シュレーディンガー方程式から得られた水素様原子の波動関数を使えば，もう少し理論的な観点から切り込んで行けそうです．2.1 節で見た動径分布関数は，原子の中心から距離 r のところにある，厚さ dr の殻の中に電子が見つかる確率を教えるのでした．Na 原子の 1s，2s，2p，3s，3p，3d 軌道の広がりを直観的に感じてみましょう．本物の Na 原子は電子が 12 個ありますが，ここでは水素様原子の波動関数に適当な有効核電荷を使い，近似的な軌道の形を図示しています．1s，2s，2p 軌道と比べて，3s 軌道は格段に大きいことが見て取れます．

「軌道モデル」が惑星の軌道とは全く違うものだとはいえ，主量子数が 1，2，3，... と増えるに従って電子の分布は原子の外側へと広がっていきます．原子同士が近づいてもある一定距離以内には貫入できませんから，原子の性質は空間的に一番外側を占めている軌道に左右されるでしょう．また，空間的に外側にある軌道はエネルギーが高いため，他の原子との反応にも関わってきます．このような軌道に入っている電子を「価電子」といいます．どの軌道が価電子の軌道になるかは原子によって違いますが，だいたい $n+l$ の値が最大となる軌道群だと考えてよいでしょう．価電子以外の電子は「内殻電子」といいます．その名のとおり空間的に内側を占めていますが，エネルギー的にも深いところにあって他の原子との相互作用に関わってこない点も「内殻」の字面と符合します．

5.1.2　化学結合の起源

近代的な「分子という概念」が確立したのは 19 世紀の初め頃です．「1 mol ＝ 6.022×10^{23} 個」で名高いアボガドロが，気体化合物の反応と体積変化を研究したのが発端でした．原子同士がつながり一体となってふるまう粒子が物質の性質を決めているという「分子論」が導かれました．原子はそれ自身安定に存在できるにもかかわらず，どうしてつながる必要があるのかという疑問が当然わいてきます．

前項で見たように，価電子は空間的な意味でもエネルギー的な意味でも「表層部」にあります．原子が引き付け合って結合ができているなら，価電子が主役になっていると考えるのが自然でしょう．価電子の軌道は内殻軌道に比べてエネルギーが高いので，電子を放出したり取り込んだりするのが比較的容易です．例えばナトリウムやカリウムなどのアルカリ金属元素は，容易に電子を一個放出して陽イオンになりますし，塩素や臭素などのハロゲン元素は，容易に電子を一個取り込んで陰イオンになります．こうしたイオン化は主に価電子軌道で起こります．

　アルカリ金属とハロゲンのように電子の需給のバランスが合致すると，化学反応が起きて塩化ナトリウムや臭化カリウムなどの化合物(ハロゲン化アルカリと総称)ができます．ただし，どんな化学反応もエネルギー(自由エネルギー)が安定になる方向に進みます．アルカリ金属元素から電子を取り去るにはエネルギーが必要です．ハロゲン元素が電子を取り込めばエネルギーが放出されますが，それだけではアルカリ金属の方に必要なエネルギーを賄うことはできません．陽イオンと陰イオンが静電的に引き合って結合ができることでエネルギーが放出され，やっと反応は進みます．こういう仕組みをイオン結合といいます．

　原子から分子ができる仕組みは，多かれ少なかれイオン結合で説明できると考えられたこともありました(19 世紀，ベルセリウスの二元説)．確かに，イオン結合は陽イオンになりやすい元素(周期表の左側)と陰イオンになりやすい元素(周期表の右側)の組み合わせについてはよく説明できます．ところが分子の中にはイオンになりにくい元素も含まれていますし，同じ種類の元素同士の結合もあります．こうした結合についてはイオン結合の考え方は無力です．

　やがて分子の構造がわかるようになり，原子のつながり方の規則が明らかになってきました．第 2，第 3 周期の元素に限っていえば，原子の周りにある価電子の数が 8 個になるように，過不足な電子を原子間で融通しあっていることがわかったのです．これはあたかも，原子が立方体型の構造をもっていて，8 個の頂点を電子で埋めようとしているかのようでした．そんな模型の姿から，この説明は八隅説(オクテット説)とよばれました(ルイス-ラングミュア(Lewis - Langmuir)の原子価理論)．またこの種の結合は，原子が価電子を共有しているように見えることから，共有結合とよばれるようになりました．アルカリ金属の陽イオンも，ハロゲンの陰イオンも価電子が 8 個の姿を目指すので，八隅説はイオン結合の考え方とも矛盾しません．

　オクテット説は多くの有機化合物の構造を説明しましたが，問題もありました．まず，原子が立方体の構造をもっていることの妥当性がありませんでしたし，電子が 8 個の頂点を示すことがなぜエネルギーの安定につながるのか，理論的な根拠が希薄だったのです．時はちょうど量子力学の理論が急速に整備されつつあるところでした．電子のふるまいを説明するために提唱された量子力学が分子の成り立ちを説明できるとなれば，その信憑性，有用性は一気に高まるのです．これを利用しない手はありません．

5.1.3　両極端の近似

　この章ではこれから先，分子の中で原子と原子がどうやってつながっているのかと

いう点に注目していきます．原子はそれ自身ある程度安定に存在しています．それにもかかわらず分子が形づくられるということは，原子の最表面にある価電子が何かをしていることの現れでしょう．原子と原子がつながるのは，電子の働きに他ならないのです．

第1章では，電子の運動状態に関する基本的な約束事について書きました．電子は観測の仕方によって波のように見えることもあれば，粒子のように見えることもあります．実際，電子はそのどちらでもありません．でも他に例えになるようなものがないので，仕方なく粒子と波動の二重性という言葉で表しているのです．このような性質をもつ電子の運動を，何とか実用的な精度で表現できるように構築されたのが量子力学なのでした．

分子が原子核と電子とで成り立っている以上，その安定性は量子力学で説明されるべきものです．そして，その安定性が理論的に説明されれば，分子の物理的性質や化学的性質が理論的に予想されるだろうと考えるのは自然なことです．量子力学が一応の完成を見た20世紀の初めには，化学の本質的な問題は量子力学の問題を解くことによっておおかた解決してしまうだろうと楽観的に考えられたこともありました．しかし問題はそれほど簡単ではありませんでした．それは，ほとんどすべての分子が二個以上の電子をもつことに起因する問題でした．

水素原子の電子状態は数学的に厳密に解くことができます（2.2節）．ただし，これらは原子核一個と電子一個だけからなる単純な系です．しかも，核の運動は電子の運動に比べてたいへん遅いと仮定して，原子の重心の運動と電子の運動を分離して解いています．ですから，解自体は厳密解ではあるものの，式を立てる時点で近似が入っているのです．さらに，水素原子から一歩進んでヘリウム原子を扱おうとすると，二個の電子の運動を同時に考慮する必要があります．核の動きを止めて考えたとしても，この運動を厳密に解く方法は今のところありません．**図3-1**で示した各原子の軌道エネルギーは，水素原子様原子，つまり原子核だけは原子番号と同じだけの正電荷をもっていて電子は一個だけという，かなり都合のよい系を対象にして計算されたものです．

原子から分子へと系が変わっても，本質的な問題は同じです．ほとんどの分子は二個以上の電子をもっているので，その電子状態を解くには何らかの近似を必要とします．その近似法には大きく分けて以下の二つのアプローチがあります．一つは，孤立の原子が複数集まってきて分子が形成されるという考え方です．この場合，水素様原子で得られた原子軌道がスタート地点となります．個々の原子は自らの電子を携えたまま近づいてきて，その原子軌道は分子になった後も本質的には変わることがありま

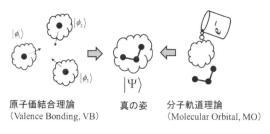

原子価結合理論　　　　　真の姿　　　分子軌道理論
（Valence Bonding, VB）　　　　　　　（Molecular Orbital, MO）

図 5-2　両極端の近似

せん．もう一つの考え方は，まず構成原子の原子核と電子をばらばらにし，原子核だけを分子の形に並べ，後から電子を「放流する」というものです．この場合，分子の形に並んだ原子核が作るポテンシャルに対して電子がとりうる可能な運動状態を先に考える必要があります．

　上記，前者のアプローチに基づいて分子の成り立ちを説明するモデルを原子価結合理論といい，後者のモデルを分子軌道理論といいます．二つの理論はちょうど両極端の視点にたって構築されていますが，どちらの理論でも十分な精度で計算を進めれば分子の真の姿に近づくことができます（図 5-2）．ただし，それらはあくまで近似的な描像であって，どちらの理論でも完全に真の姿を記述できるわけではありません．また，現実には計算を進めるにあたって様々な近似を導入する必要があるので，真の姿との誤差が生じるのはどうしても避けられません．

5.2　原子価結合法

5.2.1　原子価状態

　原子価結合理論に基づいて分子の電子状態を解く（波動関数の近似解を求める）方法を原子価結合法といいます．原子価結合法の説明の前に，原子価状態というものをはっきりさせておきましょう．原子価状態とは，分子を構成している原子の間の結合を徐々に伸ばしていき，仮想的に無限遠まで引き離したときの原子の状態をいいます．つまり，原子価結合理論によって分子の生成が説明される過程のちょうど逆を考えることになります．

　例えば，水分子の場合，酸素原子と二個の水素原子とを無限遠まで引き離します．結果，酸素原子は六個の価電子をもち，そのうち四個は二個の原子軌道（2s および 2p）に二個ずつ対をなして入っていて，残り二個は別々の軌道に一個ずつ入っている

(不対電子という)状態になります．水素原子は 1s 軌道に一個だけ電子をもっている状態です．この場合，酸素も水素も，原子価状態は原子の基底状態(原子が単独でいるときに最もエネルギーが低い状態)と同じです．

一方，メタン分子の場合は少し事情が違います．炭素原子と水素原子とを無限遠まで引き離すと，炭素原子は四個の不対電子ができます．水素原子は水分子の場合と同じく原子の基底状態と同じになります．炭素原子の基底状態は，2s 軌道に二個の電子が一対，二個の 2p 軌道にそれぞれ不対電子が一個ずつ入っている状態です．このように，原子価状態は必ずしも原子の基底状態と同じになるとは限りません．つまり原子価状態になるためには少なくとも 2s 軌道の電子が 2p 軌道に持ち上がる(昇位する)必要があります．HF 計算(後述)によると，2s 軌道と 2p 軌道のエネルギー差は 10.6 eV です．また分光学的な測定によると，四個の不対電子が存在するような励起状態(^{3}D 状態)が基底状態よりも 7.9 eV 高いエネルギーに検出されます．何も結合していない孤立の炭素原子はすぐに基底状態に戻りますから，純粋な原子価状態の炭素原子を取り出すことはできません．そういう仮想的な状態ですが，昇位に必要なエネルギーは数 eV と想定しておいてよいでしょう．昇位のために外からエネルギーが吸収されても，それを上回るエネルギーが結合の形成によって放出されるので，総計としてはエネルギーが低くなるのです．

5.2.2 なぜ原子がつながるか

原子価結合理論とは，たいへんおおまかにいえば，原子価状態にある原子の波動関

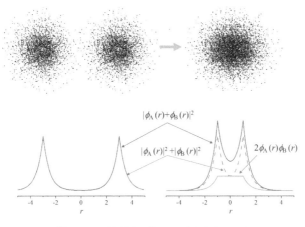

図 5-3 原子価結合理論のおおまかなイメージ

数の重なりによって電子の存在確率密度の分布が変化し，原子核－電子間の引力が原子核間の斥力に勝ることで結合力が生まれるとする考え方です．波動関数 $\phi_A(x)$ と $\phi_B(x)$ で表される電子の存在確率密度はそれぞれ $|\phi_A(x)|^2$，$|\phi_B(x)|^2$ で表されますが，二つの波動関数の重ね合わせ $\phi_A(x)+\phi_B(x)$ の場合には $|\phi_A(x)+\phi_B(x)|^2$ となります（図 5-3）．このとき，単純に $|\phi_A(x)|^2$ と $|\phi_B(x)|^2$ を加えた場合に比べて，相対的に原子核間の存在確率密度は大きくなります．このため，原子核間の反発が緩和されて結合ができると考えられるのです．しかしこの描像は少し現実を単純化しすぎています．

　原子価結合理論を初めて量子力学的な表現で書き，原子がつながる仕組みを説明したのはハイトラー（Heitler）とロンドン（London）でした．その概要は以下のようになります．二つの水素原子が遠く離れているとき，原子は事実上孤立状態で，電子は自身が所属する水素原子の 1s 軌道のみに入っていると考えて差し支えありません．原子が近づいてくると，それぞれの原子の電子は，自らの所属とは違う水素原子の 1s 軌道にも入る可能性があります．こうした可能性を考慮して量子力学的な計算を行うと，その状態では離れていた状態よりも電子のエネルギーが低くなることが示されました．一方，原子が近づくと核間の反発も大きくなります．両者のバランスによって最もエネルギーが低くなる原子間距離として 0.9 Å，その際の結合エネルギー 3.14 eV という数値を割り出しました．これは水素分子の実測値 0.74 Å，4.75 eV と近かったので，高い信頼を得たのです．

　以下ではハイトラーとロンドンの基本的な考え方に沿いつつ，記法や手順を現在の視点から整理して原子価結合法の要点を説明します．長くなるので道筋を示しておきます：(1)孤立した原子 A を考える．(2)原子 A と原子 B の陽イオン（B⁺）が近づいて分子 AB の陽イオン（AB⁺）ができる過程を考える（ここでは，共有電子が一個であっても結合ができることを確認します），(3)原子 A と原子 B が近づいて分子 AB ができる過程を考える．電子が増えることによって，エネルギーが低くなる効果と高くなる効果が生じることを確認します．二個の水素原子は A，B で区別し，二個の電子は 1，2 で区別します．

(1)孤立した原子 A に属している電子 1 の状態を，$|\phi_A(1)\rangle$ で表します．

$$|\phi_A(1)\rangle = \int \phi_A(\boldsymbol{x}_1)|\boldsymbol{x}_1(1)\rangle \mathrm{d}\boldsymbol{x}_1 \tag{5.1}$$

　$\phi_A(\boldsymbol{x}_1)$ は A の原子軌道で，x-表示されたハミルトニアン $\hat{H}_A$ の固有関数です．

$$\hat{H}_A = -\frac{1}{2}\nabla_1^2 - \frac{Z_A}{|\boldsymbol{x}_1 - \boldsymbol{x}_A|} \equiv \hat{H}_1 \tag{5.2}$$

$$\hat{H}_A \phi_A(\boldsymbol{x}_1) = h_A \phi_A(\boldsymbol{x}_1) \tag{5.3}$$

となります. 固有値 h_A は, 孤立原子のエネルギー E_A にあたります.

$$E_A = h_A = \int \phi_A^*(\boldsymbol{x}) \hat{H}_A \phi_A(\boldsymbol{x}) \mathrm{d}\boldsymbol{x} \tag{5.4}$$

(2) もう一個の原子 B があって, こちらの価電子軌道 $\phi_B(x)$ には電子は入っていないとします. 原子 A と原子 B が近づいてきて分子イオン AB$^+$ ができると, 電子 1 はもはや原子 A だけに存在するのではなく, 等しい確率で原子 B にも存在するようになります. これを, もとの状態 $|\phi_A(1)\rangle$ と, 電子が B に移った状態 $|\phi_B(1)\rangle$ の線形結合で表すことにします.

$$\left|\Phi_{AB^+}(1)\right\rangle = N_1^{-1/2}\left\{|\phi_A(1)\rangle + |\phi_B(1)\rangle\right\} \tag{5.5}$$

ここで N_1 は,

$$\begin{aligned}
\left\langle \Phi_{AB^+}(1)\middle|\Phi_{AB^+}(1)\right\rangle &= N_1^{-1}\left\{\langle\phi_A(1)|\phi_A(1)\rangle + \langle\phi_A(1)|\phi_B(1)\rangle + \langle\phi_B(1)|\phi_A(1)\rangle + \langle\phi_B(1)|\phi_B(1)\rangle\right\} \\
&= 1
\end{aligned} \tag{5.6}$$

と内積を 1 とするための規格化定数です.

ここで $|\phi_A(1)\rangle, |\phi_B(1)\rangle$ はそれぞれ規格化されているものの, 直交はしていません. $|\phi_A(1)\rangle, |\phi_B(1)\rangle$ の内積を S_{AB} とし, これを重なり積分とよびます. ここでは $\phi_A(x)$ も $\phi_B(x)$ も実関数のみを扱うこととして, $S_{AB} = S_{BA}$ とします (複素関数であれば $S_{AB} = S_{BA}^*$ です).

$$\begin{aligned}
S_{AB} &\equiv \langle\phi_A(1)|\phi_B(1)\rangle \\
&= \int \langle\phi_A(1)|\boldsymbol{x}_1\rangle\langle\boldsymbol{x}_1|\phi_B(1)\rangle \mathrm{d}\boldsymbol{x}_1 \\
&= \int \phi_A^*(\boldsymbol{x}_1)\phi_B(\boldsymbol{x}_1)\mathrm{d}\boldsymbol{x}_1
\end{aligned} \tag{5.7}$$

規格化定数は次のようになります.

$$N_1 = 2(1 + S_{AB}) \tag{5.8}$$

分子イオン AB$^+$ の波動関数,

$$\begin{aligned}
\Phi_{AB^+}(\boldsymbol{x}_1) &= \langle \boldsymbol{x}_1 | \Phi_{AB^+}(1) \rangle \\
&= N_1^{-1/2} \{ \phi_A(\boldsymbol{x}_1) + \phi_B(\boldsymbol{x}_1) \}
\end{aligned} \tag{5.9}$$

について, x-表示のハミルトニアンを使ってエネルギーを計算してみます.

$$\hat{H}_{AB^+} = \hat{H}_1' + V_{AB} \tag{5.10}$$

$$\hat{H}_1' = \hat{H}_1 - \frac{Z_B}{|\boldsymbol{x}_1 - \boldsymbol{x}_B|} = -\frac{1}{2}\nabla_1^2 - \frac{Z_A}{|\boldsymbol{x}_1 - \boldsymbol{x}_A|} - \frac{Z_B}{|\boldsymbol{x}_1 - \boldsymbol{x}_B|} \tag{5.11}$$

$$V_{AB} = \frac{Z_A Z_B}{|\boldsymbol{x}_A - \boldsymbol{x}_B|} \tag{5.12}$$

$\hat{H}_1$ は電子 1 に関わるエネルギーをまとめた演算子です. 核 A, 核 B の陽子数をそれぞれ Z_A, Z_B としています. 式(5.11)右辺の第 2 項は電子 1 と核 A の間の引力によるエネルギー, 第 3 項は電子 1 と核 B の間の引力によるエネルギーです. V_{AB} は核間距離だけで決まる値で, 電子の波動関数には依存しません.

　$\phi_A(x)$, $\phi_B(x)$ は $\hat{H}_1$ の固有関数であって, $\hat{H}_1'$ の固有関数ではありません. このような場合でも, 以下の積分を計算すればエネルギーの期待値を求めることができます. 後で触れる変分原理によれば, このように固有関数ではない関数で挟んで積分した値は, 真のエネルギーよりも必ず高い値になります. 式の対称性などにより同じ値になるものはまとめて書くと次のようになります.

$$\begin{aligned}
E_{AB^+} &= \int \Phi_{AB^+}^*(\boldsymbol{x}_1) \hat{H}_{AB^+} \Phi_{AB^+}(\boldsymbol{x}_1) \mathrm{d}\boldsymbol{x}_1 \\
&= \frac{h_A' + h_B' + h_{AB}' + h_{BA}'}{2(1+S_{AB})} + V_{AB}
\end{aligned} \tag{5.13}$$

式中で使われる文字それぞれの内容は以下の通りです.

$$\begin{cases}
h_A' = \int \phi_A^*(\boldsymbol{x}) \hat{H}_1' \phi_A(\boldsymbol{x}) \mathrm{d}\boldsymbol{x} = h_A + \Delta h_{AA}' \\
h_B' = \int \phi_B^*(\boldsymbol{x}) \hat{H}_1' \phi_B(\boldsymbol{x}) \mathrm{d}\boldsymbol{x} = h_B + \Delta h_{BB}' \\
h_{AB}' = \int \phi_A^*(\boldsymbol{x}) \hat{H}_1' \phi_B(\boldsymbol{x}) \mathrm{d}\boldsymbol{x} = S_{AB} h_B + \Delta h_{AB}' \\
h_{BA}' = \int \phi_B^*(\boldsymbol{x}) \hat{H}_1' \phi_A(\boldsymbol{x}) \mathrm{d}\boldsymbol{x} = S_{AB} h_A + \Delta h_{BA}'
\end{cases} \tag{5.14a-d}$$

$$\begin{cases} \Delta h'_{AA} = \int \phi_A^*(\boldsymbol{x}) \left(-\frac{Z_B}{|\boldsymbol{x}-\boldsymbol{x}_B|} \right) \phi_A(\boldsymbol{x}) \mathrm{d}\boldsymbol{x} \\[2mm] \Delta h'_{BB} = \int \phi_B^*(\boldsymbol{x}) \left(-\frac{Z_A}{|\boldsymbol{x}-\boldsymbol{x}_A|} \right) \phi_B(\boldsymbol{x}) \mathrm{d}\boldsymbol{x} \\[2mm] \Delta h'_{AB} = \int \phi_A^*(\boldsymbol{x}) \left(-\frac{Z_A}{|\boldsymbol{x}-\boldsymbol{x}_A|} \right) \phi_B(\boldsymbol{x}) \mathrm{d}\boldsymbol{x} \end{cases} \quad (5.14\mathrm{e-g})$$

h'_A, h'_B はいずれも負値で，隣の核からの引力ポテンシャルを受けている分，孤立原子のエネルギー（h_A, h_B）よりもいくらか低くなっているはずです．これらの値は A と B が近づくほど低くなるでしょう．h'_{AB}, h'_{BA} は古典的には解釈できない量（のちに共鳴積分として出てくる量）ですが，A と B が近づけば $\phi_A(x)$ と $\phi_B(x)$ は互いによく似た関数になるはずなので，それぞれ $S_{AB}h'_B$ や $S_{AB}h'_A$ に近い値になると予想されます．総合して，

$$\frac{h_A+h_B}{2} > \frac{h'_A+h'_B}{2} \simeq \frac{h'_A+h'_B+h'_{AB}+h'_{BA}}{2(1+S_{AB})} \quad (5.15)$$

が成り立ちます．次に $\hat{H}'_1$ の固有関数となるような $\phi'_A(x)$ と $\phi'_B(x)$ を新たに考えます．

$$\hat{H}'_1\phi'_A(\boldsymbol{x}_1) = h''_A\phi'_A(\boldsymbol{x}_1), \quad \hat{H}'_1\phi'_B(\boldsymbol{x}_1) = h''_B\phi'_B(\boldsymbol{x}_1)$$

$$\begin{cases} h''_A = \int \phi'^*_A(\boldsymbol{x}) \hat{H}'_1 \phi'_A(\boldsymbol{x}) \mathrm{d}\boldsymbol{x} \\[2mm] h''_B = \int \phi'^*_B(\boldsymbol{x}) \hat{H}'_1 \phi'_B(\boldsymbol{x}) \mathrm{d}\boldsymbol{x} \end{cases} \quad (5.16\mathrm{a, b})$$

$\phi'_A(x)$ と $\phi'_B(x)$ はいずれも H'_1 の固有ベクトルなので重なり積分は 0 または 1 です．核 A，B 両方からの引力があるため，関数 $\phi'_A(x)$ は $\phi_A(x)$ に比べていくらか縮むはずで，しかも $\phi'_A(x)$ の固有エネルギー h''_A は，$\phi_A(x)$ のエネルギー期待値 h'_A よりもさらに低くなります（変分原理）．原子 B についても同様です．これらの固有ベクトルを使って，新たに $\Phi'_{AB}(x_1)$ を定義し，そのエネルギーを計算します．これは S_{AB} の値にかかわらず同じ結果になります．

$$\Phi'_{AB^+}(\boldsymbol{x}_1) = N_1^{-1/2}\{\phi'_A(\boldsymbol{x}_1)+\phi'_B(\boldsymbol{x}_1)\} \quad (5.17)$$

$$\begin{aligned} E'_{AB^+} &= \frac{h''_A+h''_B+S_{AB}(h''_A+h''_B)}{2(1+S_{AB})} + V_{AB} \\[2mm] &= \frac{h''_A+h''_B}{2} + V_{AB} \end{aligned} \quad (5.18)$$

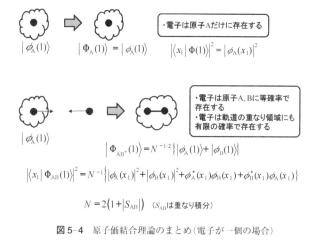

図 5-4　原子価結合理論のまとめ（電子が一個の場合）

電子が関わるエネルギーは，

$$\frac{h_A + h_B}{2} > \frac{h'_A + h'_B + 2h'_{AB}}{2(1+S_{AB})} > \frac{h''_A + h''_B}{2} \tag{5.19}$$

となります．あとは V_{AB} との大小関係によって，E_{AB} が極小値になるような原子間距離が決まり，AB^+ が形成されます．つまり，共有される電子が一個であっても結合は（弱いですが）形成されます．普通の共有結合では二個の電子が共有されるために結合がもっと強くなりますが，その場合は電子 – 電子の反発が増えることによる不安定化も同時に考慮する必要があります．

(3) 次に，原子 A，B がともに電子を一個ずつもっていて，二つの電子を共有する場合を考えます．相互作用が無視できるほど原子間が離れているなら，電子 1 と電子 2 はそれぞれ独立に軌道 $\phi_A(x)$ と $\phi_B(x)$ にあると考えてよく，このとき全体の状態ベクトルはそれぞれの原子の状態ベクトルの積（直積）になります．

$$|\Phi_{A+B}(1,2)\rangle = |\phi_A(1)\rangle|\phi_B(2)\rangle \tag{5.20}$$

原子 A と原子 B が近づいてきて相互作用が無視できなくなったとき，電子 1 と電子 2 はそれぞれ $|\phi_A\rangle$ と $|\phi_B\rangle$ の状態にあるのではなく，交換している可能性が出てきます．これを，もとの状態と電子が交換した状態の線形結合で表すことにします．

$$|\Phi_{\mathrm{AB}}(1,2)\rangle = N_2^{-1/2}\{|\phi_{\mathrm{A}}(1)\rangle|\phi_{\mathrm{B}}(2)\rangle + |\phi_{\mathrm{B}}(1)\rangle|\phi_{\mathrm{A}}(2)\rangle\} \tag{5.21}$$

ここで N_2 は,

$$
\begin{aligned}
\langle\Phi_{\mathrm{AB}}(1,2)|\Phi_{\mathrm{AB}}(1,2)\rangle &= N_2^{-1}\{\langle\phi_{\mathrm{A}}(1)|\phi_{\mathrm{A}}(1)\rangle\langle\phi_{\mathrm{B}}(2)|\phi_{\mathrm{B}}(2)\rangle + \langle\phi_{\mathrm{A}}(2)|\phi_{\mathrm{A}}(2)\rangle\langle\phi_{\mathrm{B}}(1)|\phi_{\mathrm{B}}(1)\rangle \\
&\quad + \langle\phi_{\mathrm{A}}(1)|\phi_{\mathrm{B}}(1)\rangle\langle\phi_{\mathrm{B}}(2)|\phi_{\mathrm{A}}(2)\rangle + \langle\phi_{\mathrm{A}}(2)|\phi_{\mathrm{B}}(2)\rangle\langle\phi_{\mathrm{B}}(1)|\phi_{\mathrm{A}}(1)\rangle\} \\
&= 1
\end{aligned}
$$

$$\tag{5.22}$$

となるための定数で,先ほどと同じ重なり積分の定義を使うと,

$$N_2 = 2\left(1 + S_{\mathrm{AB}}^{\,2}\right) \tag{5.23}$$

となります*.

分子 AB の波動関数,

$$
\begin{aligned}
\Phi_{\mathrm{AB}}(\boldsymbol{x}_1,\boldsymbol{x}_2) &= \langle\boldsymbol{x}_1;\boldsymbol{x}_2|\Phi_{\mathrm{AB}}(1,2)\rangle \\
&= N_2^{-1/2}\{\phi_{\mathrm{A}}(\boldsymbol{x}_1)\phi_{\mathrm{B}}(\boldsymbol{x}_2) + \phi_{\mathrm{B}}(\boldsymbol{x}_1)\phi_{\mathrm{A}}(\boldsymbol{x}_2)\}
\end{aligned}
\tag{5.24}
$$

について, $\boldsymbol{x}$- 表示のハミルトニアンを使ってエネルギーを計算してみます.

$$\hat{H}_{\mathrm{AB}} = \hat{H}_1' + \hat{H}_2' + V_{12} + V_{\mathrm{AB}} \tag{5.25}$$

$\hat{H}_1$, $\hat{H}_2$ はそれぞれ電子 1, 2 に関わるエネルギーをまとめた演算子です.式 (5.25) の第 3 項は電子 1 と電子 2 の間の斥力によるエネルギー,第 4 項は核 A と核 B の間の斥力によるエネルギーです.

$$\hat{H}_n' = -\frac{1}{2}\nabla_n^{\,2} - \frac{Z_{\mathrm{A}}}{|\boldsymbol{x}_n - \boldsymbol{x}_{\mathrm{A}}|} - \frac{Z_{\mathrm{B}}}{|\boldsymbol{x}_n - \boldsymbol{x}_{\mathrm{B}}|} \quad (n = 1,\ 2) \tag{5.26}$$

---

* 式 (5.20), (5.21) はいずれも電子の交換に関する反対称性を満たしていない.正しくはスピン状態との直積を考えて,

$$|\Phi_{\mathrm{A+B}}(1,2)\rangle = |\phi_{\mathrm{A}}(1)\rangle|\phi_{\mathrm{B}}(2)\rangle\frac{1}{\sqrt{2}}\{|\alpha(1)\rangle|\beta(2)\rangle - |\beta(1)\rangle|\alpha(2)\rangle\} \tag{5.20$'$}$$

$$|\Phi_{\mathrm{AB}}(1,2)\rangle = N_2^{-1/2}\{|\phi_{\mathrm{A}}(1)\rangle|\phi_{\mathrm{B}}(2)\rangle + |\phi_{\mathrm{B}}(1)\rangle|\phi_{\mathrm{A}}(2)\rangle\}\frac{1}{\sqrt{2}}\{|\alpha(1)\rangle|\beta(2)\rangle - |\beta(1)\rangle|\alpha(2)\rangle\} \tag{5.21$'$}$$

とすべきだが,ここではスピン状態がエネルギーには関与しないので省略している.

$$V_{12} = \frac{1}{|\boldsymbol{x}_1 - \boldsymbol{x}_2|} \tag{5.27}$$

エネルギーの期待値は $\hat{H}$ を波動関数で挟むことで得られるのでした．式の対称性などにより同じ値になるものはまとめて書くと次のようになります．

$$
\begin{aligned}
E_{AB} &= \iint \Phi_{AB}^*(\boldsymbol{x}_1, \boldsymbol{x}_2) \hat{H}_{AB} \, \Phi_{AB}(\boldsymbol{x}_1, \boldsymbol{x}_2) \mathrm{d}\boldsymbol{x}_1 \mathrm{d}\boldsymbol{x}_2 \\
&= \frac{h_A' + h_B' + S_{AB} h_{AB}' + S_{AB} h_{BA}' + J_{AB} + K_{AB}}{1 + S_{AB}^2} + V_{AB}
\end{aligned} \tag{5.28}
$$

式中で使われる文字それぞれの内容は以下の通りです．

$$
\begin{cases}
h_A' = \displaystyle\int \phi_A^*(\boldsymbol{x}) \hat{H}_1' \phi_A(\boldsymbol{x}) \mathrm{d}\boldsymbol{x} \\
h_B' = \displaystyle\int \phi_B^*(\boldsymbol{x}) \hat{H}_1' \phi_B(\boldsymbol{x}) \mathrm{d}\boldsymbol{x} \\
h_{AB}' = \displaystyle\int \phi_A^*(\boldsymbol{x}) \hat{H}_1' \phi_B(\boldsymbol{x}) \mathrm{d}\boldsymbol{x} \\
h_{BA}' = \displaystyle\int \phi_B^*(\boldsymbol{x}) \hat{H}_1' \phi_A(\boldsymbol{x}) \mathrm{d}\boldsymbol{x}
\end{cases} \tag{5.29a--d}
$$

$$
\begin{cases}
J_{AB} = \displaystyle\iint \phi_A^*(\boldsymbol{x}_n) \phi_B^*(\boldsymbol{x}_m) V_{12} \phi_A(\boldsymbol{x}_n) \phi_B(\boldsymbol{x}_m) \mathrm{d}\boldsymbol{x}_n \mathrm{d}\boldsymbol{x}_m \\
K_{AB} = \displaystyle\iint \phi_B^*(\boldsymbol{x}_n) \phi_A^*(\boldsymbol{x}_m) V_{12} \phi_A(\boldsymbol{x}_n) \phi_B(\boldsymbol{x}_m) \mathrm{d}\boldsymbol{x}_n \mathrm{d}\boldsymbol{x}_m \\
\qquad (\{n, m\} = \{1, 2\} \,\text{or}\, \{2, 1\})
\end{cases} \tag{5.30a, b}
$$

J_{AB}, K_{AB} はそれぞれクーロン積分，交換積分とよばれるエネルギー項です．クーロン積分は $\phi_A(\boldsymbol{x})$ 軌道にある電子 1 と $\phi_B(\boldsymbol{x})$ 軌道にある電子 2 の間の反発によるエネルギー，交換積分は，電子 1 と 2 の状態を入れ替えて出てくるエネルギー項です（これも古典的には解釈しにくい量ですが，のちに分子軌道法とともに詳解します）．

式 (5.28) では孤立原子のハミルトニアンの固有関数（$\phi_A(\boldsymbol{x})$ と $\phi_B(\boldsymbol{x})$）で波動関数を展開しているので，E_{AB} は AB の真のエネルギーよりもいくらか高いはずです．ここで，$\phi_A(\boldsymbol{x})$ と $\phi_B(\boldsymbol{x})$ の代わりに $\hat{H}_1'$ の固有ベクトルとなるような $\phi_A'(\boldsymbol{x})$ と $\phi_B'(\boldsymbol{x})$ を使って新たに $\Phi_{AB}(\boldsymbol{x}_1, \boldsymbol{x}_2)$ を書き直してみます．

$$\Phi_{AB}'(\boldsymbol{x}_1, \boldsymbol{x}_2) = N_2^{-1/2} \{\phi_A'(\boldsymbol{x}_1) \phi_B'(\boldsymbol{x}_2) + \phi_B'(\boldsymbol{x}_1) \phi_A'(\boldsymbol{x}_2)\} \tag{5.31}$$

$$E'_{AB} = h''_A + h''_B + J'_{AB} + K'_{AB} + V_{AB}$$

$$\begin{cases} J'_{AB} = \iint \phi_A^{'*}(\boldsymbol{x}_n)\phi_B^{'*}(\boldsymbol{x}_m)V_{12}\,\phi'_A(\boldsymbol{x}_n)\phi'_B(\boldsymbol{x}_m)\mathrm{d}\boldsymbol{x}_n\,\mathrm{d}\boldsymbol{x}_m \\[2mm] K'_{AB} = \iint \phi_B^{'*}(\boldsymbol{x}_n)\phi_A^{'*}(\boldsymbol{x}_m)V_{12}\,\phi'_A(\boldsymbol{x}_n)\phi'_B(\boldsymbol{x}_m)\mathrm{d}\boldsymbol{x}_n\,\mathrm{d}\boldsymbol{x}_m \\[2mm] \qquad (\{n,m\}=\{1,2\}\,\text{or}\,\{2,1\}) \end{cases} \tag{5.32}$$

E'_{AB} はまだ真のエネルギーよりは高いですが，J'_{AB} と K'_{AB} が改善されるおかげでいくらか近づいてはいるでしょう．原子 A と B が別々に存在するときのエネルギーは $h_A + h_B$ なので，それよりも E'_{AB} の方が低ければ結合が形成されることになります．ここで，AB^+ 分子イオンのときと同様の理由（式(5.15)〜(5.19)参照）で，

$$h_A + h_B > \frac{h'_A + h'_B + S_{AB}h'_{AB} + S_{AB}h'_{BA}}{1 + S_{AB}^2} > h''_A + h''_B \tag{5.33}$$

が成り立ちます．問題は，

$$h_A + h_B > h''_A + h''_B + J'_{AB} + K'_{AB} \tag{5.34}$$

が成り立つかどうかです．J'_{AB} と K'_{AB} は確実に正の値になるので，この不等式は自明ではありません．もし成り立つならば，孤立した原子 A，B のエネルギーの和に比べて，分子 AB の電子エネルギーの方が安定になることを意味しています[*]．あとは V_{AB} との大小関係によって E_{AB} が極小値になるような原子間距離が決まり，分子 AB

---

[*] オリジナルのハイトラーとロンドンの理論では，E_{AB} に相当する量を計算して共有結合を説明している．この説明では，結合エネルギーの内訳はポテンシャルエネルギーの増大（主として電子間の反発による）と，それを補って余る運動エネルギーの減少（主として電子の運動領域の拡大による）となる．しかし後に，この解釈では電子の運動がビリアル定理を満たさないことが指摘された．正しくは E'_{AB} に相当する量を計算するべきで，詳細な計算によれば結合エネルギーの内訳は運動エネルギーの増大（主として原子軌道の収縮による）と，それを補って余るポテンシャルエネルギーの減少（主として結合領域にある電子と核との引き合いによる）となる．この問題提起については，小泉「量子化学教科書の課題」を参考にした．

また，資料によっては結合エネルギーの起源を交換積分とする記述があるので注意を要する．これは，ハイトラーとロンドンの理論ではクーロン積分と交換積分がポテンシャル演算子，

$$-\frac{Z_A}{|\boldsymbol{x}_n - \boldsymbol{x}_A|} - \frac{Z_B}{|\boldsymbol{x}_n - \boldsymbol{x}_B|} + \frac{1}{|\boldsymbol{x}_n - \boldsymbol{x}_m|} + \frac{Z_A Z_B}{|\boldsymbol{x}_A - \boldsymbol{x}_B|}$$

を挟む積分として定義されているためで，この定義ではこれらの積分は負値をとる．ハートリー–フォック理論（後述）が定着してからは，クーロン積分，交換積分といえば式（5.30）の定義を指すことが一般的なので，本書もそれにならった．

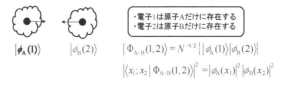

$$\left|\Phi_{AB}(1,2)\right\rangle = N^{-1/2}\left\{\left|\phi_A(1)\right\rangle\left|\phi_B(2)\right\rangle + \left|\phi_B(1)\right\rangle\left|\phi_A(2)\right\rangle\right\}$$

$$\left|\left\langle x_1;x_2\mid\Phi_{AB}(1,2)\right\rangle\right|^2 = N^{-1}\left\{\left|\phi_A(x_1)\right|^2\left|\phi_B(x_2)\right|^2 + \left|\phi_B(x_1)\right|^2\left|\phi_A(x_2)\right|^2\right.$$
$$\left. + \phi_A^*(x_1)\phi_B(x_1)\phi_B^*(x_2)\phi_A(x_2) + \phi_B^*(x_1)\phi_A(x_1)\phi_A^*(x_2)\phi_B(x_2)\right\}$$

$$N = 2\left(1 + \left|S_{AB}\right|^2\right)$$

図 5-5　原子価結合理論のまとめ（電子が二個の場合）

が形成されます．残念ながら，ここまでの情報だけから式(5.34)を証明することはできませんが，具体的な関数を用いた精密な計算によって，この不等式の成立が示されています．

5.2.3　混成軌道とは

　ハイトラーとロンドンが示した原子価結合理論は，（その解釈には不備があったものの）電子を媒介とした強い引力が原子間に働くことの量子力学的根拠を示しました．この考え方は多くの二原子分子の成り立ちに合理的な説明を与えましたが，三原子以上の原子からなる多原子分子に適用しようとすると，少し困った問題に直面します．

　多原子分子の多くは三次元的に広がりのある構造をもっています．例えばメタン分子(CH_4)では，炭素原子を中心として，四個の水素原子が正四面体の頂点を占める構造をもっています．すなわちこの炭素の原子価状態は，正四面体の頂点方向に四個の軌道をもち，しかもその軌道にそれぞれ一個の電子が入っている状態ということになります．また，エチレン(C_2H_4)中の炭素の原子価状態はほぼ正三角形の平面，アセチレン(C_2H_2)では直線形ということになります．これらの原子価状態はいずれも孤立した炭素原子の基底状態とは異なります．すなわち，原子価結合理論では実際の分子の形状に合わせて，それぞれ異なる原子価状態からスタートする必要があるのです．これは炭素だけでなく，窒素や酸素など，水素以外のほとんどすべての原子につ

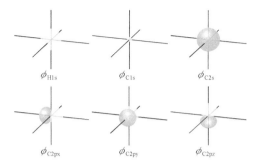

図 5-6 水素と炭素の価電子軌道

いていえることです.

　分子の形状に合わせた原子価状態を想定するために，ポーリング(Pauling)は混成
軌道という概念を提唱しました．混成軌道とは，原子軌道の線形結合によってできる
仮想的な軌道関数です．「仮想的」といったのは，こうして作った混成軌道はハミル
トニアンの固有関数になっていないからです．量子力学では，このような状態を確率
的な重ね合わせの状態と見ます．正四面体の頂点方向に伸びる混成軌道を仮定すれば
メタンの構造が説明できますし，正三角形の頂点方向に伸びる混成軌道であればエチ
レンの構造が説明できるといった具合です.

　水素と炭素の結合では，水素の 1s 軌道，炭素の 2s，$2p_x$，$2p_y$，$2p_z$ が価電子軌道と
なります．炭素の 1s 軌道は空間的にずっと縮まっていて，結合には関与しません.

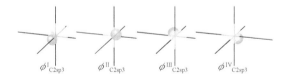

図 5-7 sp^3 混成軌道の等値面

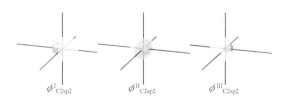

図 5-8 sp^2 混成軌道の等値面

　炭素原子の 2s, 2p$_x$, 2p$_y$, 2p$_z$ 軌道の関数を適当な係数をかけて足し合わせると,**図 5-7** のように正四面体の各頂点を向いた関数ができます. この関数は一個の s 軌道と三個の p 軌道からできているので, sp^3 混成軌道とよばれます. また, 2s, 2p$_x$, 2p$_y$ 軌道の関数に別の適当な係数をかけて足し合わせると, **図 5-8** のように正三角形の各頂点を向いた関数ができて, これは同様の理由で sp^2 混成軌道とよばれます. この他, 2s 軌道と 2p$_x$ 軌道から作られる sp 混成軌道というのもあります.

　混成軌道の関数を記述する際の線形結合の係数は, 本当に「適当」でなくてはなりません. この係数は, 軌道の形が正四面体や正三角形の頂点を向くばかりでなく, 個々の軌道が規格化され, お互いが直交化するように選ばれています. この正規直交性は, 各混成軌道に入っている電子の独立性(一つの混成軌道の電子の運動が, 他の混成軌道の電子の運動に影響を及ぼさないこと)の基礎となります(ただしこの独立性は, 電子間の相互作用を考えたときには厳密には成り立ちません). 混成軌道の関数をブラケット記法で表せば, 式(5.35)のようになります. これは sp^3 混成軌道の場合です.

$$\left|\phi_{sp3}^{I}\right\rangle = \frac{1}{2}(\left|\phi_s\right\rangle + \left|\phi_{px}\right\rangle + \left|\phi_{py}\right\rangle + \left|\phi_{pz}\right\rangle)$$

$$\left|\phi_{sp3}^{II}\right\rangle = \frac{1}{2}(\left|\phi_s\right\rangle - \left|\phi_{px}\right\rangle - \left|\phi_{py}\right\rangle + \left|\phi_{pz}\right\rangle)$$

$$\left|\phi_{sp3}^{III}\right\rangle = \frac{1}{2}(\left|\phi_s\right\rangle + \left|\phi_{px}\right\rangle - \left|\phi_{py}\right\rangle - \left|\phi_{pz}\right\rangle) \qquad (5.35a-d)$$

$$\left|\phi_{sp3}^{IV}\right\rangle = \frac{1}{2}(\left|\phi_s\right\rangle - \left|\phi_{px}\right\rangle + \left|\phi_{py}\right\rangle - \left|\phi_{pz}\right\rangle)$$

　また, sp^2 混成軌道の場合は式(5.36)です.

$$\left|\phi_{sp2}^{I}\right\rangle = \frac{1}{\sqrt{3}}\left|\phi_s\right\rangle + \frac{\sqrt{2}}{\sqrt{3}}\left|\phi_{px}\right\rangle$$

$$\left|\phi_{sp2}^{II}\right\rangle = \frac{1}{\sqrt{3}}\left|\phi_s\right\rangle - \frac{1}{\sqrt{6}}\left|\phi_{px}\right\rangle + \frac{1}{\sqrt{2}}\left|\phi_{py}\right\rangle \qquad (5.36a-c)$$

$$\left|\phi_{sp2}^{III}\right\rangle = \frac{1}{\sqrt{3}}\left|\phi_s\right\rangle - \frac{1}{\sqrt{6}}\left|\phi_{px}\right\rangle - \frac{1}{\sqrt{2}}\left|\phi_{py}\right\rangle$$

　これらの状態ベクトルを二個(同じものでも, 異なるものでも)選んで内積をとってみれば, 混成軌道の正規直交性はすぐに確かめることができます. また, この係数の組だけを抜き取って眺めてみれば, 別の形で正規直交性を表すこともできます. 式(5.36)の両辺に左から$\langle\phi_s|$, $\langle\phi_{px}|$, $\langle\phi_{py}|$ をかける(内積をとる)と, 線形結合の係数を並べた行列を得ることができます. この行列を **C** で表すことにします.

$$\mathbf{C} \equiv \begin{pmatrix} \langle \phi_s | \phi_{sp2}^{I} \rangle & \langle \phi_s | \phi_{sp2}^{II} \rangle & \langle \phi_s | \phi_{sp2}^{III} \rangle \\ \langle \phi_{px} | \phi_{sp2}^{I} \rangle & \langle \phi_{px} | \phi_{sp2}^{II} \rangle & \langle \phi_{px} | \phi_{sp2}^{III} \rangle \\ \langle \phi_{py} | \phi_{sp2}^{I} \rangle & \langle \phi_{py} | \phi_{sp2}^{II} \rangle & \langle \phi_{py} | \phi_{sp2}^{III} \rangle \end{pmatrix} = \frac{1}{\sqrt{6}} \begin{pmatrix} \sqrt{2} & \sqrt{2} & \sqrt{2} \\ 2 & -1 & -1 \\ 0 & \sqrt{3} & -\sqrt{3} \end{pmatrix} \quad (5.37)$$

行列 $\mathbf{C}$ には特徴的な性質があります．$\mathbf{C}$ の転置行列を $\mathbf{C}^{\mathrm{T}}$ と書くと，$\mathbf{C}\mathbf{C}^{\mathrm{T}} = \mathbf{C}^{\mathrm{T}}\mathbf{C} = \mathrm{I}$（単位行列）となるのです．

$$\mathbf{C}^{\mathrm{T}} = \frac{1}{\sqrt{6}} \begin{pmatrix} \sqrt{2} & 2 & 0 \\ \sqrt{2} & -1 & \sqrt{3} \\ \sqrt{2} & -1 & -\sqrt{3} \end{pmatrix} \quad (5.38)$$

このような性質をもつ行列を直交行列といいます．正規直交化されている混成軌道の係数行列は，必ず直交行列になります．

次に，混成軌道のエネルギーについて考えてみます．前提条件として，原子軌道の状態ベクトル $|\phi_s\rangle$, $|\phi_{2px}\rangle$, ... はハミルトニアンの固有ベクトルであり，

$$\langle \phi_i | \phi_j \rangle = \delta_{ij}, \ (i, j = \{s, p_x, p_y, p_z\})$$
$$\mathcal{H}|\phi_s\rangle = \alpha_s|\phi_s\rangle, \ \mathcal{H}|\phi_{px}\rangle = \alpha_p|\phi_{px}\rangle, \ \mathcal{H}|\phi_{py}\rangle = \alpha_p|\phi_{py}\rangle, \ \mathcal{H}|\phi_{pz}\rangle = \alpha_p|\phi_{pz}\rangle \quad (5.39)$$

の関係が成り立つものとします．先に触れたように，混成軌道はハミルトニアンの固有関数にはなっていないので，固有エネルギーを考えることはできません．代わりに，エネルギーの期待値を計算してみます．sp^2 軌道のうちの任意の一つを取り上げて計算すると，

$$\begin{aligned} \langle \phi_{sp2}^{I} | \mathcal{H} | \phi_{sp2}^{I} \rangle &= \left\{ \frac{1}{\sqrt{3}}\langle \phi_s | + \frac{\sqrt{2}}{\sqrt{3}}\langle \phi_{px} | \right\} \mathcal{H} \left\{ \frac{1}{\sqrt{3}}|\phi_s\rangle + \frac{\sqrt{2}}{\sqrt{3}}|\phi_{px}\rangle \right\} \\ &= \frac{1}{3}\langle \phi_s | \mathcal{H} | \phi_s \rangle + \frac{\sqrt{2}}{3}\langle \phi_{px} | \mathcal{H} | \phi_s \rangle + \frac{\sqrt{2}}{3}\langle \phi_s | \mathcal{H} | \phi_{px} \rangle + \frac{2}{3}\langle \phi_{px} | \mathcal{H} | \phi_{px} \rangle \\ &= \frac{1}{3}\alpha_s + \frac{2}{3}\alpha_p \end{aligned}$$

$$(5.40)$$

となります．この式の形をよく見ると，一個の s 軌道と二個の p 軌道のエネルギーの算術平均になっていることがわかります．他の sp^2 軌道についても同じ値のエネルギーが得られます．すなわち，式(5.36)のように決められた混成軌道の関数は，正規

直交化され，等しいエネルギー期待値をもつ軌道群だといえます．

5.3　分子構造との関係

5.3.1　多重結合

　原子価結合理論によれば，水素原子間の結合は二個の価電子が二個の原子に共有されることで説明されます．メタン分子についても，炭素原子の原子価状態として sp^3 混成軌道を仮定すれば同じように考えることができます．このように，二個の原子間で二個の価電子が共有されて成り立っている結合を単結合といいます．また，この結合では，結合に関与する軌道関数はいずれも結合軸の回転に関して対称的であり，その形状が s 軌道に類似していることから σ 結合とよばれます（σ はアルファベットの s に対応するから）．

　一方，エチレン分子では，sp^2 混成軌道を仮定することによって五本の σ 結合（一本の C–Cσ 結合と四本の C–Hσ 結合）を説明することができますが，混成軌道に使われなかった $2p_z$ 軌道にはそれぞれ電子が一個ずつ入ったままになっています．実際には，エタンの C–C 結合に比べてエチレンの C–C 結合の方が短く，また結合解離エネルギー（二原子を解離させるのに必要なエネルギー）も大きいことがわかっています（図 5–9）．この事実を説明するには，$2p_z$ の価電子も結合に関与していると考えなくてはなりません．原子価結合理論では，$2p_z$ 軌道の間についても電子の共有に起因す

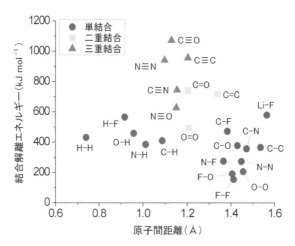

図 5–9　原子間距離と結合解離エネルギーの関係

る結合力が生じると考えます．この結合は，関与する軌道関数がいずれも結合軸を含むある面に関して反対称的であり，その形状がp軌道に類似していることからπ結合とよばれます（πはアルファベットのpに対応するから）．したがって炭素原子間ではσ結合と合わせて四個の価電子が共有されていることになります．このような結合を二重結合といいます．

アセチレンについては，炭素原子間に一本のσ結合と一本のπ結合を考えても，さらに$2p_y$軌道に価電子が残っています．この軌道間でもπ結合を考えることができるので，炭素原子は六個の価電子を共有することになります．これを三重結合といいます．実験値を見ると，アセチレンのC-C結合はエチレンの場合よりもさらに短く，結合解離エネルギーも大きくなっているので，この考え方は妥当であるといえます．

図5-9より，炭素間のσ結合はおおむね400 kJ/molで，π結合は一本あたりおおむね300 kJ/molであることが読み取れます．他の原子の組み合わせでも傾向はだいたい同じで，単結合 → 二重結合 → 三重結合と変わるにつれて結合距離は短くなり，結合解離エネルギーも大きくなります．ここでついでに，単結合の中でも結合距離や結合解離エネルギーに差が生じていることに着目しましょう．C，N，O，Fの間でできる単結合はおおむね1.4 Åですが，結合解離エネルギーには100 ～ 500 kJ/molの幅があります．また，Hを含む単結合はさらに結合距離が短く，結合解離エネルギーが大きくなっています．CとF，HとFなど，元素周期表の離れた位置にある元素同士の組み合わせでエネルギーが大きいことから，これらの結合では共有結合による安定化に加えて，イオン結合の寄与があることがうかがえます．おおむね周期表の左端にある元素は陽イオンになりやすく，右端にある元素は陰イオンになりやすいからです．その極端な例がナトリウムと塩素の組み合わせで，NaClはほぼ完全なイオン結合とみなされています．このように，共有結合とイオン結合は排他的な分類ではなく，一組の原子間の結合のうちに両者の寄与が含まれていると解釈することができます．

ポーリングはこれら結合解離エネルギーの実測値を利用して，元素が電子対を引き付ける強さの尺度を数値化し，これを電気陰性度とよびました（1932年）．その定義は式(5.41)の通りです．

$$|\chi_A - \chi_B|^2 = K\left\{D_{AB} - \sqrt{D_{AA}D_{BB}}\right\} \tag{5.41}$$

現在広く使われている電気陰性度の表では，例えば炭素と水素の電気陰性度は$\chi_C = 2.55$，$\chi_H = 2.20$で，その差は0.35です．C-C，C-H，H-Hの結合解離エネルギーをkJ/mol単位で測った値は$D_{CC} = 350$，$D_{CH} = 410$，$D_{HH} = 430$なので，この場合の係数

K は 0.0055 ということになります．電気陰性度としては他にもマリケン（Mulliken）の定義による値（第 10 章）がよく使われますが，どの定義の値もだいたい同じ値の範囲に収まるように調整されており，元素間の差異もおおむね一致しています．「電子対の引き付けやすさ」という定性的な尺度を数値化することによって，物質を科学的に扱えるように工夫されてきたのです．

　以上のように，共有結合を強める要因としては π 結合の寄与とイオン結合の寄与があります．二重結合や三重結合以外にも，原子の組み合わせによっては d 軌道間の電子共有（δ 結合）が関与する四重結合や五重結合も知られています．これらは総称して多重結合とよばれます．結合の性質を表す指標として，結合次数がよく用いられます．原子価結合理論の枠組みでは，原子間に共有されている電子の数の 2 分の 1 の値が結合次数です．この定義では，単結合，二重結合，三重結合の結合次数はそれぞれ 1, 2, 3 です．

5.3.2　極限構造と共鳴混成体

　混成軌道の考え方の導入によって，原子価結合理論は多くの分子の成り立ちを説明できるようになりました．しかし，それでもなお説明に窮するような分子がありました．例えばベンゼンは図 5-10 のように単結合と二重結合が交互につながった六角形の構造をもっています．この構造の通りであればベンゼン分子は C–C 間の距離が交互に 1.54 Å と 1.34 Å である歪んだ六角形になると予想されますが，種々の実験による測定値はことごとく，一辺が 1.39 Å の正六角形であることを示しています．それだけなら，様々な角度に回転した状態の平均値を見ているのだと解釈することも可能ですが，化学的な性質の面からもこの「歪んだ六角形構造」は否定されているのです．

　ベンゼンに見られるように，単結合で連結された二重結合を共役二重結合といいます（共役はもともと共軛と書き，「繋がっている」「組になっている」という意味．「軛」は二頭立ての馬車などで馬の首をつないで固定する道具）．ポーリングは，共役二重結合を含む化合物（π 共役系化合物）について，共鳴混成体という概念を提唱（1929 年）して，これらの分子の構造と原子価結合理論をうまく両立させました．ベンゼンの場合，まず各炭素原子が sp^2 混成軌道をもつ原子価状態にあり，それぞれが二個の炭素原子と一個の水素原子と結合し，正六角形の構造ができると考えます．各炭素上には電子を一個ずつもつ 2p$_z$ 軌道が残されますが，それらが二個ずつ組になって π 結合を作るには二通りの組み合わせがあります．これらの構造を極限構造といいます．共鳴混成体とは，これら二種類の極限構造が「共鳴」していて，互いに区別できない

図5-10　歪んだ六角形のベンゼン

図5-11　ベンゼンの共鳴混成式

状態だと定義されます．これと類似の考え方は，ベンゼンの六角形構造を提唱したケクレ（Kekulé）によって提案（1865年）されていましたが，ケクレはこの二種類の構造が平衡状態にあると考えていた点で違っています（平衡状態であれば，その二種類は化学反応によって区別しうる）．共鳴混成体は，複数の極限構造を両矢印で結んだ共鳴混成式で表します（図5-11）．

　ポーリングのいう「共鳴」とは，量子力学でいう「確率的な重ね合わせ」とほぼ同じ考え方だといえます．この考え方は先に述べた混成軌道と同じように，元となる構造の線形結合で表すことができます．共鳴混成体の考え方によって，ベンゼンを含めた多くのπ共役系化合物の構造が原子価結合理論の枠組みで理解できるようになりました．中でも，C-C間の結合長や反応性の違いを説明できるようになった点は特に強調しておきましょう．ベンゼン分子では6本のC-C結合はすべて同じ長さでしたが，ナフタレン，アントラセンなどの多環式芳香族炭化水素（「芳香族」の名前の由来は次節で）の分子では必ずしもそうではありません．

　極限構造を考えるには，まずσ結合だけで作られる構造を描いてから，原子価が余らないようにπ結合を書き込んでいきます（場合によってはイオン対ができるような極限構造も考えられるが，今は無視する）．ベンゼンの二種のように，回転などの対称操作で同じになるものでも異なる極限構造として区別します．ただし，π結合をσ結合の右側に引くか左側に引くかということは区別しません．ナフタレン分子の場合には図5-12のような三種類の極限構造が考えられ，これら三種類の構造が共鳴した構造が真の姿であると考えます．一つ一つの構造の寄与を求めるには量子力学に基づく計算が必要になりますが，ここでは簡単のためにどの構造も等しく寄与していると仮定しましょう．共鳴混成は確率的な重ね合わせと同じことですから，電子の確率密度の分布についても線形結合で表すことができるはずです．つまり，それぞれの

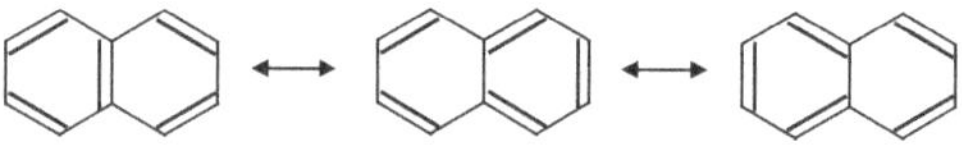

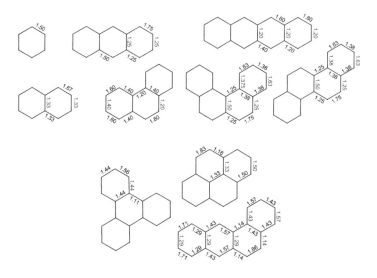

図 5-12　ナフタレンの共鳴混成式

図 5-13　共鳴混成式による平均結合次数

C-C 結合の結合次数の算術平均をとれば，実質的な結合次数が求められます．このようにして，いろいろな分子について得られた結合次数を図 5-13 に示しました*．図 5-14 には，実験(X 線構造解析)で得られた結合長の測定値を挙げておきます．両者を比べてみると，結合次数が大きい結合ほど短くなっていることがわかります．

　共鳴混成式にもとづいて平均化された結合次数はもはや整数値ではありません．ベンゼンの C-C 結合は σ 結合が 1 次，π 結合が 0.5 次で，合計 1.5 次の結合というこ

---

*　ポーリングは原子価結合理論に基づく複雑な波動関数を使って，極限構造の共鳴混成体への寄与率を求めた．ベンゼンの場合は図 5-11 の二つの構造の寄与率は当然 1：1 だが，ナフタレンでは図5-12 の三個の構造の寄与は左から順に 1：0.77：0.77 になる．しかしさすがのポーリングも音を上げたのか，それ以上に大きい分子ではすべての極限構造を同じ比率で足し合わせる方針に転換した．多くの芳香族化合物について本書と同様の方法で平均結合次数を求めているが，彼らはこれを結合次数（bond order）とはよばず，結合数（bond number）と名付けている．

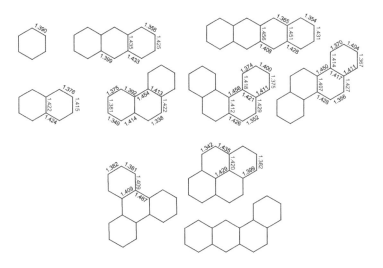

図 5–14 X線構造解析による結合長の実測値(ベンズアントラセンはデータなし)

とになります。単純な比例計算で結合長を見積もってみると 1.44 Å となり,少し実測値に近づきます。ここで示した考え方はたいへん単純化されていますが,それでも様々な π 共役系化合物の構造(結合長のばらつき)を説明するのに役立ちます。このように現実の化合物の電子状態が共鳴混成体で近似できるということは,共鳴することによって何らかのエネルギー的な利得があると考えねばなりません。実際に原子価結合法に基づく計算によってそれを示すことは可能ですが,本書ではそれは割愛し,代わりに分子軌道法による電子状態の記述によって分子の安定性の起源を解き明かしたいと思います(第6章)。

5.3.3 配位結合

共有結合の原子価結合理論に基づく分子構造の説明のもう一つの例として,配位結合を含む化合物群を挙げておきたいと思います。配位結合とは一種の共有結合ですが,原子間で共有される電子対が片方の原子にのみ由来しているという点で狭義の共有結合とは異なっています。例えば,アンモニアとプロトンが反応してアンモニウムイオンができる過程では,窒素原子上にある非共有電子対がプロトンとの間で共有されます。ただしアンモニウムイオンの四本の N–H 結合はどれも等価で,どの水素原子が後から反応したか区別がつきません。配位結合は生成の過程こそ違っても,実態は共有結合なのです。

　金属元素と有機化合物が複合してできる分子を金属錯体(以後単に錯体)といいます．中でも錯体分子の成り立ちが主に配位結合で説明できるものをウェルナー(Werner)型錯体といいます．錯体を形成する代表的な金属イオンは遷移元素の陽イオンです[*1]．遷移元素は，原子の$(n-1)$d 軌道と ns 軌道の占有が不完全な元素と定義することができます(n は周期の番号)．d 軌道に電子が占有されていく元素群を主遷移元素，f 軌道に電子が満たされていく元素群を内遷移元素ともいいます[*2]．なお，12 族元素(Zn, Cd, Hg)は$(n-1)$d 軌道と ns 軌道が完全に占有されているので典型元素に分類されますが，遷移元素と同列に扱われることもあります．12 族元素の陽イオンは ns 軌道に空きができて安定なウェルナー型錯体を形成し，またその錯体の性質が遷移元素の錯体と似ているからです．

　主遷移元素の原子は，基本的には ns 軌道に 1 または 2 個，$(n-1)$d 軌道に 1 ～ 9 個の電子をもち，ほぼ同じ準位の np 軌道は空になっています．陽イオン状態ではほぼ例外なく ns 軌道と np 軌道が空になっています．これらの空軌道と配位原子の非共有電子対の軌道が相互作用してできる結合を配位結合と考えることができます．このとき，$(n-1)$d 軌道の結合形成への寄与は大きくはありませんが，d 軌道内の電子が安定化(または不安定化)することによって錯体の安定性に関与する場合もあります．

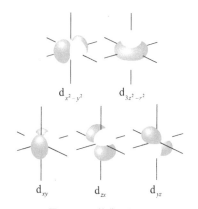

図 5-15　d 軌道の等値面

[*1]　遷移元素の名は，周期表で左側にある典型元素（1,2 族）から右側の典型元素（12 ～ 17 族）へと移り変わる部分に位置することに由来する．19 世紀，メンデレーエフの時代に命名された．

[*2]　内遷移元素にはランタノイド，アクチノイドが含まれる．

表5-1 d軌道の波動関数（角運動量の固有関数型）

L_z	$\psi(r, \theta, \phi)$
0	$r^2 \exp(-r/3)(3\cos^2\theta - 1)$
1	$r^2 \exp(-r/3)\sin\theta\cos\theta\exp(i\varphi)$
-1	$r^2 \exp(-r/3)\sin\theta\cos\theta\exp(-i\varphi)$
2	$r^2 \exp(-r/3)\sin^2\theta\exp(2i\varphi)$
-2	$r^2 \exp(-r/3)\sin^2\theta\exp(-2i\varphi)$

表5-2 d軌道の波動関数（実関数型）

記号	$\psi(x, y, z)$
$d_{3z^2-r^2}$	$\exp(-r/3)(3z^2 - r^2)$
d_{xy}	$\exp(-r/3)xy$
d_{yz}	$\exp(-r/3)yz$
d_{zx}	$\exp(-r/3)zx$
$d_{x^2-y^2}$	$\exp(-r/3)(x^2 - y^2)$

d軌道の波動関数の外形と式を**図5-15**にまとめておきました．角運動量（の2乗）の固有関数として書いた場合は複素数の因子がかかりますが，普通はこれらの間で適当な線形結合をとって実関数にした姿が描かれます．実関数にしたときのxyやx^2-y^2という因子に注目して，d_{xy}軌道，$d_{x^2-y^2}$軌道のようによばれます．

配位結合からなるウェルナー型錯体には，直線型，正方形型，正四面体型，四角錐型，三方両錐型，正八面体型などの様々な構造があります．例えば亜鉛の錯体である(a)テトラアンミン亜鉛(II)イオンと(b)テトラクロロ亜鉛(II)イオンは，いずれも正四面体型構造を示します（**図5-16**）．Zn^{2+}イオンの3d軌道は完全に占有されているため結合への寄与は小さい一方で，4s，$4p_x$，$4p_y$，$4p_z$軌道は空なのでこれらの軌道に配位子由来の8個の電子（配位子4個×各2電子）を受け入れることができます．正四面体の構造から，sp^3混成軌道が形成されていると見ることができます．(a)は全体として+2価，(b)は−2価のイオンとなっているので，配位子の数4は単純に電荷のバランスから決まるものではないということもわかりますね．

金属イオンがZn^{2+}からCu^{2+}になると状況は一変します（**図5-17**）．テトラアンミン銅(II)イオンは正方形ですが，テトラクロロ銅(II)イオンは正四面体型の分子構造

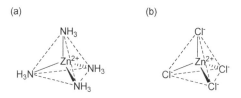

図 5-16　(a)テトラアンミン亜鉛(II)イオンと(b)テトラクロロ亜鉛(II)イオンの構造

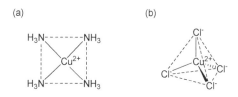

図 5-17　(a)テトラアンミン銅(II)イオンと(b)テトラクロロ銅(II)イオンの構造

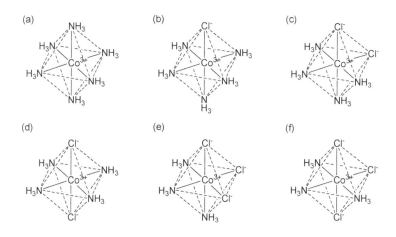

図 5-18　(a)ヘキサアンミンコバルト(III)イオン，(b)モノクロロペンタアンミンコバルト(III)イオン，(c)*cis*-ジクロロテトラアンミンコバルト(III)イオン，(d)*trans*-ジクロロテトラアンミンコバルト(III)イオン，(e)*fac*-トリクロロトリアンミンコバルト(III)イオン，(f)*mer*-トリクロロトリアンミンコバルト(III)イオン

をもちます．全体の電荷は対応する亜鉛錯体と同じですが，d軌道の電子の数がZn^{2+}では 10 個，Cu^{2+}では 9 個となっています．このように，d軌道内の電子の差が構造に劇的な違いを与える例もあります．

　イオンの価数によっても安定な構造は異なります．金属イオンが Co^{2+} の場合，テトラアンミンコバルト(II)イオンは安定に存在できないのに対して，テトラクロロコバルト(II)イオンは，亜鉛や銅のときと同様の正四面体型の分子構造をもちます．かたや Co^{3+} の錯体では，六個の配位子が正八面体型に配置された構造が圧倒的に多いのです．アンモニアと塩化物イオン(三個まで)を配位子にもつ六配位正八面体型錯体が知られています(**図 5-18**)．Co^{2+} の場合とは逆に，ヘキサアンミンコバルト(III)イオンが安定に存在するのに対し，塩化物イオンのみを配位子とする Co^{3+} の錯体は安定に存在できません．

　上記のコバルト錯体のような八面体型の錯体分子では，金属イオン側の原子価状態において，互いに直交する六個の混成軌道の存在が想定されます．このような混成軌道を作るには六個の原子軌道が必要であり，s 軌道と p 軌道だけでは足りません．ここで d 軌道を使います．nd 軌道のうち二個，$(n+1)s$(一個)，$(n+1)p$(三個)を使ってできる軌道を d^2sp^3 混成軌道といいます．第 4 周期遷移元素の場合，3d，4s，4p 軌道が使われます．また $(n+1)s$(一個)，$(n+1)p$(三個)，$(n+1)d$ 軌道のうち二個を使ってできる軌道を sp^3d^2 混成軌道といいます．いずれの場合も軌道を表す式は以下のようになります．

$$\left|\phi_{d2sp3}^{I}\right\rangle = \frac{1}{\sqrt{6}}\left|\phi_{s}\right\rangle + \frac{1}{\sqrt{2}}\left|\phi_{px}\right\rangle + \frac{1}{2}\left|\phi_{dx^2-y^2}\right\rangle - \frac{1}{\sqrt{12}}\left|\phi_{dz^2}\right\rangle$$

$$\left|\phi_{d2sp3}^{II}\right\rangle = \frac{1}{\sqrt{6}}\left|\phi_{s}\right\rangle - \frac{1}{\sqrt{2}}\left|\phi_{px}\right\rangle + \frac{1}{2}\left|\phi_{dx^2-y^2}\right\rangle - \frac{1}{\sqrt{12}}\left|\phi_{dz^2}\right\rangle$$

$$\left|\phi_{d2sp3}^{III}\right\rangle = \frac{1}{\sqrt{6}}\left|\phi_{s}\right\rangle + \frac{1}{\sqrt{2}}\left|\phi_{py}\right\rangle - \frac{1}{2}\left|\phi_{dx^2-y^2}\right\rangle - \frac{1}{\sqrt{12}}\left|\phi_{dz^2}\right\rangle$$

$$\left|\phi_{d2sp3}^{IV}\right\rangle = \frac{1}{\sqrt{6}}\left|\phi_{s}\right\rangle - \frac{1}{\sqrt{2}}\left|\phi_{py}\right\rangle - \frac{1}{2}\left|\phi_{dx^2-y^2}\right\rangle - \frac{1}{\sqrt{12}}\left|\phi_{dz^2}\right\rangle$$

$$\left|\phi_{d2sp3}^{V}\right\rangle = \frac{1}{\sqrt{6}}\left|\phi_{s}\right\rangle + \frac{1}{\sqrt{2}}\left|\phi_{pz}\right\rangle + \frac{1}{\sqrt{3}}\left|\phi_{dz^2}\right\rangle$$

$$\left|\phi_{d2sp3}^{VI}\right\rangle = \frac{1}{\sqrt{6}}\left|\phi_{s}\right\rangle - \frac{1}{\sqrt{2}}\left|\phi_{pz}\right\rangle + \frac{1}{\sqrt{3}}\left|\phi_{dz^2}\right\rangle$$

$$(5.42a-f)$$

　五個ある d 軌道のうち，二つ($d_{x^2-y^2}$ と d_{z^2})だけが特別扱いされているように見えますが，これには妥当な説明が可能です．12.2 節では，錯体における d 軌道の電子状態を説明するモデル(結晶場理論と配位子場理論)について述べます．その中で $d_{x^2-y^2}$ と d_{z^2} だけが特別扱いされる理由も明らかになるでしょう．

第6章 • 分子軌道の考え方

6.1 一電子波動関数

6.1.1 一電子軌道

　分子軌道理論は，分子の電子状態を近似的に記述する目的で発達してきました．電子状態を記述するというのは，すなわち電子の波動関数を求めるということです．「近似的に」とわざわざ書いたのは，「正確に」求めることはできないからです．正確に求めることができるのは，水素原子や水素分子イオンなど電子を一個のみもっている系だけです（これらも，原子核の位置を固定する近似が入る）．電子が二個以上になると，たとえ原子核の位置を固定したとしても正確な波動関数を求めることはできません．多電子系の波動関数を近似的に求める手段として，現在もっとも有力な理論の一つが分子軌道理論です．

　分子軌道理論の基本となるのは，一電子軌道です．これは，分子の原子核の位置を固定したうえで，核が作る電場の中に束縛された電子一個の運動状態を記述する波動関数です．この波動関数は，核が作る静電ポテンシャルを考慮したシュレーディンガー方程式の解です．ここで，電子一個の座標のみに依存するハミルトニアン（一電子ハミルトニアン）を $\hat{h}$ と書くことにします．

$$\hat{h}\psi(\boldsymbol{r}) = \left[-\frac{\hbar^2}{2m}\nabla^2 - \sum_k \frac{Z_k e^2}{4\pi\varepsilon_0 |\boldsymbol{r} - \boldsymbol{R}_k|} \right]\psi(\boldsymbol{r}) = \varepsilon\psi(\boldsymbol{r}) \tag{6.1}$$

これは第2章で見た原子のシュレーディンガー方程式とよく似た形をしています．異なる点は，ポテンシャルエネルギーの項が原点に置かれた単一の核電荷ではなく，異なる位置 $(\boldsymbol{R}_i)$ に置かれた複数の核電荷 (Z_i) についての和になっていることです．この方程式の解は無限個存在します．解は固有関数である $\psi(\boldsymbol{r})$ と固有値 ε の組として得られ，$\psi(\boldsymbol{r})$ は電子の波動関数を，ε はそのエネルギーを表します．この波動関数は分子の形状をすっぽりと覆いつくすような形をしているはずです．これは，原子の波動関数が核をすっぽりと覆いつくす形状であったことから類推されます．また，エネ

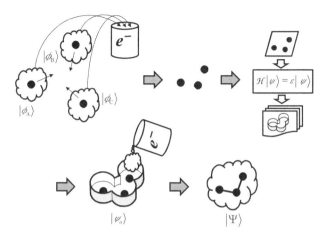

図 6-1 分子軌道理論による分子の成り立ちの説明

ギーが高くなるに従って，関数がもつ節（関数値が 0 となる面）の数が増えていくこと
が予想されます．このような一電子軌道を分子軌道といいます．

　分子軌道の波動関数を求める具体的な方法については次節で扱うとして，とりあえ
ずこのような関数が得られたという前提で話を進めます．複数の電子をもつ原子の電
子状態を記述する際には，エネルギーの低い軌道から順に二個の電子（α スピンと β
スピン）を収容していきました．分子の場合も同様に考えて，低い軌道から順に二個
ずつ収容していけばよさそうです．このとき収容する電子の数は，考えている分子の
荷電状態によって決まります．水分子であれば電気的に中性なので，電子の数は酸素
原子核一個と水素原子核二個と釣り合うように 10 個必要です．アンモニウムイオン
であれば総計で正電荷が一個多くなりますから，電子の数はやはり 10 個です．

　原子価結合理論と分子軌道理論で，分子の成り立ちがそれぞれどのように説明され
るか，水分子を例にとってみましょう（**図 6-2**）．原子価結合理論では，分子を構成す
る原子は原子価状態からスタートします．水分子の酸素原子は 8 個の電子をもってい
ますが，そのうち結合に関与するのは価電子の 6 個なので，内殻電子の二個は無視し
ておきます．酸素原子は基底状態では $(2s)^2(2p)^4$ の電子配置をもっていますが，
H–O–H の結合角が 104.5 度であることを考慮して原子価状態では sp^2 混成軌道を作っ
ていると考えます（実は sp^3 でも構いませんし，混成軌道を考えなくてもよいのです
けれど）．三個の sp^2 混成軌道のうち二つの軌道が水素原子と結合を作ります．残り
の一つと $2p_z$ 軌道はもともと電子対で満たされているので，非共有電子対となります．

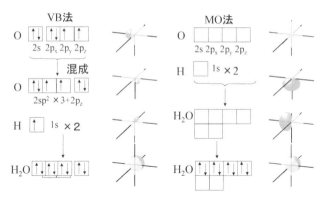

図 6-2　原子価結合理論と分子軌道理論による分子の成り立ちの比較

一方分子軌道理論では，原子は電子をすべて取り去った裸の核の状態からスタートします．酸素原子核と二個の陽子が配置された場を運動する電子のシュレーディンガー方程式の解として，無限個の分子軌道が得られます．これらの軌道に，エネルギーの低い方から電子を 10 個収容します．ただし内殻電子は結合に関与しないと見て，核＋内殻電子を仮想的な核とみなす(この場合核電荷ではなく有効核電荷を使う)ことも多く，**図 6-2** ではその方式で書かれています．したがってあらかじめ原子から取り上げておいた 8 個の価電子が，4 個の分子軌道に収容されることになります．

6.1.2　**LCAO 近似**

　分子軌道は，分子全体に広がる波動関数です．対称性の高い分子や単純な形状の分子であればまだしも，任意の形状の分子に対してそれを覆いつくすような関数を解析的に求めるのは容易ではありません．不可能とはいわないまでも，効率のいいやり方ではないことは確かです．分子軌道の波動関数を求めるには，構成する原子の原子軌道の関数を基底として用い，その線形結合係数を最適化するのが一般的です．この方法を LCAO–MO 法といいます．LCAO とは linear combination of atomic orbitals の略です．これは任意の関数がマクローリン展開や有限フーリエ展開で近似的に表現できるのと似ています．

　ある分子軌道 ψ_a を原子軌道の線形結合で表すには，一組の係数が必要です．

$$|\psi_a\rangle = c_{Aa}|\phi_A\rangle + c_{Ba}|\phi_B\rangle \cdots + c_{Na}|\phi_N\rangle = \sum_X^N c_{Xa}|\phi_X\rangle \tag{6.2}$$

ここで$\{c_{Xa}\}$はLCAO軌道係数，または単にLCAO係数とよばれます．$|\phi_A\rangle$, $|\phi_B\rangle$, ⋯ $|\phi_N\rangle$は原子軌道で，和記号の中では，$|\phi_X\rangle$で代表されています．これらの原子軌道は基底とよばれることもあります．基底となる原子軌道は規格化されていることはもちろんのこと，直交化されていればなお便利です．単一の原子に属している原子軌道は直交していますが，離れた位置にある原子の原子軌道が直交している保証はありません（というより実際直交しません）．実際の分子軌道法では，直交しない基底関数系を直交するように変換して方程式を解くのですが，本書では簡単のために分子内の原子軌道は初めから規格化され，直交しているものと考えます．

例えば水素分子の分子軌道は，二個の水素原子A，Bの1s軌道の線形結合で近似することができます．

$$\begin{cases} |\psi_a\rangle = c_{Aa}|\phi_A\rangle + c_{Ba}|\phi_B\rangle \\ |\psi_b\rangle = c_{Ab}|\phi_A\rangle + c_{Bb}|\phi_B\rangle \end{cases} \tag{6.3a, b}$$

水素分子はAとBが等価ですから，$|c_{Aa}| = |c_{Ba}|$，かつ$|c_{Ab}| = |c_{Bb}|$となるはずです．また，規格化条件を満たす必要がありますから，結局，解は，

$$\begin{cases} c_{Aa} = \dfrac{1}{\sqrt{2}}, \ c_{Ba} = \dfrac{1}{\sqrt{2}} \\ c_{Ab} = \dfrac{1}{\sqrt{2}}, \ c_{Bb} = -\dfrac{1}{\sqrt{2}} \end{cases} \tag{6.4a, b}$$

の二通りに決まってしまいます．これは対称な二原子分子であればこその単純な例です．一般の分子ではこのようにはいきません．

LCAO-MO法では，分子軌道を求めることイコールLCAO係数の組$\{c_{Xa}\}$を求めることです．基底関数の数が多くなるほど，最終的に得られる関数の精度は上がりますが，それだけ求めなければならない係数の数も増えてしまいます．基底関数が10個あれば求められる分子軌道の数も10個になり，LCAO係数の数は$10 \times 10 = 100$個です．やみくもに値を変化させても最適な値にたどり着くことはできません．そもそも何をもって「最適」とするのでしょうか．それには以下の変分原理という考え方を使います．

適当に決められた係数の組$\{c_{Xa}\}$で作られた軌道関数を$\tilde{\psi}_a$とします．これを試行関数といいます．試行関数はハミルトニアンの正確な固有関数である分子軌道関数の線形結合で表されるはずです（これを基底の完全性といいます）．

$$|\tilde{\psi}\rangle = \sum_b \lambda_b |\psi_b\rangle \tag{6.5}$$

次に試行関数によるエネルギーの期待値を考えます．これはハミルトニアンを挟んだ形(内積)になります．

$$
\begin{aligned}
\langle \tilde{\psi} | \mathcal{H} | \tilde{\psi} \rangle &= \sum_{b'}^{\infty} \lambda_{b'}^* \langle \psi_{b'} | \mathcal{H} \sum_b^{\infty} \lambda_b | \psi_b \rangle \\
&= \sum_{b'}^{\infty} \sum_b^{\infty} \lambda_{b'}^* \lambda_b \langle \psi_{b'} | \mathcal{H} | \psi_b \rangle \\
&= \sum_{b'}^{\infty} \sum_b^{\infty} \lambda_{b'}^* \lambda_b \varepsilon_b \delta_{b'b} = \sum_b^{\infty} |\lambda_b|^2 \varepsilon_b \geq \varepsilon_0 \sum_b^{\infty} |\lambda_b|^2 = \varepsilon_0
\end{aligned} \tag{6.6}
$$

ここで，ε_b は ψ_b と組になる軌道エネルギーですが，これが任意の b について最低の軌道エネルギー以上であるということを利用しました．式(6.6)は，適当に作った試行関数の軌道エネルギー期待値は，真の最低軌道エネルギーを下回ることはない，ということを意味しています．そうなるとことは簡単で，係数の組 $\{c_{Xa}\}$ を適当に動かして $\langle \tilde{\psi} | H | \tilde{\psi} \rangle$ が極小値をとるようにしてやればいいのです．ただし全くでたらめに動かしていいわけではなく，分子軌道の規格化条件は満たすようにしないといけません．このように拘束条件付きの変数群に対して極値を求める方法としてはラグランジュの未定乗数法が知られていますが，ここではそれと等価な結果を与える別の方法で $\{c_{Xa}\}$ が満たすべき条件を導いてみましょう．

まず，LCAO 近似で表した分子軌道 $|\psi_a\rangle$ がハミルトニアンの固有関数になると仮定し，両辺をそれぞれ LCAO 展開します．

$$
\begin{aligned}
\mathcal{H} |\psi_a\rangle &= \varepsilon_a |\psi_a\rangle \\
\mathcal{H} \{ c_{Aa} |\phi_A\rangle + c_{Ba} |\phi_B\rangle + \cdots + c_{Na} |\phi_N\rangle \} &= \varepsilon_a \{ c_{Aa} |\phi_A\rangle + c_{Ba} |\phi_B\rangle + \cdots + c_{Na} |\phi_N\rangle \}
\end{aligned} \tag{6.7}
$$

この式の両辺に左から $\langle \phi_A |$ をかける(内積をとる)と，

$$
\begin{aligned}
\langle \phi_A | \mathcal{H} \{ c_{Aa} |\phi_A\rangle + c_{Ba} |\phi_B\rangle + \cdots + c_{Na} |\phi_N\rangle \} &= \varepsilon_a \langle \phi_A | \{ c_{Aa} |\phi_A\rangle + c_{Ba} |\phi_B\rangle + \cdots + c_{Na} |\phi_N\rangle \} \\
c_{Aa} \langle \phi_A | \mathcal{H} | \phi_A\rangle + c_{Ba} \langle \phi_A | \mathcal{H} | \phi_B\rangle + \cdots + c_{Na} \langle \phi_A | \mathcal{H} | \phi_N\rangle &= \varepsilon_a c_{Aa} \langle \phi_A | \phi_A\rangle + c_{Ba} \langle \phi_A | \phi_B\rangle + \cdots + c_{Na} \langle \phi_A | \phi_N\rangle \\
&= \varepsilon_a c_{Aa}
\end{aligned}
$$

$$\tag{6.8}$$

となります．これを $\langle \phi_B |$，$\cdots \langle \phi_N |$ についても同様に行うと，

$$c_{Aa}\langle\phi_A|\mathcal{H}|\phi_A\rangle + c_{Ba}\langle\phi_A|\mathcal{H}|\phi_B\rangle \cdots + c_{Na}\langle\phi_A|\mathcal{H}|\phi_N\rangle = \varepsilon_a c_{Aa}$$
$$c_{Aa}\langle\phi_B|\mathcal{H}|\phi_A\rangle + c_{Ba}\langle\phi_B|\mathcal{H}|\phi_B\rangle \cdots + c_{Na}\langle\phi_B|\mathcal{H}|\phi_N\rangle = \varepsilon_a c_{Ba}$$
$$\vdots$$
$$c_{Aa}\langle\phi_N|\mathcal{H}|\phi_A\rangle + c_{Ba}\langle\phi_N|\mathcal{H}|\phi_B\rangle \cdots + c_{Na}\langle\phi_N|\mathcal{H}|\phi_N\rangle = \varepsilon_a c_{Na}$$

$$(6.9)$$

という一連の方程式群が得られます．これを連立方程式として行列で表すことができます．

$$\begin{pmatrix} \langle\phi_A|\mathcal{H}|\phi_A\rangle & \langle\phi_A|\mathcal{H}|\phi_B\rangle & \cdots & \langle\phi_A|\mathcal{H}|\phi_N\rangle \\ \langle\phi_B|\mathcal{H}|\phi_A\rangle & \langle\phi_B|\mathcal{H}|\phi_B\rangle & \cdots & \langle\phi_B|\mathcal{H}|\phi_N\rangle \\ \vdots & \vdots & \ddots & \vdots \\ \langle\phi_N|\mathcal{H}|\phi_A\rangle & \langle\phi_N|\mathcal{H}|\phi_B\rangle & \cdots & \langle\phi_N|\mathcal{H}|\phi_N\rangle \end{pmatrix} \begin{pmatrix} c_{Aa} \\ c_{Ba} \\ \vdots \\ c_{Na} \end{pmatrix} = \varepsilon_a \begin{pmatrix} c_{Aa} \\ c_{Ba} \\ \vdots \\ c_{Na} \end{pmatrix} \quad (6.10)$$

これは行列の固有値方程式になっています．このような方程式は行列の次元の数だけ解の組があります．行列 $\mathbf{H}$, $\mathbf{C}$, $\mathbf{E}$ をそれぞれ，

$$\mathbf{H} = \begin{pmatrix} \langle\phi_A|\mathcal{H}|\phi_A\rangle & \langle\phi_A|\mathcal{H}|\phi_B\rangle & \cdots & \langle\phi_A|\mathcal{H}|\phi_N\rangle \\ \langle\phi_B|\mathcal{H}|\phi_A\rangle & \langle\phi_B|\mathcal{H}|\phi_B\rangle & \cdots & \langle\phi_B|\mathcal{H}|\phi_N\rangle \\ \vdots & \vdots & \ddots & \vdots \\ \langle\phi_N|\mathcal{H}|\phi_A\rangle & \langle\phi_N|\mathcal{H}|\phi_B\rangle & \cdots & \langle\phi_N|\mathcal{H}|\phi_N\rangle \end{pmatrix},$$

$$(6.11)$$

$$\mathbf{C} = \begin{pmatrix} c_{Aa} & c_{Ab} & \cdots & c_{An} \\ c_{Ba} & c_{Bb} & \cdots & c_{Bn} \\ \vdots & \vdots & \ddots & \vdots \\ c_{Na} & c_{Nb} & \cdots & c_{Nn} \end{pmatrix}, \qquad \mathbf{E} = \begin{pmatrix} \varepsilon_a & 0 & \cdots & 0 \\ 0 & \varepsilon_b & \cdots & 0 \\ \vdots & \vdots & \ddots & \vdots \\ 0 & 0 & \cdots & \varepsilon_n \end{pmatrix}$$

とすれば，

$$\mathbf{HC} = \mathbf{CE} \qquad (6.12)$$

と書くことができます．これが LCAO 係数の組が満たすべき条件です．$\mathbf{H}$ はハミルトニアンをこの基底系で表現した行列です．$\mathbf{H}$ 行列をよく見ると，よく似た要素があります．ブラケットで書いた内積の約束として，

$$\langle\phi_A|\mathcal{H}|\phi_B\rangle = (\langle\phi_B|\mathcal{H}|\phi_A\rangle)^* \qquad (6.13)$$

というのがありますから，**H** の要素がすべて実数ならば **H** は対称行列です．**E** は対角項以外がすべて 0 の行列で，このような行列を対角行列といいます．

LCAO 係数を格納した行列 **C** は直交行列（一般にはユニタリ行列）になっています．つまり，

$$CC^T = C^TC = I \qquad (6.14)$$

が成り立ちます．これは混成軌道の係数を集めた行列 **C** について成り立っていた関係と同じですね．これは，分子軌道が規格直交化されていることを意味しています．式(6.12)の両辺に左から **C**^{T} をかけ，式(6.14)の関係を使うと，

$$C^THC = C^TCE$$
$$= E \qquad (6.15)$$

となります．**C**^{T} と **C** で挟むことを直交変換（一般にはユニタリ変換）といいます（→Mas Math ノート 18【ユニタリ変換と対角化】）．この場合は，**C** を用いた直交変換により **H** は対角行列 **E** に変換されました．この変換を対角化といいます．実は数学の定理により，任意の対称行列は，それを対角化する直交行列が必ず存在します．ハミルトニアンの表現行列はその成り立ちから考えて当然対称行列になるので，これを対角化するような LCAO 係数の組が必ず存在するのです．

基底関数が多くなるほど分子軌道の正確さは上がっていきますが，ハミルトニアンの表現行列のサイズも大きくなっていきます．しかし，大きな行列の対角化のような計算は，実は計算機が得意とするところで，相性がいいのです．そのため次第に応用範囲が広がり，実用的な電子状態計算という面では原子価結合理論を凌駕しています．

Mas Math ノート 18

【ユニタリ変換と対角化】

式(6.14)を満たす行列が直交行列とよばれるのは，**C** の各列ベクトル c_i が規格化され，互いに直交しているからです．**C** の成分を複素数にまで拡張して，

$$CC^\dagger = C^\dagger C = I \qquad (M18.1)$$

が成り立つとき **C** をユニタリ行列といいます．ここで†（ダガー，dagger）記号は各成分の複素共役をとって転置することを表します．ユニタリ行列を，式(6.15)のよ

うな形で行列の両側からかけることをユニタリ変換といいます．ユニタリ変換は直交基底系を回転させて別の直交基底系に変換することに相当し，ユニタリ変換を受けた行列は新しい基底系での表現行列になります．

直交基底系 $\{\mathbf{u}_i\}$ を $\{\mathbf{v}_i\}$ に変換したとき，基底 $\{\mathbf{v}_j\}$ を $\{\mathbf{u}_i\}$ 系で表したベクトルが $\mathbf{c}_j$ であったとします．

$$\mathbf{v}_j = \sum_{k=1}^{n} (\mathbf{c}_j)_k \mathbf{u}_k = \sum_{k=1}^{n} (\mathbf{C})_{kj} \mathbf{u}_k \tag{M18.2}$$

左から $\mathbf{u}_i$ をかけると，$\mathbf{v}_j$ との内積が $\mathbf{C}$ の i, j 成分になることがわかります．

$$\mathbf{u}_i \cdot \mathbf{v}_j = \sum_{k=1}^{n} \mathbf{C}_{kj} \mathbf{u}_i \cdot \mathbf{u}_k = \mathbf{C}_{ij} \tag{M18.3}$$

$\{\mathbf{u}_i\}$ 系での表現が $\boldsymbol{x}_{\mathrm{u}}$ であるベクトル $\mathbf{x}$ を考えます．

$$\mathbf{x} = \sum_{k=1}^{n} (\boldsymbol{x}_{\mathrm{u}})_k \mathbf{u}_k \tag{M18.4}$$

$\mathbf{x}$ の $\{\mathbf{v}_i\}$ 系での表現を $\boldsymbol{x}_{\mathrm{v}}$ とすると，その i 成分は $\mathbf{x}$ と $\mathbf{v}_i$ の内積で与えられます．式 (M18.4) の右から $\mathbf{v}_i$ をかけて以下の関係を得ます．

$$\begin{aligned}
(\boldsymbol{x}_{\mathrm{v}})_i = \mathbf{x} \cdot \mathbf{v}_i &= \sum_{k=1}^{n} (\boldsymbol{x}_{\mathrm{u}})_k \mathbf{u}_k \cdot \mathbf{v}_i \\
&= \sum_{k=1}^{n} (\boldsymbol{x}_{\mathrm{u}})_k \mathbf{C}_{ki} = (\mathbf{C}^{\mathrm{T}} \boldsymbol{x}_{\mathrm{u}})_i
\end{aligned} \tag{M18.5}$$

$$\boldsymbol{x}_{\mathrm{v}} = \mathbf{C}^{\mathrm{T}} \boldsymbol{x}_{\mathrm{u}} \tag{M18.6}$$

$\{\mathbf{u}_i\}$ 系で表現された行列 $\mathbf{A}_{\mathrm{u}}$ が $\boldsymbol{x}_{\mathrm{u}}$ を $\boldsymbol{y}_{\mathrm{u}}$ に一次変換するとします．

$$\mathbf{A}_{\mathrm{u}} \boldsymbol{x}_{\mathrm{u}} = \boldsymbol{y}_{\mathrm{u}} \tag{M18.7}$$

$\mathbf{C}$ の直交性を利用すると，

$$\begin{aligned}
\mathbf{C}^{\mathrm{T}} \mathbf{A}_{\mathrm{u}} \mathbf{C} \mathbf{C}^{\mathrm{T}} \boldsymbol{x}_{\mathrm{u}} &= \mathbf{C}^{\mathrm{T}} \boldsymbol{y}_{\mathrm{u}} \\
\mathbf{C}^{\mathrm{T}} \mathbf{A}_{\mathrm{u}} \mathbf{C} \boldsymbol{x}_{\mathrm{v}} &= \boldsymbol{y}_{\mathrm{v}}
\end{aligned} \tag{M18.8}$$

この変換は基底系を $\{\mathbf{v}_i\}$ に変えても同じように成り立っているはずですから，行列 $\mathbf{A}_{\mathrm{u}}$ の $\{\mathbf{v}_i\}$ 系での表現は，

$$\mathbf{A}_{\mathrm{v}} = \mathbf{C}^{\mathrm{T}} \mathbf{A}_{\mathrm{u}} \mathbf{C} \tag{M18.9}$$

でなくてはなりません．

量子化学でユニタリ変換が特に重要になるのは，$\mathbf{c}_i$ が行列 $\mathbf{B}$ の固有ベクトルになっているときです．

$$\mathbf{B}\mathbf{c}_i = b_i\mathbf{c}_i \tag{M18.10}$$

この式は各 i について n 個書けることになりますが，b_i を対角成分とする，非対角成分がすべて 0 の行列を $\mathbf{b}$ と書けば，

$$\mathbf{B}\mathbf{C} = \mathbf{C}\mathbf{b} \tag{M18.11}$$

という一つの式にまとめることができます．$\mathbf{b}$ のような行列を対角行列といいます．$\mathbf{C}$ の性質を使って，

$$\mathbf{C}^{\mathrm{T}}\mathbf{B}\mathbf{C} = \mathbf{b} \tag{M18.12}$$

とすれば $\mathbf{b}$ はユニタリ変換の結果であることがわかります．このとき，「$\mathbf{C}$ は $\mathbf{B}$ を対角化するユニタリ行列である」といいます．

6.1.3　分子軌道の意味

　分子軌道法の特徴は，多電子系の分子の波動関数をたいへん見通しよく記述できることです．具体的な近似法は 6.2 節で述べるとして，ここでは単純な二電子系の記述例を示しておきます．分子軌道は一電子軌道で，二個の電子の間に相互作用も無視します．このときハミルトニアンは一電子ハミルトニアンの和として表されます．

$$\mathcal{H} = \hat{h}_1 + \hat{h}_2 \tag{6.16}$$

これは暗に，異なる軌道に入っている電子同士は干渉せず独立に運動するということを示唆しています．二個の電子が入る分子軌道を ψ_a，ψ_b とすると，これらの分子軌道は式(6.17)に示すシュレーディンガー方程式を満たすものとします．

$$\begin{aligned}\hat{h}_i|\psi_a(i)\rangle &= \varepsilon_a|\psi_a(i)\rangle \\ \hat{h}_i|\psi_b(i)\rangle &= \varepsilon_b|\psi_b(i)\rangle\end{aligned} \qquad (i=1,\ 2) \tag{6.17a,b}$$

ここで，ε_a，ε_b は ψ_a，ψ_b に対応する固有値で，軌道エネルギーといいます．軌道エネルギー ε_{x} はほとんどの場合負の値になります．全体の電子状態ベクトルは直積の形，

$$|\Psi(1,2)\rangle = |\psi_a(1)\rangle|\psi_b(2)\rangle \tag{6.18}$$

で書くことができます(→Mas Math ノート 15【直積】). この状態が全ハミルトニアンの固有状態になっているということは,

$$\mathcal{H}|\Psi(1,2)\rangle = E|\Psi(1,2)\rangle \tag{6.19}$$

が成り立つということです. 式(6.19)に式(6.16-18)を代入すると, 左辺は,

$$
\begin{aligned}
(\hat{h}_1 + \hat{h}_2)|\psi_a(1)\rangle|\psi_b(2)\rangle &= \hat{h}_1|\psi_a(1)\rangle|\psi_b(2)\rangle + \hat{h}_2|\psi_a(1)\rangle|\psi_b(2)\rangle \\
&= \varepsilon_a|\psi_a(1)\rangle|\psi_b(2)\rangle + \varepsilon_b|\psi_a(1)\rangle|\psi_b(2)\rangle \\
&= (\varepsilon_a + \varepsilon_b)|\psi_a(1)\rangle|\psi_b(2)\rangle
\end{aligned}
\tag{6.20}
$$

と変形することができ, 最終的に,

$$E = \varepsilon_a + \varepsilon_b \tag{6.21}$$

という関係が得られます. これはあたかも, ψ_a, ψ_b に入っている電子がそれぞれ ε_a, ε_b というエネルギーをもっていて, その和が系全体のエネルギーになる, といっているように見えます. 式(6.16-18)の一連の流れは見た目よりも重要な意味をもっています. 式(6.20)は二個の電子の座標が複雑に絡み合っていますが, 実はそれぞれの電子についての一電子の式(6.17)に変数分離できるということなのです. これは, 二電子以上の系についても基本的には同じことで, 一電子シュレーディンガー方程式の解である分子軌道が得られれば, 電子が入っている軌道の分だけ軌道エネルギーを加算していけば全エネルギーが(近似的に)求まります.

$$E = \varepsilon_a + \varepsilon_b \cdots + \varepsilon_n = \sum_x \varepsilon_x \tag{6.22}$$

ここまでは文字通り一電子軌道, つまり一個の軌道は一個の電子を収容しうるという前提で話を進めてきました. このような取り扱いは, 電子が奇数個であったり, α スピンと β スピンの電子の数が異なっていたりする系(開殻系)には必須です. しかし実際には, 分子中に α スピンと β スピンの電子が同数あり, スピン対を作っている系(閉殻系)の分子を扱うことが多いと思います. 閉殻系の分子を扱う場合には, α スピンの電子と β スピンの電子が共通の分子軌道を占有できると仮定できます. ただし, スピンが区別できないと何かと不便なので,

$$|\psi_a\rangle|\alpha\rangle \to |\psi_a\rangle$$
$$|\psi_a\rangle|\beta\rangle \to |\bar{\psi}_a\rangle \quad\quad (6.23)$$

と定義しなおすことにします．このとき式(6.18)は，

$$|\Psi(1,2)\rangle = |\psi_a(1)\rangle|\bar{\psi}_a(2)\rangle \quad\quad (6.18)'$$

と書き換えられます(これ以降，式(6.23)に基づく式の書き換えには式番号にプライム記号「′」をつけて表します)．この記法では ψ_a は電子を二個まで収容することができるので，電子の個数を n_a として式(6.22)は，

$$E = n_a\varepsilon_a + n_b\varepsilon_b \cdots + n_x\varepsilon_n = \sum_x n_x\varepsilon_x \quad\quad (6.22)'$$

と書くことができます($n_a = \{0,\ 1,\ 2\}$)．

いくつかの分子軌道には特別な名前が付けられています．必要な電子数を収容した状態で，電子を二個収容している軌道を総称して占有軌道または被占軌道(occupied orbitals)といい，電子が入っていない軌道を空軌道または非占有軌道(unoccupied orbitals, virtual orbitals)といいます．占有軌道のうちで最も高いエネルギーの軌道を最高被占軌道(highest occupied molecular orbital)といい，略して HOMO ともよびます．また，空軌道のうちで最も低いエネルギーの軌道を最低空軌道(lowest unoccupied molecular orbital)といい，略して LUMO ともよびます．総電子数が奇数個の場合は，電子を一個しかもたない軌道が必ず存在します．そのような軌道を半占軌道(singly-occupied molecular orbital)といい，略して SOMO とよびます．HOMO，LUMO，SOMO，そしてそれに近いエネルギーをもつ軌道はフロンティア軌道とよばれます．フロンティア軌道は原子でいえば価電子軌道のような役割をもっていて，分子の化学的性質を大きく左右します．化学反応の選択性におけるフロンティア軌道の役割を明らかにした功績で，福井謙一はホフマン(Hoffmann)とともにノーベル賞を受賞しています(1981 年)．

式(6.22)′を利用して，分子の性質をエネルギーの観点で説明してみましょう．いま，HOMO まで電子が二個ずつ収容された，無荷電の分子があるとします．この分子の HOMO から電子を一個抜き取って一価の陽イオン(＝カチオン(cation))にする際に必要なエネルギー(イオン化ポテンシャル)はどう表されるでしょうか．E_{cat} を陽イオンのエネルギー，E_{nue} を無荷電分子のエネルギーとすると，その差 $\Delta_{cat}E$ は

$$\Delta_{cat}E = E_{cat} - E_{neu}$$
$$= \left(\sum_x^{HOMO} 2\varepsilon_x - \varepsilon_{HOMO} \right) - \sum_x^{HOMO} 2\varepsilon_x \tag{6.24}$$
$$= -\varepsilon_{HOMO}$$

となります（$\varepsilon_{HOMO} < 0$ に注意）．よって分子は，陽イオン化したことによって $-\varepsilon_{HOMO}$ だけ不安定化することになります．$-\varepsilon_{HOMO}$ のエネルギーを加えれば HOMO の電子を取り出すことができるので，つまりイオン化ポテンシャルは $-\varepsilon_{HOMO}$ です．逆にこの分子の LUMO に電子が外から入ってきて一価の陰イオン（＝アニオン（anion））になったときに系が安定化する分のエネルギー（電子親和力）はどれほどでしょうか．

$$\Delta_{ani}E = E_{ani} - E_{neu}$$
$$= \left(\sum_x^{HOMO} 2\varepsilon_x + \varepsilon_{LUMO} \right) - \sum_x^{HOMO} 2\varepsilon_x \tag{6.25}$$
$$= \varepsilon_{LUMO}$$

よって分子は，陰イオン化したことによって $-\varepsilon_{LUMO}$ だけ安定化することになり（$\varepsilon_{LUMO} < 0$ に注意），電子親和力は $-\varepsilon_{LUMO}$ ということになります．以上からわかることは，HOMO の準位が高い分子は電子を失いやすい，すなわち酸化されやすい分子で，LUMO の準位が低い分子は電子を得やすい，すなわち還元されやすい分子だということです．電子の出し入れが起こる軌道は HOMO や LUMO だけとは限りませんが，一般に ψ_x から電子が抜き取られる際のイオン化ポテンシャルは $-\varepsilon_x$，逆に電子が入る際の電子親和力も $-\varepsilon_x$ となります．

6.2 多電子波動関数

6.2.1 スレーター行列式

6.1 節では二電子系の状態ベクトルを示しましたが，一般に多電子系の電子状態を考えるときも直積で記述することができます．

$$|\Psi(1,2,3\cdots,m)\rangle = |\psi_a(1)\rangle|\psi_b(2)\rangle|\psi_c(3)\rangle\cdots|\psi_n(m)\rangle \tag{6.26}$$

このように，多電子系の電子状態を一電子軌道の電子状態の直積で表したものをハートリー積といいます．しかし，これは何かおかしいと思いませんか．実際には電子には 1, 2, 3 などの名前がついているわけではないですから，軌道 a に入っているの

は電子 1 だと思っていたら，いつの間にか電子 2 にすり替わっていた，などということがあるかもしれません．なので，電子 1 と 2 の軌道を入れ替えた，

$$|\Psi(1,2,3\cdots,m)\rangle = |\psi_b(1)\rangle|\psi_a(2)\rangle|\psi_c(3)\rangle\cdots|\psi_n(m)\rangle \tag{6.27}$$

もやはり同じ重みで考えなくてはなりません．しかし同じ重みであっても符号は正負の二択があります．同様の問題は二電子系を考えた時点で発生するのですが，実は解決策はすでに 3.2.3 項で触れています．二電子系の状態ベクトルを，

$$|\Psi(1,2)\rangle = \frac{1}{\sqrt{2}}\{|\psi_a(1)\rangle|\psi_b(2)\rangle - |\psi_b(1)\rangle|\psi_a(2)\rangle\} \tag{6.28}$$

と書けばよいのです．これはもともとパウリの禁制律を満たすために導入された方法でした．式(6.28)はまた行列式の形で，

$$|\Psi(1,2)\rangle = \frac{1}{\sqrt{2}}\begin{vmatrix} |\psi_a(1)\rangle & |\psi_a(2)\rangle \\ |\psi_b(1)\rangle & |\psi_b(2)\rangle \end{vmatrix} \tag{6.29}$$

と書くこともできます*.

　行列式の性質として，

（ⅰ）　任意の二つの行（または二つの列）を入れ替えると符号が反転する．

（ⅱ）　ある行（または列）を k 倍すると行列式は k 倍になる．

（ⅲ）　ある行（または列）を k 倍して他の行（または列）に加えても行列式は不変．

というのがあります．式(6.29)は，このうち（ⅰ）の性質を利用して，電子の交換に関する反対称性の要請を満たしているのです．この方法は一般の多電子系に容易に応用することができます．

---

* 　式（6.29）では行列の基底であるはずのケットベクトルを行列の要素であるかのように書いているので混乱を招くかもしれない．数を要素とする普通の行列では要素同士の積を加えたり引いたりして行列式を作るが，式（6.29）では要素同士の積をベクトルの直積と読み替えて行列式の形にせよという演算を表している．式（3.13）にならって波動関数の形に書き換えるときは，

$$\langle \xi_1;\xi_2|\Psi(1,2)\rangle = \frac{1}{\sqrt{2}}\begin{vmatrix} \langle \xi_1|\psi_a(1)\rangle & \langle \xi_2|\psi_a(2)\rangle \\ \langle \xi_1|\psi_b(1)\rangle & \langle \xi_2|\psi_b(2)\rangle \end{vmatrix} = \frac{1}{\sqrt{2}}\begin{vmatrix} \psi_a(\xi_1) & \psi_a(\xi_2) \\ \psi_b(\xi_1) & \psi_b(\xi_2) \end{vmatrix}$$

$$= \frac{1}{\sqrt{2}}\{\psi_a(\xi_1)\psi_b(\xi_2) - \psi_b(\xi_1)\psi_a(\xi_2)\}$$

と約束する．

$$|\Psi(1,2,3\cdots,m)\rangle = \frac{1}{\sqrt{m!}} \begin{vmatrix} |\psi_a(1)\rangle & |\psi_a(2)\rangle & |\psi_a(3)\rangle & \cdots & |\psi_a(m)\rangle \\ |\psi_b(1)\rangle & |\psi_b(2)\rangle & |\psi_b(3)\rangle & \cdots & |\psi_b(m)\rangle \\ |\psi_c(1)\rangle & |\psi_c(2)\rangle & |\psi_c(3)\rangle & \cdots & |\psi_c(m)\rangle \\ \vdots & \vdots & \vdots & \ddots & \vdots \\ |\psi_n(1)\rangle & |\psi_n(2)\rangle & |\psi_n(3)\rangle & \cdots & |\psi_n(m)\rangle \end{vmatrix} \quad (6.30)$$

このように多電子系の電子状態を行列式で表し，パウリの禁制律を満たすようにしたものをスレーター行列式といいます．スレーター行列式は，$m \times m$ の行列の行列式ですから，式(6.26)や式(6.27)のような項が $m!$ 個含まれています．したがって全体に $1/\sqrt{m!}$ という規格化定数をかけなくてはなりません．

閉殻系では一つの分子軌道に電子のスピン対が形成されるので，式(6.30)は以下のように書き換えられます．

$$|\Psi(1,2,3\cdots,m)\rangle = \frac{1}{\sqrt{m!}} \begin{vmatrix} |\psi_a(1)\rangle & |\psi_a(2)\rangle & |\psi_a(3)\rangle & \cdots & |\psi_a(m)\rangle \\ |\bar{\psi}_a(1)\rangle & |\bar{\psi}_a(2)\rangle & |\bar{\psi}_a(3)\rangle & \cdots & |\bar{\psi}_a(m)\rangle \\ |\psi_b(1)\rangle & |\psi_b(2)\rangle & |\psi_b(3)\rangle & \cdots & |\psi_b(m)\rangle \\ \vdots & \vdots & \vdots & \ddots & \vdots \\ |\bar{\psi}_n(1)\rangle & |\bar{\psi}_n(2)\rangle & |\bar{\psi}_n(3)\rangle & \cdots & |\bar{\psi}_n(m)\rangle \end{vmatrix} \quad (6.30)'$$

このように書くと，スピン状態との関係も見通しがよくなってきます．ここでは簡単のために再び二電子系に戻ることにしましょう．

$$|\Psi(1,2)\rangle = \frac{1}{\sqrt{2}} \begin{vmatrix} |\psi_a(1)\rangle & |\psi_a(2)\rangle \\ |\bar{\psi}_a(1)\rangle & |\bar{\psi}_a(2)\rangle \end{vmatrix} = \frac{1}{\sqrt{2}} |\psi_a(1)\rangle |\psi_a(2)\rangle \begin{vmatrix} |\alpha(1)\rangle & |\alpha(2)\rangle \\ |\beta(1)\rangle & |\beta(2)\rangle \end{vmatrix}$$
$$= \frac{1}{\sqrt{2}} |\psi_a(1)\rangle |\psi_a(2)\rangle \{|\alpha(1)\rangle|\beta(2)\rangle - |\beta(1)\rangle|\alpha(2)\rangle\} \quad (6.31)$$

これはハートリー積とスピン一重項状態の固有関数(3.2節)の積になっています．

ここで，この分子軌道を水素分子と仮定して，水素原子の 1s 軌道の線形結合で表してみます．

$$|\psi_a\rangle = \frac{1}{\sqrt{2}}\{|\phi_A\rangle + |\phi_B\rangle\} \quad (6.32)$$

これを式(6.31)に代入すると，

	◇電子が1個	◇電子が2個
■原子価結合理論	$\|\Phi(1)\rangle$ $= N^{-1/2}\{\|\phi_A(1)\rangle + \|\phi_B(1)\rangle\}$	$\|\Phi(1,2)\rangle$ $= N^{-1/2}\{\|\phi_A(1)\rangle\|\phi_B(2)\rangle + \|\phi_B(1)\rangle\|\phi_A(2)\rangle\}$
■分子軌道理論	$\|\Psi(1)\rangle$ $= N^{-1/2}\|\psi_a(1)\rangle$ ⬇ LCAO近似 $= N^{-1/2}\{\|\phi_A(1)\rangle + \|\phi_B(1)\rangle\}$	$\|\Psi(1,2)\rangle$ $= N^{-1/2}\|\psi_a(1)\rangle\|\psi_b(2)\rangle$ ⬇ LCAO近似 $= N^{-1/2}\{\|\phi_A(1)\rangle\|\phi_B(2)\rangle + \|\phi_B(1)\rangle\|\phi_A(2)\rangle$ $+ \|\phi_A(1)\rangle\|\phi_A(2)\rangle + \|\phi_B(2)\rangle\|\phi_B(2)\rangle\}$

図 6-3　原子価結合法と分子軌道法の比較

$$|\Psi(1,2)\rangle = N^{-1/2}\{|\phi_A(1)\rangle + |\phi_B(1)\rangle\}\{|\phi_A(2)\rangle + |\phi_B(2)\rangle\}\{|\alpha(1)\rangle|\beta(2)\rangle - |\beta(1)\rangle|\alpha(2)\rangle\}$$

(6.33)

となります．ただし規格化定数はひとまとめに $N^{-1/2}$ としました．水素分子の電子状態については原子価結合法のところでも触れましたから，ここで両者の比較をしてみたいと思います（**図 6-3**）．簡単のため，図ではスピン部分は省略しています．

図 6-3 の比較でわかるのは，二電子系の電子状態を記述する際に，原子価結合理論では原子軌道の直積をとってから線形結合をとっているのに対し，分子軌道理論では線形結合をとってから直積をとっているということです．**図 6-3** で赤く網掛けした部分は，原子価結合理論と分子軌道理論とで同じ表式であることに気づくでしょう．この一致は分子軌道を原子軌道の線形結合（LCAO）で近似しているために起きたということに注意しましょう（このような見かけの類似は，両理論を混同する原因となります）．これらの項は電子が原子 A と原子 B にまたがって存在している（電子が原子 A と原子 B に共有されている）ことを表すもので，結合エネルギーにおける共有結合の寄与を表しています．

一電子系の場合は両理論の式は全く同じですが，二電子系では分子軌道理論の方にのみ，青く網掛けした部分が加わります．これは式（6.33）の空間軌道部分（スピン以外の部分）をさらに展開した結果，

$$\{|\phi_A(1)\rangle + |\phi_B(1)\rangle\}\{|\phi_A(2)\rangle + |\phi_B(2)\rangle\}$$
$$= |\phi_A(1)\rangle|\phi_B(2)\rangle + |\phi_B(1)\rangle|\phi_A(2)\rangle + |\phi_A(1)\rangle|\phi_A(2)\rangle + |\phi_B(1)\rangle|\phi_B(2)\rangle$$

(6.34)

となるからです．これらの項は，電子1と電子2がともに原子Aに属している，またはともに原子Bに属していることを表すもので，化学結合におけるイオン結合の寄与を表しています．反応式で書けば以下のようになります．

A・ + B・　→　A:B　　　　（共有結合の寄与）

A・ + B・　→　(A:)⁻ + (B)⁺ or (A)⁺ + (B:)⁻　　　　（イオン結合の寄与）

したがって単純に解釈すれば，原子価結合理論ではイオン結合の寄与を全く取り入れられていないのに対し，分子軌道理論では共有結合とイオン結合を1:1の割合で考慮しているといえます．分子軌道理論によるこの扱いは，分子によってはイオン結合の寄与を過大評価することにもなるでしょう．結局，どちらの理論も近似である以上完璧ではありません．もちろん，それぞれの弱点をカバーするような補正方法も開発されています．

6.2.2　ハートリー–フォック理論

全ハミルトニアンが一電子ハミルトニアンの和の形，

$$\mathcal{H} = \hat{h}_1 + \hat{h}_2 + \hat{h}_3 \cdots + \hat{h}_m = \sum_i^m \hat{h}_i \tag{6.35}$$

で表される場合は，系の電子状態をハートリー積で表してもスレーター行列式で表しても，エネルギーの固有値は全く同じになります．このようなハミルトニアンに対しては，式(6.27)のように任意に電子を入れ替えた積も同じ固有値をもつ固有状態になるからです．多電子系の分子においては，実はこのような仮定は正しくありません．電子間の静電相互作用を考えると，必然的に電子1と電子2の両方の座標に依存するエネルギー項が出てくるからです．スレーター行列式が意味をもってくるのは，ハミルトニアンの中に電子間の相互作用を考慮したときです．このようなハミルトニアンを使って得られた分子軌道は，電子が互いに影響を及ぼしあう効果が反映されます．

以下に説明するハートリー–フォック(Hatree–Fock；HF)理論は，電子間の相互作用と電子の反対称性を取り入れた計算手法で，分子軌道理論の標準的な方法です．いまや分子軌道法といえばほぼHF法を指すといってもいいでしょう．HF法では，ハミルトニアンとして一電子演算子 h_i と二電子演算子 v_{ij} の和を考えます．二電子演算子の和で $j > i$ となっているのは，二電子の組の数え上げの重複を避けるためです．

$$\hat{H} = \sum_i^m \hat{h}_i + \sum_i^m \sum_{j>i}^m \hat{v}_{ij} \tag{6.36a}$$

一電子演算子の内容は運動エネルギーと電子 – 核間の静電ポテンシャルエネルギーです.

$$\hat{h}_i = -\frac{\hbar^2}{2m}\nabla_i^2 - \sum_k \frac{Z_k e^2}{4\pi\varepsilon_0 |\boldsymbol{r}_i - \boldsymbol{R}_k|} \tag{6.36b}$$

二電子演算子の内容は電子–電子間の静電ポテンシャルエネルギーです.

$$\hat{v}_{ij} = \frac{e^2}{4\pi\varepsilon_0 |\hat{\boldsymbol{r}}_i - \hat{\boldsymbol{r}}_j|} \tag{6.36c}$$

式(6.36)のハミルトニアンと式(6.30)の全電子状態ベクトルを用いると,以下のようなシュレーディンガー方程式が成り立ちます.

$$\mathcal{H}|\Psi(1,2,3,\cdots m)\rangle = E|\Psi(1,2,3,\cdots m)\rangle \tag{6.37}$$

この式の両辺に全電子状態のブラベクトルをかける(内積をとる)と,全エネルギー E が求まります.

$$
\begin{aligned}
E &= \langle\Psi(1,2,3,\cdots m)|\mathcal{H}|\Psi(1,2,3,\cdots m)\rangle \\
&= \sum_x^n \langle\psi_x(1)|\hat{h}_1|\psi_x(1)\rangle + \sum_x^n \sum_{y>x}^n \langle\psi_x(1)|\langle\psi_y(2)|v_{12}|\psi_x(1)\rangle|\psi_y(2)\rangle \\
&\quad - \sum_x^n \sum_{y>x}^n \langle\psi_x(1)|\langle\psi_y(2)|v_{12}|\psi_x(2)\rangle|\psi_y(1)\rangle
\end{aligned}
\tag{6.38}
$$

式(6.38)中の後半では,和が電子ではなく ψ_x についてとられていることに注意してください.電子は互いに区別することはできないので,どの電子が入るかによってエネルギーは変わりません.代表して電子 1,電子 2 を使って和をとれば十分なのです.この式変形の詳細については詳しく書く余裕がないので,ザボ&オストランド著(大野ら訳)「新しい量子化学」などの成書を参考にしてください.

式(6.38)中の,二電子が関わる項に注目します.

$$
\begin{aligned}
J_{xy} &= \langle\psi_x(1)|\langle\psi_y(2)|v_{12}|\psi_x(1)\rangle|\psi_y(2)\rangle \\
K_{xy} &= \langle\psi_x(1)|\langle\psi_y(2)|v_{12}|\psi_y(1)\rangle|\psi_x(2)\rangle
\end{aligned}
\tag{6.39a, b}
$$

と定義するとき,J_{xy} をクーロン積分,K_{xy} を交換積分とよびます.これらを○○積分とよぶのは,実際の計算を行うときには電子の座標で積分を行うからです.

$$J_{xy} = \int\int \psi_x^*(\boldsymbol{r_1})\psi_y^*(\boldsymbol{r_2})\hat{v}_{12}\psi_x(\boldsymbol{r_1})\psi_y(\boldsymbol{r_2})\,\mathrm{d}\boldsymbol{r_1}\mathrm{d}\boldsymbol{r_2}$$
$$K_{xy} = \int\int \psi_x^*(\boldsymbol{r_1})\psi_y^*(\boldsymbol{r_2})\hat{v}_{12}\psi_y(\boldsymbol{r_1})\psi_x(\boldsymbol{r_2})\,\mathrm{d}\boldsymbol{r_1}\mathrm{d}\boldsymbol{r_2}$$
$$\text{(6.40a)}$$

クーロン積分は,

$$J_{xy} = \int\int v_{12}\left|\psi_x(\boldsymbol{r_1})\right|^2\left|\psi_y(\boldsymbol{r_2})\right|^2\,\mathrm{d}\boldsymbol{r_1}\mathrm{d}\boldsymbol{r_2} \qquad \text{(6.40b)}$$

と書き換えることができます. これは分子軌道 ψ_x にある電子 1 と分子軌道 ψ_y にある電子 2 の間の静電反発のエネルギーと解釈することができます. これがクーロン積分の名前の由来です. 一方, 交換積分はこのような単純な古典的解釈ができません. それは, 被積分関数の中で電子 1 と電子 2 の座標が一部交換されているからです. これが交換積分の名前の由来です. この電子の交換は, もとはといえば全電子波動関数をスレーター行列式で表現したことに由来しています.

　個々の分子軌道は以下の「疑似」固有値方程式の解となります.

$$\mathcal{F}|\psi_a\rangle = \varepsilon_a|\psi_a\rangle \qquad \text{(6.41)}$$

ここで $\mathcal{F}$ をフォック演算子, ε を軌道エネルギーといいます. この式をわざわざ「疑似」固有値方程式といったのは, 演算子の中身が,

$$\mathcal{F} = \hat{h} + \mathcal{J} - \mathcal{K}$$
$$\left(\begin{array}{l} \mathcal{J}|\psi_a(1)\rangle = \sum_x^n \langle\psi_x(2)|v_{12}|\psi_x(2)\rangle|\psi_a(1)\rangle \\[2mm] \mathcal{K}|\psi_a(1)\rangle = \sum_x^n \langle\psi_x(2)|v_{12}|\psi_a(1)\rangle|\psi_x(2)\rangle \end{array}\right) \qquad \text{(6.42)}$$

となっているためです. 演算子 $\mathcal{J}$ と $\mathcal{K}$ は, その中に $|\psi_a\rangle$ そのものを含んでいます. $|\psi_a\rangle$ を求めるための演算子なのに, その中に $|\psi_a\rangle$ が入っているのは, 因果が循環しています. 式(6.41)のような方程式を非線形方程式といいます.

　演算子 $\mathcal{J}$ と $\mathcal{K}$ は, 注目している電子以外のすべての電子が作る平均的なポテンシャル場を表していると解釈することができます. その意味で HF 近似は, 物理学で広く使われる「平均場近似」とよばれる方法の一つだといえます. この方程式を満たす分子軌道関数は, その軌道に電子が収容されたときに作られるポテンシャル演算子 $\mathcal{J}$, $\mathcal{K}$ を表現するのに使われます. そうして作られた $\mathcal{J}$, $\mathcal{K}$ は演算子 $\mathcal{F}$ の一部となって, もとの分子軌道を解とする固有値方程式を形成するのです. $\mathcal{J}$, $\mathcal{K}$ を表現するための分子軌道の組と $\mathcal{F}$ の固有関数となる分子軌道の組が正確に同じになったときが, こ

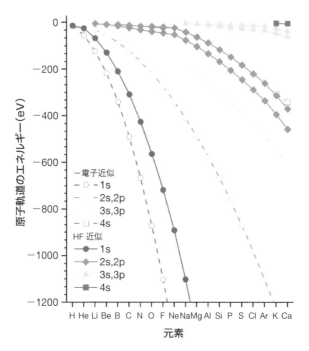

図6-4　ハートリー–フォック（HF）法で求めた原子軌道のエネルギー

の方程式が解けたときです．それには，最初にある分子軌道の組を仮定して繰り返し代入するなどの工夫が必要です．この解が得られた状態を「つじつまの合う場」または「自己無撞着場」（self-consistent field, SCF と略）とよびます．この一連の操作によって分子軌道を求める方法をハートリー–フォック法（HF法）といいます．

　HF理論では軌道エネルギーが次式で表されます．

$$\varepsilon_a = h_a + \sum_x^n (J_{ax} - K_{ax}) \tag{6.43}$$

一電子積分にクーロン積分と交換積分の項が加わっているため，全エネルギーは電子が占有している軌道の軌道エネルギーの総和にはなりません．

$$E = \sum_a^n \varepsilon_a - \frac{1}{2} \sum_{a,b}^n (J_{ab} - K_{ab}) \tag{6.44}$$

式(6.22)と比べると，クーロン積分と交換積分で補正されていることがわかります．

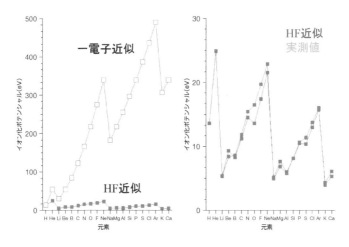

図6-5 原子のイオン化ポテンシャル

　本書ではHF理論そのものについてこれ以上深くは触れませんが，HF近似を取り入れたことによって，計算結果が目覚ましく改善されることだけ示しておきましょう．**図6-4**はH〜Ca原子の軌道エネルギーの計算値です(塗り丸)．**図3-1**で示した有効核電荷を利用した水素様原子の波動関数と比べると，2sと2p，3sと3pがそれぞれ分裂していることがわかりますね．HF法による計算値は，水素様原子の計算値に比べて総じてエネルギーが上がっています．これは多電系における電子間の相互作用によってエネルギーが上昇しているためです．HOMOの軌道エネルギーの符号を反転させた値はイオン化ポテンシャルに相当するので，その値をプロットしてみます(**図6-5**)．HF近似では一電子近似に比べてイオン化ポテンシャルがかなり小さくなっています(図左)が，実測値と比べると驚くほどよく合っていることがわかります(図右)．

　また，HF法によって分子のエネルギーを計算し，最も安定な構造を求めた際の結合長を**図6-6**に示します．カッコ内に示したのはX線構造解析法によって求めた測定値です．計算値と測定値はたいへんよい相関を示します(**図6-7**)．**図6-7**右には参考として，共鳴混成式に基づく平均結合次数と測定値の相関も示しました．相関の高さは，HF法と同程度に見えます．単純に原子間を線でつなぐだけで得られる値が定性的には電子状態をよく説明できているというのは，共鳴混成式の妥当性を支持しています．ポーリングの直観には驚かされます．

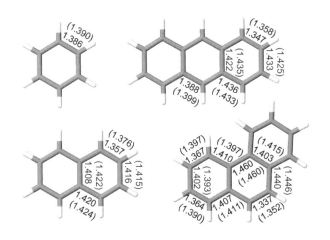

図 6-6　HF 法で計算した最安定構造における結合距離

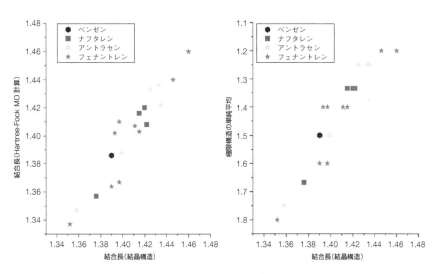

図 6-7　HF 法により構造最適化で求めた結合長（左）と極限構造の単純平均で求めた結合次数（右）．それぞれ実験値（横軸）との相関

第7章 •π共役系分子の分子軌道

7.1 ヒュッケル近似

7.1.1 クーロン積分と共鳴積分

　分子軌道理論による多電子系分子の電子状態は，定量的に分子のエネルギーや分子構造パラメータを計算するのに役立っています．分子軌道理論に基づく電子状態の記述は，π共役系化合物や金属錯体を含めた多様な分子群に適用できることが示され，また計算機による処理との相性もよかったため次第に応用範囲が広がり，実用的な電子状態計算という面では原子価結合理論を凌駕しています．しかし，大きな次元の行列を対角化や，SCF条件の達成のための繰り返し手続きが必要とされ，その計算にはコンピュータが必須です．コンピュータとの相性のよさで分子軌道法の利用価値が高まった反面，計算内容自体はブラックボックス化されてしまい，結果の解釈を間違いかねないという問題もあります．この節では，分子軌道法を極度に単純化したヒュッケル(Hückel)法を導入し，計算によって得られる種々の値に対する理解を深めたいと思います．

　ヒュッケルは，π共役系分子の電子状態を量子化学的に記述する目的でヒュッケル法を考案しました(1931年)．ヒュッケル法には数々の大胆な近似が入っているため定量性はありませんが，芳香族化合物の安定性の起源を明らかにし，いくつかの化学反応の選択性を説明することに成功しました．ヒュッケル法で用いられる近似をヒュッケル近似といいます．まず，ハミルトニアンの定義です．HF法でも出発点として用いたハミルトニアンを，以下のように一電子演算子の和で書けるようにします．

$$\mathcal{H} = \sum_i^m h_i + \sum_i^m \sum_{j>i}^m v_{ij} \equiv \sum_i^m h_{\text{eff},i} \tag{7.1}$$

　ここで$h_{\text{eff},i}$を有効(effective)ハミルトニアンとよびます．電子間の反発などもすべてひっくるめて，一電子がもつエネルギーを表す演算子です．ただし，そのようなエネルギーは分子によって異なるので，このようなハミルトニアンを解析的に求めるこ

とはできません.

ハミルトニアンが一電子演算子の和で表されるので,全電子の状態ベクトルはハートリー積で表すことができます.

$$|\Psi(1,2,3\cdots,m)\rangle = |\psi_a(1)\rangle|\psi_b(2)\rangle|\psi_c(3)\rangle\cdots|\psi_n(m)\rangle \tag{7.2}$$

また,扱う系は基本的に閉殻系であろうという前提で,式(6.23)の記法で書き換えておきます.

$$|\Psi(1,2,3\cdots,m)\rangle = |\psi_a(1)\rangle|\bar{\psi}_a(2)\rangle|\psi_b(3)\rangle\cdots|\bar{\psi}_n(m)\rangle \tag{7.2$'$}$$

それぞれの分子軌道関数は,$h_{\mathrm{eff},i}$ の固有関数です.電子の区別をする必要もないので,添え字 i はとってしまいます.

$$\hat{h}_{\mathrm{eff}}|\psi_x\rangle = \varepsilon_x|\psi_x\rangle \tag{7.3}$$

各分子軌道は,分子を構成する原子の原子軌道で LCAO 展開します.

$$|\psi_x\rangle = \sum_X^N c_{Xx}|\phi_X\rangle \tag{7.4}$$

ここで考えるのは π 結合の分子軌道ですから,基底となる原子軌道は $2\mathrm{p}_z$ 軌道です.これら $2\mathrm{p}_z$ 軌道は規格直交化されているものとします.

$$\langle\phi_X|\phi_Y\rangle = \delta_{XY} \tag{7.5}$$

式(2.49)と同様にして,LCAO 係数を求めるための固有値方程式が得られます.

$$\begin{pmatrix} \langle\phi_A|\hat{h}_{\mathrm{eff}}|\phi_A\rangle & \langle\phi_A|\hat{h}_{\mathrm{eff}}|\phi_B\rangle & \cdots & \langle\phi_A|\hat{h}_{\mathrm{eff}}|\phi_N\rangle \\ \langle\phi_B|\hat{h}_{\mathrm{eff}}|\phi_A\rangle & \langle\phi_B|\hat{h}_{\mathrm{eff}}|\phi_B\rangle & \cdots & \langle\phi_B|\hat{h}_{\mathrm{eff}}|\phi_N\rangle \\ \vdots & \vdots & \ddots & \vdots \\ \langle\phi_N|\hat{h}_{\mathrm{eff}}|\phi_A\rangle & \langle\phi_N|\hat{h}_{\mathrm{eff}}|\phi_B\rangle & \cdots & \langle\phi_N|\hat{h}_{\mathrm{eff}}|\phi_N\rangle \end{pmatrix} \begin{pmatrix} c_{Aa} \\ c_{Ba} \\ \vdots \\ c_{Na} \end{pmatrix} = \varepsilon_a \begin{pmatrix} c_{Aa} \\ c_{Ba} \\ \vdots \\ c_{Na} \end{pmatrix} \tag{7.6}$$

ここでハミルトニアンの表現行列を近似的に求めるため,行列成分をパラメータ化します.有効ハミルトニアンを同じ ϕ_X で挟んだ内積は,一律に α とします.これをクーロン積分とよびます.クーロン積分という名称は HF 理論のときにも出てきましたが,それとは違うものなので注意が必要です.

$$\langle\phi_X|\hat{h}_{\mathrm{eff}}|\phi_X\rangle = \alpha \tag{7.7}$$

α は原子軌道にある電子がもつエネルギーの期待値なので，負の値です．π 共役系の分子であれば $-10\,\mathrm{eV}$ くらいの値と思っておけばよいでしょう．原子 X と原子 Y が異なる場合，その関係によって内積は二通りにわかれます．

$$\langle \phi_X | \hat{h}_{\mathrm{eff}} | \phi_Y \rangle = \begin{cases} \beta & (\text{X と Y の間に} \sigma \text{結合がある}) \\ 0 & (\text{上記以外}) \end{cases} \tag{7.8}$$

このような積分を共鳴積分とよびます．原子 X と原子 Y の間に σ 結合がある場合は共鳴積分を β，そうでない場合は 0 とします．β は $-1\,\mathrm{eV}$ ほどの値です．共鳴積分は古典的には説明しにくい量ですが，波としての電子が運動しているときに，近くの電子の波を同調させようとする力の尺度だと思えばよいでしょう．これを理解するためには，**図 7-1** の連結ばねのアナロジーが役に立つと思います．天井から強いばねでつるされた二個の錘が，弱いばねでつながれている状況を考えます．この錘の連結体がどのような固有振動数をもつかという問題は二つの運動方程式を連立させて解けばよいのですが，そこで出てくるのは行列の固有値方程式です．この時点で分子軌道法との関連性がうかがわれますね．解き方はさておき，結果は二つの錘が同じ位相で振動する解と逆位相振動する解となります．ここで，弱いばねは二つの錘の位相関係を調整する役割をもっています．この弱いばねの力の定数が共鳴積分に対応すると考えてください．ヒュッケル近似では，原子が一定以上離れていてほとんど相互作用がないと思われる場合は思い切って 0 にしてしまいます．これは，錘が離れている場合には弱いばねで結ばないということに対応します．ヒュッケルは，このようにハミルト

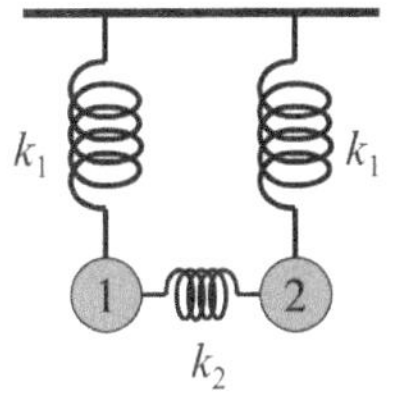

$$F_1 = -k_1 x_1 - k_2(x_1 - x_2) = m\frac{d^2 x_1}{dt^2} = -Kx_1$$

$$F_2 = -k_1 x_2 - k_2(x_2 - x_1) = m\frac{d^2 x_2}{dt^2} = -Kx_2$$

行列で表現 $\Rightarrow$
$$\begin{pmatrix} k_1+k_2 & -k_2 \\ -k_2 & k_1+k_2 \end{pmatrix}\begin{pmatrix} x_1 \\ x_2 \end{pmatrix} = K\begin{pmatrix} x_1 \\ x_2 \end{pmatrix}$$

$$K = k_1,\ k_1 + 2k_2$$

$K = k_1$ のとき　　$\omega_1 = \sqrt{\dfrac{k_1}{m}},\ (x_1, x_2) = \left(\dfrac{1}{\sqrt{2}}\exp[i\omega_1 t],\ \dfrac{1}{\sqrt{2}}\exp[i\omega_1 t]\right)$

$K = k_1+2k_2$ のとき　　$\omega_2 = \sqrt{\dfrac{k_1+2k_2}{m}},\ (x_1, x_2) = \left(\dfrac{1}{\sqrt{2}}\exp[i\omega_2 t],\ -\dfrac{1}{\sqrt{2}}\exp[i\omega_2 t]\right)$

図 7-1　連結ばねのアナロジー

ニアンの表現行列を極度に単純化することによって，手計算でも解くことができるように工夫したのです．

7.1.2　計算例

実際にいくつかの分子についてヒュッケル法による分子軌道計算を行ってみましょう．まずエチレン分子の π 電子の分子軌道を考えます．分子軌道は原子 A，B の $2p_z$ 軌道の線形結合で近似します．

$$|\psi_x\rangle = c_{Ax}|\phi_A\rangle + c_{Bx}|\phi_B\rangle \tag{7.9}$$

次にクーロン積分の値を考えます．

$$\langle\phi_A|\hat{h}_{\mathrm{eff}}|\phi_A\rangle = \langle\phi_B|\hat{h}_{\mathrm{eff}}|\phi_B\rangle = \alpha \tag{7.10}$$

原子 A と原子 B は σ 結合で結ばれているので，共鳴積分は β です．

$$\langle\phi_A|\hat{h}_{\mathrm{eff}}|\phi_B\rangle = \langle\phi_B|\hat{h}_{\mathrm{eff}}|\phi_A\rangle = \beta \tag{7.11}$$

これらの値を式(7.6)に代入します．

$$\begin{pmatrix} \alpha & \beta \\ \beta & \alpha \end{pmatrix}\begin{pmatrix} c_{Ax} \\ c_{Bx} \end{pmatrix} = \varepsilon_x\begin{pmatrix} c_{Ax} \\ c_{Bx} \end{pmatrix} \tag{7.12}$$

この固有値方程式を解くには，ハミルトニアンを対角化すればよいのですが，「手計算で」という条件をつけるならば他の方法もあります．式(7.12)を変形して，

$$\begin{pmatrix} \alpha - \varepsilon_x & \beta \\ \beta & \alpha - \varepsilon_x \end{pmatrix}\begin{pmatrix} c_{Ax} \\ c_{Bx} \end{pmatrix} = 0 \tag{7.13}$$

とすると，この方程式を満たす解として，

$$\begin{pmatrix} c_{Ax} \\ c_{Bx} \end{pmatrix} = \begin{pmatrix} 0 \\ 0 \end{pmatrix} \tag{7.14}$$

があることがわかります．これを自明な解などとよぶこともあります．しかし，これでは分子軌道の波動関数自体が 0 値であるということになり，いま求めたい解にはなりません．自明な解以外の解が存在するためには，左辺の行列に逆行列があってはなりません．つまりこの行列の行列式が 0 ということです．

$$\det\begin{pmatrix} \alpha - \varepsilon_x & \beta \\ \beta & \alpha - \varepsilon_x \end{pmatrix} \equiv \begin{vmatrix} \alpha - \varepsilon_x & \beta \\ \beta & \alpha - \varepsilon_x \end{vmatrix}$$

$$= (\alpha - \varepsilon_x)^2 - \beta^2 = 0$$

$$\Rightarrow \varepsilon_x = \alpha + \beta, \ \alpha - \beta$$

(7.15)

α も β も負の値ですから,軌道エネルギーの低い方から ε_a, ε_b とつけるなら,

$$\begin{cases} \varepsilon_a = \alpha + \beta \\ \varepsilon_b = \alpha - \beta \end{cases}$$

(7.16a, b)

となります.式(7.16)の二通りの解をそれぞれ式(7.12)に代入し,規格化条件を考慮すると,

$$\begin{cases} |\psi_a\rangle = \dfrac{1}{\sqrt{2}}|\phi_A\rangle + \dfrac{1}{\sqrt{2}}|\phi_B\rangle \\ |\psi_b\rangle = \dfrac{1}{\sqrt{2}}|\phi_A\rangle - \dfrac{1}{\sqrt{2}}|\phi_B\rangle \end{cases}$$

(7.17a, b)

という解が得られます.この形は,実は式(6.4)で見た水素分子の分子軌道の形と全く同じです.これは,エチレンと水素分子は原子のつながり方がトポロジカルに等しいからです.水素分子の場合には分子の対称性から課せられる制約によって解を求めましたが,上の方法であればどんな形の分子でも分子軌道を求めることができます.

　LCAO 係数の正負には任意性が残っており,一意に決めることはできません.それは,分子軌道が波動関数としての性質をもっているからです.つまり電子は波として

結合性軌道(同位相)　　　　　　　反結合性軌道(逆位相)

$$|\psi_a\rangle = \frac{1}{\sqrt{2}}|\varphi_{2pz1}\rangle + \frac{1}{\sqrt{2}}|\varphi_{2pz2}\rangle \qquad |\psi_b\rangle = \frac{1}{\sqrt{2}}|\varphi_{2pz1}\rangle - \frac{1}{\sqrt{2}}|\varphi_{2pz2}\rangle$$

$$\varepsilon_a = \alpha + \beta \qquad\qquad\qquad\qquad \varepsilon_b = \alpha - \beta$$

図 7-2　エチレンの π 分子軌道

運動しているので，波動関数の位相は時間とともに変わります．ψ_aでは原子AとBの原子軌道が同位相で振動する解ですから，符号が一致しているということだけが重要なのであって，それが正か負かというのは問いません．同様に分子軌道bでは，AとBの位相が逆（位相角がπだけずれている）ということだけが重要なのです．

LCAO係数の絶対値と相対的正負のみに注目して分子軌道を図示してみると，波動関数としてのイメージがつかみやすいと思います（**図7-2**）．

ψ_aは原子AとBの間にまたがるようにして振幅があります．波動関数の振幅の二乗は電子の存在確率を表すのでしたから，この場合は原子A-B間に電子の存在確率がいくらかあるということを意味します．このような軌道は，電子を収容すると結合を強める働きをするので，結合性軌道とよばれます．一方，分子軌道bは原子A-B間に節があるため，この領域での電子の存在確率は0です．このような軌道は，電子を収容すると結合を弱める働きをするので，反結合性軌道とよばれます．

二個のπ電子は，二つのπ分子軌道のうちエネルギーの低い方（ψ_a）に入ります．全π電子エネルギーは式(6.22)より$2(\alpha+\beta)$と計算されます．これは2個の炭素が独立に存在するときのエネルギー2αに比べて$-2\beta(>0)$だけ低いですから，つまりπ結合ができたことで分子は安定化したことになります．

次に，エチレンよりも炭素数が一つ増えたアリル分子を扱いましょう．アリルには三個のπ電子があり，そのうち二個はπ結合を作っていますが，残り一つは不対電子として炭素原子上で孤立しています．このような分子をラジカル，または遊離基とよびます．二重結合と不対電子の位置は固定しているわけではなく，**図7-3**のように共鳴混成体となっていると考えるべきです．このような分子でもπ電子（π結合を作っている二個の電子と不対電子一個）を取り上げてしまえば，σ結合のみからなる「への字」型の骨格が残ります．ここにπ電子を収納するための分子軌道を考えるのです．エチレンの場合と同様に，分子軌道を原子軌道のLCAO近似で表すところから始めます．原子軌道のラベルを端からA，B，Cとします．

$$|\psi_x\rangle = c_{Ax}|\phi_A\rangle + c_{Bx}|\phi_B\rangle + c_{Cx}|\phi_C\rangle \tag{7.18}$$

次にクーロン積分の値を考えます．

図7-3　アリルの共鳴混成式

$$\langle \phi_A | \hat{h}_{\text{eff}} | \phi_A \rangle = \langle \phi_B | \hat{h}_{\text{eff}} | \phi_B \rangle = \langle \phi_C | \hat{h}_{\text{eff}} | \phi_C \rangle = \alpha \tag{7.19}$$

原子Aと原子Bはσ結合で結ばれているので，共鳴積分はβです．BとCも同様ですが，AとCの間にはσ結合がないので共鳴積分は0です．

$$\langle \phi_A | \hat{h}_{\text{eff}} | \phi_B \rangle = \langle \phi_B | \hat{h}_{\text{eff}} | \phi_A \rangle = \beta$$
$$\langle \phi_B | \hat{h}_{\text{eff}} | \phi_C \rangle = \langle \phi_C | \hat{h}_{\text{eff}} | \phi_B \rangle = \beta \tag{7.20}$$
$$\langle \phi_A | \hat{h}_{\text{eff}} | \phi_C \rangle = \langle \phi_C | \hat{h}_{\text{eff}} | \phi_A \rangle = 0$$

これらの値を式(7.6)に代入します．

$$\begin{pmatrix} \alpha & \beta & 0 \\ \beta & \alpha & \beta \\ 0 & \beta & \alpha \end{pmatrix} \begin{pmatrix} c_{Ax} \\ c_{Bx} \\ c_{Cx} \end{pmatrix} = \varepsilon_x \begin{pmatrix} c_{Ax} \\ c_{Bx} \\ c_{Cx} \end{pmatrix} \tag{7.21}$$

この固有値方程式が自明でない解をもつための条件は，以下の行列式が0になるということです．

$$\begin{vmatrix} \alpha - \varepsilon_x & \beta & 0 \\ \beta & \alpha - \varepsilon_x & \beta \\ 0 & \beta & \alpha - \varepsilon_x \end{vmatrix} = 0 \tag{7.22}$$

式(7.22)の方程式を解いて，軌道エネルギーの低い方からε_a, ε_b, ε_cとつけます．

$$\begin{cases} \varepsilon_a = \alpha + \sqrt{2}\beta \\ \varepsilon_b = \alpha \\ \varepsilon_c = \alpha - \sqrt{2}\beta \end{cases} \tag{7.23a-c}$$

となります．式(7.23)をそれぞれ式(7.21)に代入し，規格化条件を考慮すると，

$$\begin{cases} |\psi_a\rangle = \dfrac{1}{2}|\phi_A\rangle + \dfrac{1}{\sqrt{2}}|\phi_B\rangle + \dfrac{1}{2}|\phi_C\rangle \\ |\psi_b\rangle = \dfrac{1}{\sqrt{2}}|\phi_A\rangle - \dfrac{1}{\sqrt{2}}|\phi_C\rangle \\ |\psi_c\rangle = \dfrac{1}{2}|\phi_A\rangle - \dfrac{1}{\sqrt{2}}|\phi_B\rangle + \dfrac{1}{2}|\phi_C\rangle \end{cases} \tag{7.24a-c}$$

という解が得られます．これらの分子軌道を可視化したのが**図7-4**です．最低位の

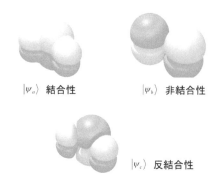

$|\psi_a\rangle$ 結合性　　　　$|\psi_b\rangle$ 非結合性

$|\psi_c\rangle$ 反結合性

図7-4 アリルのπ分子軌道

軌道はすべての原子について同じ位相で結合しているので，A–B，B–C いずれの原子対に関しても結合性軌道です．最高位の軌道はいずれの原子対に関しても反結合性軌道です．真ん中の軌道は原子 B の軌道係数が0なので，A–B，B–C の結合を強めることも弱めることもありません．このような軌道を非結合性軌道とよびます．有機化学の感覚でいえば，非共有電子対(lone pair)はこのような軌道に入った電子に対応付けられます．

　以上の手続きは，基本さえ理解してしまえばあとは機械的に進めることができます．まずハミルトニアンの表現行列は，対角項は必ず α になりますし，非対角項は β か0のどちらかになります．構造式をよく見て(原子に A，B，C，... と振っておくとわかりやすいです)，σ 結合があれば β，なければ0を対応する行列要素(例えば B と C の関係であれば $(2, 3)$ 成分というように)のところに書き込んでいきます．その後，対角項から ε を引いて行列式を求め，それが0になるように方程式(用いた基底の数が方程式の次数になります)を解けばよいのです．

　アリルのヒュッケル分子軌道計算を行おうとして，ハミルトニアンの表現行列を以下のように書いてしまう間違いがよく起こります．

$$\begin{pmatrix} \alpha & \beta & \beta \\ \beta & \alpha & \beta \\ \beta & \beta & \alpha \end{pmatrix} \begin{pmatrix} c_{Ax} \\ c_{Bx} \\ c_{Cx} \end{pmatrix} = \varepsilon_x \begin{pmatrix} c_{Ax} \\ c_{Bx} \\ c_{Cx} \end{pmatrix} \tag{7.25}$$

この方程式は，実際にはシクロプロペニルラジカルの分子軌道を計算することになります．シクロプロペニルは，分子式 C_3H_3 で表される正三角形の分子で，極限構造では C–C 間に二重結合が一つあり，残る C 原子上に不対電子が乗っています．共鳴混

図7-5 シクロプロペニウムの共鳴混成式

成式ではラジカルの位置が異なる三個の極限構造の重ね合わせで表されます.

式(7.25)の固有値方程式を解くと,以下の軌道エネルギーが得られます.

$$\begin{cases} \varepsilon_a = \alpha + 2\beta \\ \varepsilon_b = \alpha - \beta \\ \varepsilon_c = \alpha - \beta \end{cases} \qquad (7.26a-c)$$

分子軌道 b と c の軌道エネルギーは同じ値です.こういう状態を「エネルギーが縮重している」といいます.このような場合に LCAO 係数を求めるには,少し工夫が必要です.ε_b を式(7.25)に代入すると,

$$\begin{cases} c_{Bb} + c_{Cb} = -c_{Ab} \\ c_{Ab} + c_{Cb} = -c_{Bb} \\ c_{Ab} + c_{Bb} = -c_{Cb} \end{cases} \qquad (7.27a-c)$$

という関係式が得られますが,この三個の方程式はすべて同一なので,規格化条件を加えたとしても値が決まりません.一つの手掛かりは,分子の対称性から $|c_{Ab}| = |c_{Bb}| = |c_{Cb}|$ となるはずだということです.この条件を加えて解いてみると,

$$\begin{cases} |\psi_a\rangle = \dfrac{1}{\sqrt{3}}|\phi_A\rangle + \dfrac{1}{\sqrt{3}}|\phi_B\rangle + \dfrac{1}{\sqrt{3}}|\phi_C\rangle \\[2mm] |\psi_b\rangle = \dfrac{1}{\sqrt{3}}|\phi_A\rangle + \dfrac{1}{\sqrt{3}}\mathrm{e}^{\frac{2}{3}i}|\phi_B\rangle + \dfrac{1}{\sqrt{3}}\mathrm{e}^{-\frac{2}{3}i}|\phi_C\rangle \\[2mm] |\psi_c\rangle = \dfrac{1}{\sqrt{3}}|\phi_A\rangle + \dfrac{1}{\sqrt{3}}\mathrm{e}^{-\frac{2}{3}i}|\phi_B\rangle + \dfrac{1}{\sqrt{3}}\mathrm{e}^{\frac{2}{3}i}|\phi_C\rangle \end{cases} \qquad (7.28a-c)$$

という解が得られます.この解は複素数を含んだ複素ベクトルです.このようなベクトルは,時間に伴って変わる位相因子をかけると回転する波動になります.エチレンやアリルの場合のように係数を振幅の大きさで表すということができないので,時間が0の瞬間を図7-6 に示しました.

このような表し方は不便ですし,実際の波動関数の形がわかりにくいので,普通は

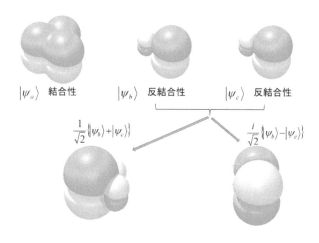

$|\psi_a\rangle$ 結合性　　　$|\psi_b\rangle$ 反結合性　　　$|\psi_c\rangle$ 反結合性

$\frac{1}{\sqrt{2}}\{|\psi_b\rangle+|\psi_c\rangle\}$　　　　　　　$\frac{i}{\sqrt{2}}\{|\psi_b\rangle-|\psi_c\rangle\}$

図 7-6　シクロプロペニウムの π 分子軌道

係数がすべて実数になるように選びます．ψ_b と ψ_c のように縮重した固有ベクトルは，これらの間でどのように線形結合をとっても固有ベクトルになるという便利な性質があります．例えば，

$$\begin{cases} |\psi_{b'}\rangle = \dfrac{1}{\sqrt{2}}\{|\psi_b\rangle+|\psi_c\rangle\} = \dfrac{\sqrt{2}}{\sqrt{3}}|\phi_A\rangle+\dfrac{1}{\sqrt{6}}|\phi_B\rangle+\dfrac{1}{\sqrt{6}}|\phi_C\rangle \\[3mm] |\psi_{c'}\rangle = \dfrac{i}{\sqrt{2}}\{|\psi_b\rangle+|\psi_c\rangle\} = \dfrac{1}{\sqrt{2}}|\phi_B\rangle-\dfrac{1}{\sqrt{2}}|\phi_C\rangle \end{cases} \tag{7.29a, b}$$

という変換をして新しい軌道 b'，c' をつくれば係数をすべて実数にすることができます．このようにして作った軌道の模式図を**図 7-6** の下段に示しています．この分子軌道 c' は，ψ_a の係数が 0 になっています．このようになることを見越して，係数のいずれかを 0 に固定しても構いません．つまり，この場合の固有値 $\alpha-\beta$ に対応する固有ベクトルは，ψ_b と ψ_c で張られる平面上のどこにあってもよいですし，一方をその平面内に任意に決めたとしても，それに直交するようにもう一方を決めることが必ずできるのです．

　他の分子についても同様に計算することができます．例として，1,3-ブタジエン，シクロブタジエン，ベンゼンの軌道エネルギーを挙げておきます（式 8.25，式 8.2）．ハミルトニアンの表現行列を作るまではやさしいと思います．次数が高くなってくると手計算で方程式を解くのもたいへんになってきますが，その技法については 8.2 節で詳解することとします．

7.2 LCAO 係数からわかること

7.2.1 電子密度と結合次数

　前節で書いたように，分子軌道は一般には長い時間とコンピュータリソースを使って解く必要があります．ヒュッケル近似によって簡単になったとはいえ，4 次以上の方程式を解くのは少し骨が折れるかもしれません．そのように苦労して得た分子軌道の解は，なるべく有効に利用したいものです．分子軌道には，その分子の中で運動する電子の情報が含まれているはずです．この節では，その中から必要な情報を取り出して，計算値と化学的な直観を結びつける方法について考えます．

　分子軌道を LCAO 近似で，

$$|\psi_a\rangle = c_{Aa}|\phi_A\rangle + c_{Ba}|\phi_B\rangle \cdots + c_{Na}|\phi_N\rangle = \sum_X^N c_{Xa}|\phi_X\rangle \tag{7.30}$$

と表した場合，電子が ϕ_X の状態にある確率が $|c_{Xa}|^2$ であると解釈されます．これをやや過剰解釈して，電子が原子 X の領域に属している確率と考えれば，

$$\rho_{XX} = \sum_x^n n_x |c_{Xx}|^2 \tag{7.31}$$

という量は原子 X が保有している電子の総量の目安になります．ここで n_x は前にも書いたように（式 (6.22)′），ψ_x が収容している電子の数で，0，1，または 2 です．このようにして得られる量 ρ_{XX} は，原子 X 上の電子密度，または電子ポピュレーションとよばれます．

　エチレンの分子軌道を調べた際，結合性軌道，反結合性軌道について触れました．隣り合う原子軌道の符号が同じであればその分子軌道に電子が入った際に結合は強められ，反対符号であればその分子軌道に入った際に結合は弱められます．この考え方を拡張して，ある原子 X と原子 Y の軌道の LCAO 係数の積 $c_{Xx}c_{Yx}$ は，ψ_x に電子が入った際に結合が強められる尺度と考えます．これを x について積算すれば，

$$\rho_{XY} = \sum_x^n n_x c_{Xx}^* c_{Yx} \tag{7.32}$$

という量は原子 X と原子 Y の結合に関与する電子の数の目安になります．このようにして得られる量 ρ_{XY} は，原子 X–Y 間の結合次数とよばれます．

エチレンの π 電子分子軌道の LCAO 係数を用いて，式(7.31)，式(7.32)の計算値を確認してみましょう．

$$\rho_{AA} = \sum_x^n n_x |c_{Ax}|^2 = 2|c_{Aa}|^2 + 0|c_{Ab}|^2 = 1 \tag{7.33}$$

$$\rho_{AB} = \sum_x^n n_x c_{Xx}^* c_{Yx} = 2c_{Aa}^* c_{Ba} + 0c_{Ab}^* c_{Bb} = 1 \tag{7.34}$$

原子 A 上の π 電子密度が 1（B も同じ），原子 A–B 間の π 結合次数が 1 という極めて妥当な結果となりました．ヒュッケル法では π 電子のみを扱っているので，電子密度も結合次数も π 電子に関するものしか計算されないことに注意が必要です．内殻の電子はほぼそのままその原子に属していると考えて構いませんが，σ 結合に関わる電子については（イオン結合性などを考慮して）別途計算する必要があります．結合次数については σ 結合による寄与は 1 と考えておいてよいでしょう．

エチレンなどの簡単な分子であれば計算もそれほど面倒ではありませんが，基底の次元が多くなってくると手計算では厳しくなってきます．式(7.31)，(7.32)はまとめて以下のように行列の形で表すこともできます．

$$\mathbf{P} = \mathbf{C}\mathbf{N}\mathbf{C}^{\mathrm{T}} \tag{7.35}$$

ただしここで，

$$\mathbf{P} = \begin{pmatrix} \rho_{AA} & \rho_{AB} & \cdots & \rho_{AN} \\ \rho_{BA} & \rho_{BB} & \cdots & \rho_{BN} \\ \vdots & \vdots & \ddots & \vdots \\ \rho_{NA} & \rho_{NB} & \cdots & \rho_{NN} \end{pmatrix},$$

$$\mathbf{C} = \begin{pmatrix} c_{Aa} & c_{Ab} & \cdots & c_{An} \\ c_{Ba} & c_{Bb} & \cdots & c_{Bn} \\ \vdots & \vdots & \ddots & \vdots \\ c_{Na} & c_{Nb} & \cdots & c_{Nn} \end{pmatrix}, \quad \mathbf{N} = \begin{pmatrix} n_a & 0 & \cdots & 0 \\ 0 & n_b & \cdots & 0 \\ \vdots & \vdots & \ddots & \vdots \\ 0 & 0 & \cdots & n_n \end{pmatrix} \tag{7.36a-c}$$

とします．$\mathbf{P}$ は密度行列とよばれます．行列 $\mathbf{C}$ は式(6.11)で示したものと全く同じです．行列 $\mathbf{N}$ は各々の分子軌道が収容している電子の数を表します．このような形で書いておくと計算機で計算させるようプログラミングするのも容易です．しかも電

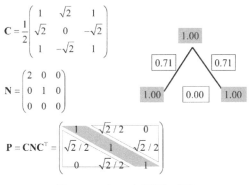

図 7-7 アリルの密度行列の計算

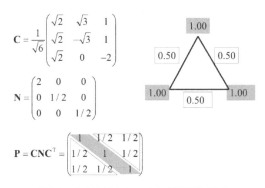

図 7-8 シクロプロペニウムの密度行列の計算

子密度と結合次数が一度に求まってしまいます．一目見たところでは同じ内容を表す式とは思えないかもしれませんが，ゆっくりと計算してみればわかるはずです．

アリルとシクロプロペニルの分子軌道を例として，この式の使い方を示したいと思います．アリルには π 電子が三個あり，うち二個が最低位の結合性軌道，残り一個が非結合性軌道に入っています．したがって，行列 **N** は**図 7-7** に示したようになります．

図 7-7 にあるように，アリルの各原子上の π 電子密度はすべて 1.00，A–B，B–C の π 結合次数はいずれも 0.71 です．同様の計算をシクロプロペニルについて行った結果が**図 7-8** です．シクロプロペニルでは SOMO が二重に縮重しているので，どちらか一方の軌道だけに電子を出し入れすることはできません．二つの軌道に 0.5 個ずつ入っているものとして計算します．各原子上の π 電子密度は 1.00，A–B，B–C，

表 7-1　アリルの π 電子密度と π 結合次数

	ρ_{AA}	ρ_{BB}	ρ_{CC}	ρ_{AB}	ρ_{BC}	ρ_{CA}
中性	1.00	1.00	1.00	0.71	0.71	0.00
陽イオン	0.50	1.00	0.50	0.71	0.71	0.50
陰イオン	1.50	1.00	1.50	0.71	0.71	−0.50

C–A 上の π 結合次数はいずれも 0.5 となります.

　この密度行列の表現の利点は，分子軌道が収容している電子の数を自由に変えられ
ることです．アリルの SOMO から電子を一個取り去ってアリル陽イオン(cation)に
なった場合，また SOMO に電子を一個加えてアリル陰イオン(anion)になったときの
行列 **N** はそれぞれ，

$$\mathbf{N}_{\text{cat}} = \begin{pmatrix} 2 & 0 & 0 \\ 0 & 0 & 0 \\ 0 & 0 & 0 \end{pmatrix}, \qquad \mathbf{N}_{\text{ani}} = \begin{pmatrix} 2 & 0 & 0 \\ 0 & 2 & 0 \\ 0 & 0 & 0 \end{pmatrix} \qquad (7.37\text{a, b})$$

となります．アリルについて，中性，陽イオン，陰イオンの π 電子密度と π 結合次
数の値を**表 7-1** にまとめておきます.

　表 7-2 には，単環式 π 共役系炭化水素分子の結合次数をまとめました．これらの
分子は中性，陽イオン，陰イオンいずれの場合もすべての結合の結合次数が等しくな
ります．なお π 電子密度もすべての原子上で等しくなります．これは，π 結合を作る
電子が環状構造の上にまんべんなく存在していることを示しています．これを π 電
子の非局在化といいます．シクロプロペニルでは電子数が減って陽イオンになった際
に結合が強くなっているのに対し，シクロペンタジエニルでは逆に電子が増えて陰イ
オンになった際に結合が強くなっています．このような差は，その分子が電子を放出

表 7-2　単環式 π 共役系炭化水素の結合次数

	シクロプロペ ニル	シクロブタジ エン	シクロペンタ ジエニル	ベンゼン
	△	□	⬠	⬡
中性	0.500	0.500	0.585	0.667
陽イオン	0.667	0.500	0.524	0.583
陰イオン	0.333	0.500	0.647	0.583

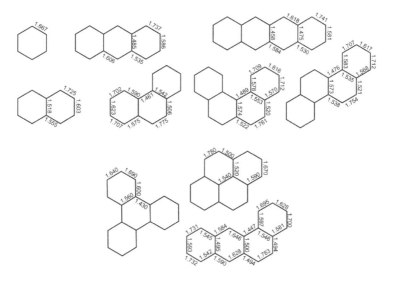

図 7-9　ヒュッケル法による芳香族炭化水素の π 結合次数

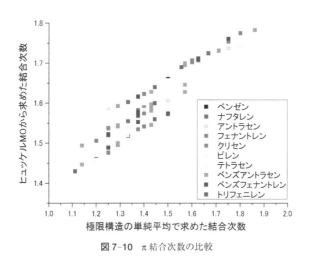

図 7-10　π 結合次数の比較

しやすいか，取り入れやすいかといった化学的性質とも関係していると予想されます（この話題については次節で再び）.

　5.3 節でも登場した多環式芳香族炭化水素について，ヒュッケル法による結合次数を比較してみます（**図 7-9**）. なおこの図では σ 結合の分の次数 1 を加えてあります.

　分子軌道の LCAO 係数に基づいて計算する結合次数は，原子価結合法の節で見た
ような共鳴混成式に基づく結合次数とは全く異なる定義によるものですが，**図 7-9**
に示した値は**図 5-13** に示したものとたいへんよく似ているように思えます．実際に
両者の相関をグラフにしてみると，部分的によい直線関係が見られます（**図 7-10**）．
分子構造中のどの部分で相関が高いのか，などこの図を詳しく解析してみるのも面白
そうです．

　この節を締めくくるにあたって，式(7.35)をもう一度振り返ってみたいと思います．
行列 **C** の性質を利用するとこの式は，

$$\mathbf{C}^\mathrm{T}\mathbf{P}\mathbf{C} = \mathbf{N} \tag{7.38}$$

と書き換えることができます．これは式(6.15)ときれいな対称をなしています．つ
まり，**C** はハミルトニアンを対角化するユニタリ行列であると同時に，密度行列を
対角化するユニタリ行列でもあるのです．なお，密度行列という名称は元来統計力学
的集合を量子力学的に扱うために導入された概念に用いられます．本節での定義もそ
れに準じてはいますが，分子軌道理論の枠組み内で用いられる狭い概念であることに
注意してください．

第8章 分子の形と電子状態

8.1 芳香族化合物

8.1.1 芳香族性とヒュッケル則

　ベンゼンやベンゼン環を含む化合物を芳香族化合物とよびます．ベンゼン自体は決して「芳香」とはいえないような特異臭を放ちますが，古来より珍重されてきた香辛料やハーブの香気成分にはベンゼン環を含むものが多いのです．

　これらを香料として用いるには，精油として単離する必要があります．かつて精油を得るためには，天然の材料を煮詰めたり蒸留したりする必要がありました（今では化学合成品が主流です）．加熱操作の過程で化合物が分解してしまい，本来の香気が失われてしまうことも多々あったはずですが，そんな中でもベンゼン環だけはその基本構造を保っていたと考えられます．ベンゼン環はそれほどまでに安定なのです．

　ベンゼンはファラデー（Faraday）により 1825 年に発見されました．1864 年頃にはその分子式が C_6H_6 であることがわかっていましたが，その構造については諸説紛々の状況でした．そんな中，単結合と二重結合が交替した六員環構造（いわゆるケクレ構造）がケクレによって提唱され（1865 年），現在でもベンゼン環の標準的な表記法として用いられています．ただしこの二重結合の位置は固定されているものではない，ということはケクレも認識していて，これを異性体間の平衡であると考えました（1872 年）．後にポーリングが共鳴混成体の概念を提唱（1929 年）したことは 5.3 節で説明したとおりです．ポーリングはまた原子価結合理論に基づいて，共鳴混成によるベンゼンの安定化を説明しました．これと同時期にヒュッケルは自身が開発した

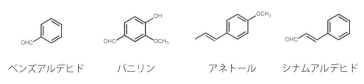

| ベンズアルデヒド | バニリン | アネトール | シナムアルデヒド |

図 8-1　芳香族化合物の例

ヒュッケル法によって芳香族化合物の安定性の起源を明らかにし，芳香族性の解釈を新たにしました(1931 年).

　ベンゼンのヒュッケル分子軌道は，以下の固有値方程式を解くことによって得られます.

$$\begin{pmatrix} \alpha & \beta & 0 & 0 & 0 & \beta \\ \beta & \alpha & \beta & 0 & 0 & 0 \\ 0 & \beta & \alpha & \beta & 0 & 0 \\ 0 & 0 & \beta & \alpha & \beta & 0 \\ 0 & 0 & 0 & \beta & \alpha & \beta \\ \beta & 0 & 0 & 0 & \beta & \alpha \end{pmatrix} \begin{pmatrix} c_{Ax} \\ c_{Bx} \\ c_{Cx} \\ c_{Dx} \\ c_{Ex} \\ c_{Fx} \end{pmatrix} = \varepsilon_x \begin{pmatrix} c_{Ax} \\ c_{Bx} \\ c_{Cx} \\ c_{Dx} \\ c_{Ex} \\ c_{Fx} \end{pmatrix} \tag{8.1}$$

　さすがにこれを真正面から手計算で解くのはしんどいですが，実は一工夫することによって計算することができます．しかも六員環だけではなく，任意の員環数について一般解が得られます.

Mas Math ノート 19

【環状ポリエンのヒュッケル分子軌道】

分子軌道を LCAO 近似により，

$$|\psi_a\rangle = c_{Aa}|\phi_A\rangle + c_{Ba}|\phi_B\rangle + \cdots c_{Xa}|\phi_X\rangle + \cdots c_{Na}|\phi_N\rangle \tag{M19.1}$$

と表します.

通常のヒュッケル法により LCAO 係数 $\{c_{Xa}\}$ を求めるには，行列の固有値方程式，

$$\begin{pmatrix} \alpha & \beta & \cdots & 0 & \cdots & \beta \\ \beta & \alpha & \cdots & 0 & \cdots & 0 \\ \vdots & \vdots & \ddots & \beta & \cdots & \vdots \\ 0 & 0 & \beta & \alpha & \beta & 0 \\ \vdots & \vdots & \cdots & \beta & \ddots & \vdots \\ \beta & 0 & \cdots & 0 & \cdots & \alpha \end{pmatrix} \begin{pmatrix} c_A \\ c_B \\ \vdots \\ c_X \\ \vdots \\ c_N \end{pmatrix} = \varepsilon \begin{pmatrix} c_A \\ c_B \\ \vdots \\ c_X \\ \vdots \\ c_N \end{pmatrix} \tag{M19.2}$$

を解かなければばりません．これには $N \times N$ の行列の行列式を求める必要があります.

　分子が環状であるという条件を利用すると解は容易に求められます．原子核の並

びをそのままにして，$|\psi_a\rangle$ の LCAO 係数だけを結合一つ分ずらした分子軌道を $|\psi_a'\rangle$ とします.

$$|\psi_a'\rangle = c_{Na}|\phi_A\rangle + c_{Aa}|\phi_B\rangle + \cdots c_{(X-1)a}|\phi_X\rangle + \cdots c_{(N-1)a}|\phi_N\rangle \tag{M19.3}$$

分子の対称性から考えて，$|\psi_a'\rangle$ もまた許される運動状態(シュレーディンガー方程式の解)であり，$|\psi_a\rangle$ と同じ軌道エネルギーをもちます. したがって $|\psi_a'\rangle$ は $|\psi_a\rangle$ の定数倍だということになります.

$$|\psi_a'\rangle = \lambda|\psi_a\rangle \tag{M19.4}$$

規格化条件より，定数 λ の絶対値は 1 です. 絶対値が 1 である複素数は一般に，

$$\lambda = \exp(i\varphi) \tag{M19.5}$$

と書けますが，LCAO 係数を結合一つ分ずらすという操作を N 回行うともとの状態 $|\psi_a\rangle$ に戻るはずなので，

$$\lambda^n = \exp(iN\varphi) = 1 \tag{M19.6}$$

という条件が必要です. これは( )の中が $2i\pi$ の整数倍だという意味なので，可能な φ の値は，

$$\varphi = \frac{2m\pi}{N}, (m=0,1,2,\cdots N-1) \tag{M19.7}$$

に限られます. 式(M19.4, 5, 7)を (M19.3)に代入して式(M19.1)と係数比較すると，

$$c_{Am} = \exp\left(\frac{2mi\pi}{N}\right)c_{Bm} = \left\{\exp\left(\frac{2mi\pi}{N}\right)\right\}^2 c_{Cm} = \cdots = \left\{\exp\left(\frac{2mi\pi}{N}\right)\right\}^{N-1} c_{Nm}$$
$$\tag{M19.8}$$

という関係が得られ，係数 c_{Am} は一般式で，

$$c_{Xm} = \exp\left(-\frac{2(X-1)mi\pi}{N}\right)c_{Am} \tag{M19.9}$$

と表せます. m は N 通りあってそれぞれが異なる分子軌道に対応するので，これを分子軌道の識別子 a に置き換えましょう. また規格化条件より，

$$c_{Am} = \frac{1}{\sqrt{N}} \tag{M19.10}$$

が出るので，結局，

$$c_{Xa} = \frac{1}{\sqrt{N}} \exp\left(-\frac{2(X-1)ai\pi}{N}\right) \tag{M19.11}$$

となります．式(M19.11)を式(M19.2)に代入すると，軌道エネルギーが，

$$\varepsilon_a = \alpha + 2\beta \cos\left(\frac{2a\pi}{N}\right) \tag{M19.12}$$

となることがわかります．

　ともかく式(8.1)の方程式を解くと，以下の軌道エネルギーが得られます(→Mas Math ノート 19 【環状ポリエンのヒュッケル分子軌道】)．

$$\begin{cases} \varepsilon_a = \alpha + 2\beta \\ \varepsilon_b = \varepsilon_c = \alpha + \beta \\ \varepsilon_d = \varepsilon_e = \alpha - \beta \\ \varepsilon_f = \alpha - 2\beta \end{cases} \tag{8.2a-d}$$

ε_b と ε_c，ε_d と ε_e はそれぞれ二重に縮重しています．このような軌道の縮重はシクロプロペニルの場合にも見られました．一般に分子の対称性が高くなると縮重した軌道が現れるようになります．これらの軌道エネルギーに対応する分子軌道の模式図を**図 8-2** に示します．Mas Math ノート 19 に書いた方法では，LCAO 係数が複素数で得られますが，図では縮重した軌道間で線形結合をとって実数化したものを示してい

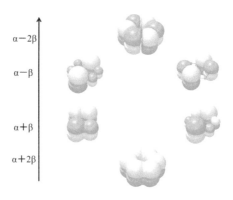

図 8-2　ベンゼンの π 分子軌道

ます.

これらの軌道には,軌道エネルギーの低い方から六個のπ電子が収容されます.つまり ψ_a, ψ_b, ψ_c に二個ずつの電子が入ります.このときの全エネルギー(E_{tot})は,

$$E_{\text{tot}} = 2(\varepsilon_a + \varepsilon_b + \varepsilon_c) = 6\alpha + 8\beta \tag{8.3}$$

となります.

表 7-2 からもわかるように,上の計算では6本のC-C結合はすべて等価です.これに対し,単結合と二重結合が完全に交替した構造(ケクレ構造)のエネルギーはどうなるでしょうか.ケクレ構造の分子は実在しないので,これに近くなるように計算条件を工夫します.まず単結合の部分(例えばB-C,D-E,F-A間)を伸ばし,実質的に $2p_z$ 軌道間の相互作用が無視できるような状態を想定します(**図 5-10** 参照).このときハミルトニアンの表現行列は以下のようになります.

$$\begin{pmatrix} \alpha & \beta & 0 & 0 & 0 & 0 \\ \beta & \alpha & 0 & 0 & 0 & 0 \\ 0 & 0 & \alpha & \beta & 0 & 0 \\ 0 & 0 & \beta & \alpha & 0 & 0 \\ 0 & 0 & 0 & 0 & \alpha & \beta \\ 0 & 0 & 0 & 0 & \beta & \alpha \end{pmatrix} \begin{pmatrix} c_{Ax} \\ c_{Bx} \\ c_{Cx} \\ c_{Dx} \\ c_{Ex} \\ c_{Fx} \end{pmatrix} = \varepsilon_x \begin{pmatrix} c_{Ax} \\ c_{Bx} \\ c_{Cx} \\ c_{Dx} \\ c_{Ex} \\ c_{Fx} \end{pmatrix} \tag{8.4}$$

これを解くと,

$$\begin{cases} \varepsilon_a = \varepsilon_b = \varepsilon_c = \alpha + \beta \\ \varepsilon_d = \varepsilon_e = \varepsilon_f = \alpha - \beta \end{cases} \tag{8.5a, b}$$

という軌道エネルギーが得られます.これらの値はエチレンのπ分子軌道の軌道エネルギーと同一です.実は,式(8.4)を解くことはエチレンの方程式(式 7.12)を3回解くことと同じなのです(詳しいことは 8.2 節で述べることとします).単結合部分を無限に伸ばしたと考えれば,この分子の計算結果がエチレン分子三個分と同じになったというのは納得できる結果ではないでしょうか.このときの全エネルギー(E_{can}:can は canonical structure(極限構造)の略)は,

$$E_{\text{can}} = 2(\varepsilon_a + \varepsilon_b + \varepsilon_c) = 6\alpha + 6\beta \tag{8.6}$$

となります.

E_{tot} と E_{can} の差を比べれば,π電子が非局在化したことによる安定化エネルギー(非

局在化エネルギー)が求められます.

$$\Delta E_{res} = E_{can} - E_{tot} = -2\beta \tag{8.7}$$

この非局在化エネルギーはポーリングの理論でいう共鳴エネルギーに相当するもので,共鳴安定化エネルギーともよばれます(res は resonance(共鳴)の略).β は -1 eV ほどの値でしたから,ΔE_{res} は 2 eV($\sim$200 kJ/mol)程度の値ということになります.仮想的な分子 1,3,5-シクロヘキサトリエンの水素化熱の予想値から推算したベンゼンの共鳴安定化エネルギーは 138 kJ/mol ですから,まんざら悪くない近似だといえます.

ベンゼン以外の単環状 π 共役系分子についても共鳴安定化エネルギーを比較してみます(表 8-1).同じような構造的特徴をもっていながら,共鳴安定化エネルギーの値にはばらつきが見られます.特にシクロブタジエンにいたっては値が 0 です.これは,π 電子が非局在化していてもそれが安定化に全く寄与していないことを意味しています.必ずしも非局在化=共鳴安定化ではないのです.

表には中性分子に加えて陽イオン,陰イオンについても掲げています.イオン化状態の極限状態についても,中性状態と同様に考えることができます.例えばシクロプロペニル陰イオンについていえば,π 電子が非局在化した真の構造では ψ_a と ψ_b に電子が二個ずつ入るので,

$$E_{tot} = 2(\varepsilon_a + \varepsilon_b) = 4\alpha + 2\beta \tag{8.8}$$

となり,極限構造ではエチレン分子一個と炭素原子一個に分けて,

$$E_{can} = 2\varepsilon_a + 2\alpha = 4\alpha + 2\beta \tag{8.9}$$

となります.つまり,シクロプロペニル陰イオンについてはシクロブタジエン同様,

表 8-1 単環式 π 共役系炭化水素の共鳴安定化エネルギー

	シクロプロペニル	シクロブタジエン	シクロペンタジエニル	ベンゼン
中性	$-\beta$	0	-1.86β	-2β
陽イオン	-2β	$-\beta$	-1.24β	-2β
陰イオン	0	$-\beta$	-2.48β	-2β

共鳴安定化エネルギーが 0 です．共鳴安定化エネルギーは，三員環では電子が一個取り除かれた陽イオン状態（シクロプロペニウムイオン）の場合に大きく，五員環では電子が増えた陰イオン（シクロペンタジエニルイオン）の場合に大きくなっています．

　この表から，データ数は限られているものの，π 電子の数が（n を正の整数として）$4n+2$ 個のときには安定化が大きく，$4n$ 個のときには小さいということが読み取れます．これをヒュッケル則といいます．これらの結果から，ヒュッケルは $4n+2$ 個の π 電子をもつ化合物を芳香族化合物とよぶように再定義し，また $4n$ 個の π 電子をもつ化合物を反芳香族化合物とよびました．ヒュッケル則の妥当性は，単環状 π 共役炭化水素の分子軌道の一般式（→Mas Math ノート 19）からも裏付けられます．軌道エネルギーが，

$$\varepsilon_a = \alpha + 2\beta \cos\left(\frac{2a}{N}\right) \tag{8.10}$$

と表されることから，最低位の軌道と最高位の軌道以外は二重に縮重しており，縮重した軌道は π 電子が $4n+2$ 個（つまり 2，6，10，…）のときに満たされることがわかります．これは孤立原子やイオンにおいて，電子数 2, 8, 18, 36, ... のときに電子殻が満たされ，貴ガスの電子配置と等価になって安定化するというのに似ています．ヒュッケル則は単環状の π 共役系分子にしか成り立ちません．また，環のサイズが大きくなるにつれヒュッケル則の適用は難しくなります．分子の平面性が保てなくなり，式(8.10)が成り立たなくなってくるからです．

8.1.2　多環式化合物の芳香族性

　ポーリングの共鳴理論では，共鳴混成式に寄与する極限構造の数が多いほど共鳴エネルギーが増大して安定化するという結論を導きました．実際に，可能な極限構造の数とヒュッケルの共鳴安定化エネルギーを比べてみると，この関係はおおむね成り立っているように思えます（**図 8-3**）．しかし，完全な比例関係でもないことから，すべての極限構造は必ずしも等価な重みで共鳴混成に寄与しているわけではないということもわかります．5.3 節ではとりあえずすべての極限構造を等しい重みと見て平均結合次数を算出しましたが，それはあくまで近似的な措置だったのです．

　図 8-3 の化合物群については分子全体の共鳴安定化エネルギーが与えられているわけですが，具体的に分子のどの部分（どの六員環）が安定化に寄与しているかというのはわかりません．分子はそれ全体でエネルギーが決まるものなので，「どの部分のエネルギーが高い/低い」と考えるのはナンセンスですが，それでも実際の化学反応においては「反応を起こしやすい/起こしにくい部分」という言い方があるのです（化

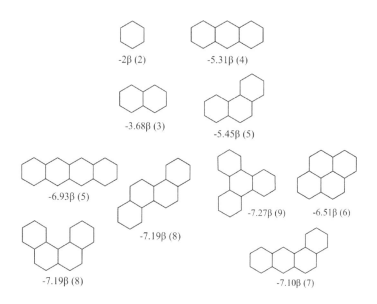

-2β (2)

-5.31β (4)

-3.68β (3)

-5.45β (5)

-6.93β (5)

-7.19β (8)

-7.27β (9)

-6.51β (6)

-7.19β (8)

-7.10β (7)

図 8-3　多環式芳香族炭化水素の共鳴安定化エネルギー

学反応では，反応遷移状態に至るまでの活性化エネルギーが最も小さくなるような位置で反応が起きるので，反応した部分のエネルギーがもともと高かったような錯覚を起こすのです）．多環式芳香族炭化水素では，芳香族性が高い環よりも低い環の上で反応を起こしやすい傾向があります．では，環ごとの芳香族性を表現するにはどうしたらよいでしょうか．

　ベンゼン環の π 電子の非局在化を表現する方法として，六角形の中に○を書く記法があります（**図 8-4**）．これをロビンソン（Robinson）構造といいます．わかりやすく簡単なので広く使われています．ただしこれを多環式芳香族炭化水素に用いる上では少し注意が必要です．例えばナフタレン分子は，ロビンソン式では**図 8-5**と書きますが，これについては異論もあります．ベンゼン環に書いたときの○を π 電子六個分だと解釈すると，ナフタレンではそれが 12 個になってしまうというものです．

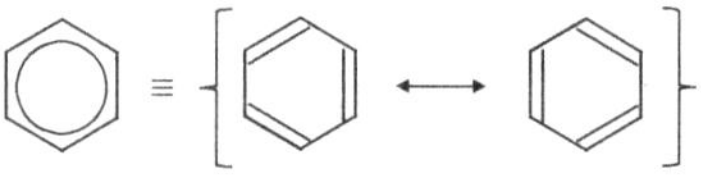

図 8-4　ベンゼンのロビンソン構造式

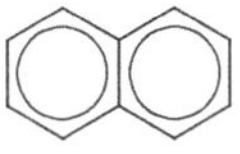

図8–5 ナフタレンのロビンソン構造式

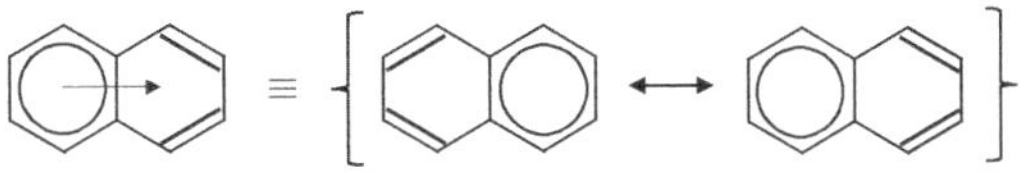

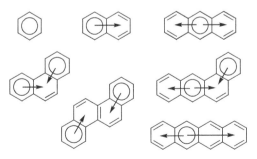

図8–6 ナフタレンのクラール構造式

　それを踏まえて，クラール(Clar)は次のような記法を提案しました(**図8–6**)．

　クラールの記法(クラール構造)では，○はπ電子六個の組(Clar's aromatic sextet)を表し，隣り合う六員環に○が並ぶことはありません．つまり，ナフタレン分子では同時に書くことのできる○は一個で，その○が左右の六員環にある構造の間で共鳴混成を表しています．さらに，式の上での○の移動(migrating π-sextet)を → で表しています．**図5–13**で見たように，ナフタレンでは1位と2位の間の結合が有意に短く，共鳴混成式，ヒュッケル法のどちらの結合次数もこれを支持していましたね．クラール構造でもこのような結合次数の偏りがよくわかります．

　いくつかの多環式芳香族炭化水素をクラール構造で表せば，**図8–7**のようになります．○の入れ方が何通りかあるとき，クラール則では同時に多くの○が書ける共鳴構造の方が混成体への寄与が大きいと考えます．例えばフェナントレンでは三個の六員環のうち，両端の二個に○が入る構造と中央に一個○が入る構造の二種が可能です．この場合寄与が大きい前者を書き，migrating π-sextet の矢印で後者の構造を表しています．

図8–7 多環式芳香族炭化水素のクラール構造

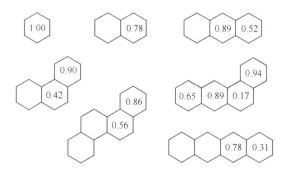

図 8-8　多環式芳香族炭化水素の HOMA 指数

　近年では，多環式芳香族炭化水素の局所的な芳香族性を定量化するために様々な理論的・実験的な指標が提案されています．その中でクリゴフスキ(Krygowski)らが提案した HOMA(harmonic oscilator model for aromaticity)指数を紹介しましょう．この指数は C–C 間の結合距離(実験値でも計算値でも)があれば計算できるので簡単です．HOMA 指数は，完全に非局在化したベンゼン環に対しては 1，完全な(架空の)ケクレ構造に対しては 0 を与えます．

$$\mathrm{HOMA} = 1 - \frac{\alpha_{\mathrm{C}}}{n} \sum_{i}^{n} (R_i - R_{\mathrm{opt}})^2 \tag{8.11}$$

ここで R_{opt} はベンゼン環の C–C 間距離の最適値，α_{C} は規格化のための係数で，R_{opt} = 1.388 Å, α_{C} = 257.7 が推奨されています．図 8-8 にいくつかの分子の HOMA 指数を示します．図 8-7 と比べてみるとクラールの π-sextet の妥当性が見えてきますね．

8.2　対称性と軌道の型

8.2.1　分子軌道の分類

　アリルとシクロプロペニルのヒュッケル分子軌道は，それぞれ図 7-4，7-6 に示したような軌道関数で表されました．π 電子の分子軌道は分子の面に対して反対称になっていますから，上下どちらかの面から見た軌道係数の大きさを模式的に示せば，その位相の関係は十分にわかります．そのようにして簡略化した分子軌道を図 8-9 に示します(シクロプロペニルは実数化した軌道について示しました)．正負の符号は異なる色で表していますが，波動として振動する関数ですから正負の絶対的な決定は

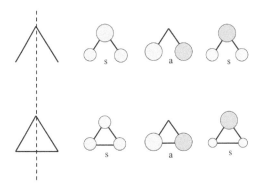

図8-9 アリルとシクロプロペニルの π 分子軌道

意味がありません.

　こうして並べてみると,アリルとシクロプロペニルの軌道の形はよく似ています.シクロプロペニルは正三角形ですからどの向きに書いてもよいのですが,**図8-9**では,意図的に軌道の形がアリルと対応するように書いてあります.アリルとシクロプロペニルの構造上の共通点としては,面対称性があります.これは,図中の点線上に鏡を置くと,鏡に映った構造が鏡の裏側にある構造と一致するという性質です.それぞれの分子軌道をこの鏡に映してみると,その性質は二通りに分類されます.図中にsで示した軌道は,鏡に映した関数と鏡の裏側にある関数は正確に一致します.このような性質を(鏡映に関して)対称(symmetric)といいます.一方図中にaで示した軌道では,鏡に映った関数と鏡の裏側にある構造とは,絶対値は同じですが正負の符号が逆転しています.このような性質を反対称(anti-symmetric)といいます.

　このように,分子軌道として得られる関数は,分子構造がもっている対称要素と密接な関係があります.軌道関数は,対称要素についての操作に関して対称あるいは反対称の形になります.この性質を利用すると,分子軌道を求める計算が簡単になることがあります.前に示した方法では,アリルの分子軌道は原子軌道の線形結合で表すところを出発点としました.

$$|\psi_x\rangle = c_{Ax}|\phi_A\rangle + c_{Bx}|\phi_B\rangle + c_{Cx}|\phi_C\rangle \qquad (7.18)（再掲）$$

このとき,原子軌道の関数を基底として用いた理由としては,

(1)　分子の形状を覆いつくせるような空間分布をもっている

(2)　規格直交化されている

ということでしたから,この条件を満たしていれば他の関数を使ってもよいわけで

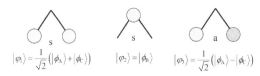

$$|\varphi_1\rangle = \frac{1}{\sqrt{2}}\left(|\phi_A\rangle + |\phi_C\rangle\right) \qquad |\varphi_2\rangle = |\phi_B\rangle \qquad |\varphi_3\rangle = \frac{1}{\sqrt{2}}\left(|\phi_A\rangle - |\phi_C\rangle\right)$$

図 8-10　アリルの SALC

す．原子軌道の線形結合を用いて以下のような新しい基底関数を作ってみます．

$$|\varphi_1\rangle = \frac{1}{\sqrt{2}}\{|\phi_A\rangle + |\phi_C\rangle\}$$

$$|\varphi_2\rangle = |\phi_B\rangle \tag{8.12a-c}$$

$$|\varphi_3\rangle = \frac{1}{\sqrt{2}}\{|\phi_A\rangle - |\phi_C\rangle\}$$

これらの関数の規格直交性は，例えば φ_1 と φ_1 の組み合わせならば，

$$\begin{aligned}
\langle\varphi_1|\varphi_1\rangle &= \frac{1}{2}\{\langle\phi_A| + \langle\phi_C|\}\{|\phi_A\rangle + |\phi_C\rangle\} \\
&= \frac{1}{2}\{\langle\phi_A|\phi_A\rangle + \langle\phi_A|\phi_C\rangle + \langle\phi_C|\phi_A\rangle + \langle\phi_C|\phi_C\rangle\} \\
&= 1
\end{aligned} \tag{8.13}$$

となります（原子軌道の規格直交性を利用しました）．他の組み合わせも同じように計算して確かめることができます．これら新しい基底関数は**図 8-10** に示すような形をしていて，それぞれ鏡映に関して，対称 = s グループ（φ_1 と φ_2）か，反対称 = a グループ（φ_3）のどちらかになっています．このような軌道の組み合わせを対称性適合線形結合（symmetry-adapted linear combination, SALC）といいます．

これらの基底関数を使って分子軌道を，

$$|\psi_x\rangle = c'_{1x}|\varphi_1\rangle + c'_{2x}|\varphi_2\rangle + c'_{3x}|\varphi_3\rangle \tag{8.14}$$

と表してみます．あとはこれまでに見たヒュッケル法と同じように進めれば，

$$\begin{pmatrix}
\langle\varphi_1|\mathcal{H}|\varphi_1\rangle & \langle\varphi_1|\mathcal{H}|\varphi_2\rangle & \langle\varphi_1|\mathcal{H}|\varphi_3\rangle \\
\langle\varphi_2|\mathcal{H}|\varphi_1\rangle & \langle\varphi_2|\mathcal{H}|\varphi_2\rangle & \langle\varphi_2|\mathcal{H}|\varphi_3\rangle \\
\langle\varphi_3|\mathcal{H}|\varphi_1\rangle & \langle\varphi_3|\mathcal{H}|\varphi_2\rangle & \langle\varphi_3|\mathcal{H}|\varphi_3\rangle
\end{pmatrix}
\begin{pmatrix}
c'_{1x} \\
c'_{2x} \\
c'_{3x}
\end{pmatrix}
= \varepsilon_x
\begin{pmatrix}
c'_{1x} \\
c'_{2x} \\
c'_{3x}
\end{pmatrix} \tag{8.15}$$

という固有値方程式が得られます．それぞれの行列要素は，例えば，

$$\langle\varphi_1|\mathcal{H}|\varphi_2\rangle = \frac{1}{\sqrt{2}}\{\langle\phi_A|+\langle\phi_C|\}\mathcal{H}|\phi_B\rangle$$
$$= \frac{1}{\sqrt{2}}\{\langle\phi_A|\mathcal{H}|\phi_B\rangle + \langle\phi_C|\mathcal{H}|\phi_B\rangle\} \tag{8.16}$$
$$= \sqrt{2}\beta$$

というように計算できます（β は原子軌道間の共鳴積分です）．結局，ハミルトニアンの表現行列は，

$$\begin{pmatrix} \alpha & \sqrt{2}\beta & 0 \\ \sqrt{2}\beta & \alpha & 0 \\ 0 & 0 & \alpha \end{pmatrix}\begin{pmatrix} c'_{1x} \\ c'_{2x} \\ c'_{3x} \end{pmatrix} = \varepsilon_x\begin{pmatrix} c'_{1x} \\ c'_{2x} \\ c'_{3x} \end{pmatrix} \tag{8.17}$$

となります．ハミルトニアン自体には何も変化はないのですが，基底を変えるとハミルトニアンの表現行列は変わります．基底によってその表現が決まる行列なので"表現行列"なのです．

この行列ではいくつかの成分が 0 になっていて，0 だけのブロックが長方形状に並んでいます．こういう状態を「ブロック対角化」されている，といいます．要素が 0 になったのは偶然ではありません．ある対称要素に関して対称な関数と反対称な関数でハミルトニアンを挟むと，必ず 0 になります（偶関数と奇関数をかけて積分すると 0 になるのと同じ理屈です）．ブロック対角化された行列は，式(8.18)に示すように対角ブロックだけを取り出してそれぞれ固有値方程式を解けばよいということが数学的にわかっています．これは式(8.17)を展開してみればすぐに確かめられるでしょう．

$$\begin{cases} \begin{pmatrix} \alpha & \sqrt{2}\beta \\ \sqrt{2}\beta & \alpha \end{pmatrix}\begin{pmatrix} c'_{1x} \\ c'_{2x} \end{pmatrix} = \varepsilon_x\begin{pmatrix} c'_{1x} \\ c'_{2x} \end{pmatrix} \\[2em] (\alpha)(c'_{3x}) = \varepsilon_x(c'_{3x}) \end{cases} \tag{8.18}$$

2×2 の行列の方程式に含まれるのは s グループの SALC 軌道の係数，1×1 の行列（つまりスカラーですが）に含まれるのは a グループの SALC 軌道の係数です．式(8.18)をそれぞれ解くのはそれほど難しくありません．三次方程式を一題解く手間と，二次方程式と一次方程式を一題ずつ解く手間を想像してみてください（コンピュータで対角化を行う場合，計算時間はほぼ行列次元の二乗に比例するので，単純計算で

$9：5$ です）．結果をまとめると，

$$
\begin{cases}
\varepsilon_a = \alpha + \sqrt{2}\beta \\
\varepsilon_b = \alpha \\
\varepsilon_c = \alpha - \sqrt{2}\beta
\end{cases}
\tag{8.19a-c}
$$

$$
\begin{cases}
|\psi_a\rangle = \dfrac{1}{\sqrt{2}}\{|\varphi_1\rangle + |\varphi_2\rangle\} \\[2mm]
|\psi_b\rangle = |\varphi_3\rangle \\[2mm]
|\psi_c\rangle = \dfrac{1}{\sqrt{2}}\{|\varphi_1\rangle - |\varphi_2\rangle\}
\end{cases}
\tag{8.20a-c}
$$

となります．軌道エネルギーは式(7.23)と同じですが，LCAO 係数は式(7.24)とはだいぶ違っています．係数が違うのは基底が変わったためであって，式(8.12)の関係を代入すれば式(7.22)と全く同じ式が得られます．s グループの SALC 軌道の固有値方程式からは ψ_a と ψ_c，つまり s グループの分子軌道が得られ，a グループの方程式からは ψ_b，つまり a グループの分子軌道が得られました．

　このように分子の対称性適合軌道を利用すると計算すべき行列のサイズを小さくすることができます．もう一つ例を示してみます．1,3-ブタジエンは，2,3 位の間の単結合のコンホメーションに関して *syn*-型か *anti*-型かによって対称性が変わります．ただしヒュッケル法では原子間のつながりだけが重要なので，コンホメーションによるエネルギーの違いは区別できません．ここでは *syn*-型を想定して考えてみます．

　syn-1,3-ブタジエンは分子の面内を「巾」の字型に貫く軸を回転軸とする 2 回回転対称性(180 度回転すると同じ形になる対称性)をもっています．したがって分子軌道関数をこの回転軸に関して 180 度回転させたときの関数は，もとの関数と同じ(s グループ)か，または符号が反転している(a グループ)かのどちらかになります．この分子のヒュッケル分子軌道を正攻法で解こうと思えば，

$$
|\psi_x\rangle = c_{\mathrm{A}x}|\phi_{\mathrm{A}}\rangle + c_{\mathrm{B}x}|\phi_{\mathrm{B}}\rangle + c_{\mathrm{C}x}|\phi_{\mathrm{C}}\rangle + c_{\mathrm{D}x}|\phi_{\mathrm{D}}\rangle
\tag{8.21}
$$

anti-型　　　　　　　　　　*syn*-型

図 8-11　1,3-ブタジエンの構造

と仮定して，固有値方程式，

$$\begin{pmatrix} \alpha & \beta & 0 & 0 \\ \beta & \alpha & \beta & 0 \\ 0 & \beta & \alpha & \beta \\ 0 & 0 & \beta & \alpha \end{pmatrix}\begin{pmatrix} c_{Ax} \\ c_{Bx} \\ c_{Cx} \\ c_{Dx} \end{pmatrix} = \varepsilon_x \begin{pmatrix} c_{Ax} \\ c_{Bx} \\ c_{Cx} \\ c_{Dx} \end{pmatrix} \tag{8.22}$$

を解けばいいのですが，途中で四次方程式を解く必要があります．手計算でもできないことはありませんが，SALC を使ってブロック対角化すれば，解くのはだいぶ楽になります．s グループの分子軌道を得るには，s グループの SALC 軌道を基底として用い，a グループの軌道を得るには a グループの SALC 軌道を用いればいいのです．例えば，

$$|\varphi_1\rangle = \frac{1}{\sqrt{2}}\{|\phi_A\rangle + |\phi_D\rangle\}$$

$$|\varphi_2\rangle = \frac{1}{\sqrt{2}}\{|\phi_B\rangle + |\phi_C\rangle\}$$

$$|\varphi_3\rangle = \frac{1}{\sqrt{2}}\{|\phi_A\rangle - |\phi_D\rangle\} \tag{8.23a-d}$$

$$|\varphi_4\rangle = \frac{1}{\sqrt{2}}\{|\phi_B\rangle - |\phi_C\rangle\}$$

とすれば，固有値方程式は，

$$\begin{pmatrix} \alpha & \beta & 0 & 0 \\ \beta & \alpha+\beta & 0 & 0 \\ 0 & 0 & \alpha & \beta \\ 0 & 0 & \beta & \alpha-\beta \end{pmatrix}\begin{pmatrix} c'_{1x} \\ c'_{2x} \\ c'_{3x} \\ c'_{4x} \end{pmatrix} = \varepsilon_x \begin{pmatrix} c'_{1x} \\ c'_{2x} \\ c'_{3x} \\ c'_{4x} \end{pmatrix} \tag{8.24}$$

となります．2×2 の行列が二個ある形にブロック対角化されているのがわかります．それぞれの対角ブロックを取り出して固有値方程式を解くことによって，以下の固有値が求められます（ヒント：二次方程式を二回解くことになります）．

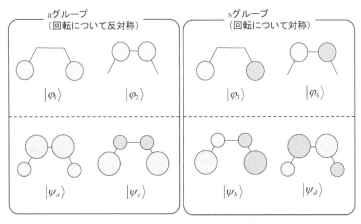

図 8-12 ブタジエンの SALC と分子軌道の分類

$$\begin{cases} \varepsilon_a = \alpha + \kappa\beta \\ \varepsilon_b = \alpha + (\kappa-1)\beta \\ \varepsilon_c = \alpha - (\kappa-1)\beta \\ \varepsilon_d = \alpha - \kappa\beta \end{cases} \qquad \kappa = \frac{1+\sqrt{5}}{2} \qquad (8.25\text{a}-\text{d})$$

ここで κ と表記した数は約 1.618 となります（黄金数としても知られています）．これらの値をもとの式に代入して連立方程式を解き，最終的に LCAO 係数の形に直すと，

$$\mathbf{C} = \frac{1}{\sqrt{2(1+\kappa^2)}} \begin{pmatrix} 1 & \kappa & \kappa & 1 \\ \kappa & 1 & -1 & -\kappa \\ \kappa & -1 & -1 & \kappa \\ 1 & -\kappa & \kappa & -1 \end{pmatrix} \qquad (8.26)$$

という値が得られます．SALC と分子軌道の関数を模式的に表したのが**図 8-12** です．

8.2.2　ブロック対角化の意味

　分子の対称性を利用すると，ヒュッケル分子軌道を求める計算がたいへん楽になることを見てきました．しかし，実はこのヒュッケル法自体が，この原理を利用したものなのです．ヒュッケル法は π 電子の軌道のみを考える理論ですが，π 共役系分子にも σ 結合はあるのになぜそれらを無視できるのか，と疑問に思いませんでしたか．ヒュッケル法を少し改良すれば，もちろん σ 電子を考慮することも可能です．σ 結合

$$
\begin{pmatrix}
\alpha_{2s} & 0 & 0 & 0 & \beta_{2s,2s} & \beta_{2s,2px} & 0 & 0 & \beta_{1s,2s} & \beta_{1s,2s} & 0 & 0 \\
0 & \alpha_{2px} & 0 & 0 & \beta_{2s,2px} & \beta_{2px,2px} & 0 & 0 & \beta_{1s,2px} & \beta_{1s,2px} & 0 & 0 \\
0 & 0 & \alpha_{2py} & 0 & 0 & 0 & \beta_{2py,2py} & 0 & \beta_{1s,2py} & -\beta_{1s,2py} & 0 & 0 \\
0 & 0 & 0 & \alpha_{2pz} & 0 & 0 & 0 & \beta_{2pz,2pz} & 0 & 0 & 0 & 0 \\
\beta_{2s,2s} & \beta_{2s,2px} & 0 & 0 & \alpha_{2s} & 0 & 0 & 0 & 0 & 0 & \beta_{1s,2s} & \beta_{1s,2s} \\
\beta_{2s,2px} & \beta_{2px,2px} & 0 & 0 & 0 & \alpha_{2px} & 0 & 0 & 0 & 0 & \beta_{1s,2px} & \beta_{1s,2px} \\
0 & 0 & \beta_{2py,2py} & 0 & 0 & 0 & \alpha_{2py} & 0 & 0 & 0 & \beta_{1s,2py} & -\beta_{1s,2py} \\
0 & 0 & 0 & \beta_{2pz,2pz} & 0 & 0 & 0 & \alpha_{2pz} & 0 & 0 & 0 & 0 \\
\beta_{1s,2s} & \beta_{1s,2px} & \beta_{1s,2py} & 0 & 0 & 0 & 0 & 0 & \alpha_{1s} & 0 & 0 & 0 \\
\beta_{1s,2s} & \beta_{1s,2px} & -\beta_{1s,2py} & 0 & 0 & 0 & 0 & 0 & 0 & \alpha_{1s} & 0 & 0 \\
0 & 0 & 0 & 0 & \beta_{1s,2s} & \beta_{1s,2px} & \beta_{1s,2py} & 0 & 0 & 0 & \alpha_{1s} & 0 \\
0 & 0 & 0 & 0 & \beta_{1s,2s} & \beta_{1s,2px} & -\beta_{1s,2py} & 0 & 0 & 0 & 0 & \alpha_{1s}
\end{pmatrix}
$$

図 8-13　エチレンのハミルトニアン表現行列

を作っている原子軌道に対してもクーロン積分や共鳴積分の値を別途用意してやれば
よいのです．このような目的で開発された方法を拡張ヒュッケル法といいます．

　拡張ヒュッケル法ではクーロン積分や共鳴積分を具体的な数値として与えますが，
ここではこれまでと同様 α や β などの文字で代表させておきます．例えば，炭素の
2s 軌道のクーロン積分は α_{2s}，炭素の $2p_x$ 軌道と水素の 1s 軌道の間の共鳴積分は
$\beta_{2px,1s}$ などといった具合です．エチレン分子を例にとると，価電子軌道は炭素の 2s，
$2p_x$，$2p_y$，$2p_z$（それぞれ二個），水素の 1s（四個）で，全部で 12 個になります．エチレン
の分子が乗った平面を xy 面とすると，ハミルトニアンの表現行列は図 8-13 のよう
になります．

　炭素の $2p_z$ に関わる行と列を緑色に網掛けしています．よく見ると，炭素 $2p_z$ 軌道
はそれ以外の軌道との非対角項はすべて 0 になっています．これは $2p_z$ 軌道とその他
の軌道の対称性の違いによるものです．基底の順番は任意に変えられるので，σ 電子
のブロックと π 電子のブロックに分けることができるということになります．つま
りヒュッケル法では，全電子の固有値方程式のうち，π 電子に関わるブロックを取り
出して解いていたのです．

第9章 • 分子と光の相互作用

9.1 光の吸収

9.1.1 分子と光

　化学において，分子と光はたいへん密接な関係にあります．原子や分子は目に見えませんから，様々な光を物質に照射してその応答を観測することによって，その状態や構造についての情報を得るのです（こういう手法を分光法といいます）．また，物質に光を照射して化学反応を起こさせることも可能です．自然界では光合成がありますし，人工的な反応としてはナイロンの原料合成に光化学反応が用いられています．第1章で触れたように，量子論で考えなくてはならない世界では，原子核や電子は粒子的な性格だけではなく波動的な性格をもち，光には波動的な性格に加えて粒子的な性格を考慮に入れなくてはなりません．波動と粒子は直接の相互作用はしませんが，波動と波動は干渉し，粒子と粒子は衝突します．分子と光にそれぞれ波動性と粒子性を考慮することで初めて両者の相互作用が説明できるのです．

　4.1節では，光を粒子（光子）として考えて分子との相互作用を記述しました．そうした描像では，光子のエネルギーは衝突によって分子に吸収されるのでした．吸収されたエネルギーはやがて熱となって分子の外に捨てられます．物質に光を当てると温まってくるのはそういう理屈です．分子が光を吸収して一時的に高いエネルギーをもった状態を励起状態といいます．これに対しエネルギーの最も低い平常時の状態を基底状態とよびます．光が可視光の場合には，分子が励起状態になるのは主として電子の運動状態が変わるためです．有限の大きさの分子では電子のエネルギーは不連続な値をとります．分子は基底状態と励起状態の差分のエネルギーを光子から受け取ったときに励起します．実はこの，特定のエネルギーの光子を吸収することの理由は粒子的な描像ではうまく説明することができません．これには波動的な描像を持ち込むことが必要で，後の項で詳解します．

　分子が特定のエネルギーの光子を選択的に吸収するという現象は，物質に特有の色を説明するのに役立ちます．**表9-1**にはクリセンとナフタセン（テトラセン）の種々

表 9-1　クリセンとナフタセンの比較

	クリセン（$C_{18}H_{12}$）	テトラセン（$C_{18}H_{12}$）
極限構造の数	8	5
ヒュッケル共鳴安定化エネルギー	-7.19β	-6.93β
ハートリー–フォック法による全エネルギー（$(9C_2H_4 - 12H_2)$を基準とした値）	-688.79613 a.u.（279.6 kJ mol^{-1}）	-688.77433 a.u.（336.9 kJ mol^{-1}）
標準生成エンタルピー $\Delta_f H$ 実測値	263.5 kJ mol^{-1}	302 kJ mol^{-1}
ヒュッケル HOMO–LUMO ギャップ	-1.04β	-0.58β
TD–DFT 法*による励起エネルギー計算値	3.913 eV（316.8 nm）	2.673 eV（463.8 nm）
吸収極大波長の実測値	3.41 eV（364 nm）	2.62 eV（474 nm）

* time-dependent density functional theory（時間依存密度汎関数）法

の計算値と実験値を示しています．両者はともに四個のベンゼン環が縮合した異性体ですが，クリセンは薄黄色，ナフタセンは橙色を示します．一般に，ベンゼン環が折れ曲がって縮合した化合物（フェン系）に比べて直線状につながった化合物（アセン系）は赤に近い色（これを深色側ともいいます．逆は浅色側です）を示すことが知られています．ヒュッケル分子軌道計算による共鳴安定化エネルギーはそれぞれ -7.19β と -6.93β で，その差 0.26β（~ 26 kJ/mol）は生成エンタルピーの差 38 kJ/mol をよく説明できています．より精度の高い HF 法による計算では，エネルギー差は 57 kJ/mol となりました．

　分子軌道理論の枠組みでは，各分子軌道を占める電子の数で分子の全電子エネルギーが決まります（式(6.44)）．基底状態では最も低い軌道から HOMO まで二個ずつの電子が入っています．電子間の相互作用を有効ハミルトニアンに押し込んで一電子近似を適用したヒュッケル法では，基底状態の全 π 電子エネルギーは式(9.1)で表されます．

$$E_{gr} = \sum_{x}^{HOMO} 2\varepsilon_x \tag{9.1}$$

この状態の次にエネルギーの低い状態は，HOMO から電子が抜けて LUMO に入った状態です．このような電子の移動を電子遷移といいます．このときのエネルギーは，

$$E_{ex} = \sum_{x}^{HOMO} 2\varepsilon_x - \varepsilon_{HOMO} + \varepsilon_{LUMO} \qquad (9.2)$$

と表せます。両者のエネルギー差は，

$$\Delta E_{ex} = E_{ex} - E_{gr} = \varepsilon_{LUMO} - \varepsilon_{HOMO} \qquad (9.3)$$

となります。この値は HOMO−LUMO ギャップとよばれ，分子が吸収する光子エネルギーの目安としてよく用いられています。ヒュッケル法による計算値ではその値はクリセンとナフタセンでそれぞれ -1.04β (~ 1.0 eV)，-0.58β (~ 0.6 eV) で，実測の吸収極大のエネルギー 3.41 eV，2.62 eV の差異を定性的には十分説明できています。現在，吸収エネルギーの計算によく用いられている時間依存密度汎関数理論(TD−DFT)に基づく方法では，3.91 eV，2.67 eV という値が出ました。

　クリセンとナフタセンとで HOMO−LUMO ギャップに顕著な差がでた理由を考えてみます。ヒュッケル法による分子軌道の軌道エネルギー準位図を**図 9-1** に示しました。参考までにベンゼンの軌道の準位と比較しています。これを見ると，低い方から六個までの軌道にはほとんど差がありません。7〜8 番目はナフタセンの方が低いですが，HOMO は高くなっています。クリセンとナフタセンの結合次数を比べると，クリセンの方が結合次数の大小差が大きくなっています(**図 7-9**，**8-8** も参照)。これは，クリセンでは芳香族性の高い環と低い環の差が大きく，ナフタセンでは差が小さ

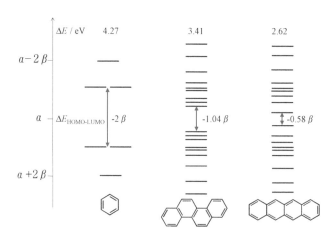

図 9-1　クリセンとナフタセンの軌道エネルギー準位図

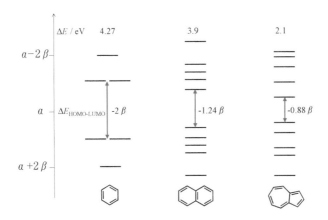

図 9-2　ナフタレンとアズレンの軌道エネルギー準位図

いということです．どちらの分子も，それぞれ与えられた原子の並びの拘束条件の中でエネルギーを最低にしようとした結果です．ナフタセンの場合は，それぞれの六員環の芳香族性を平均的にならした結果，HOMO の軌道準位が上がり，その他の軌道準位が下がったと解釈できます．

　もう一つの例として，ナフタレンとアズレンの軌道準位を**図 9-2**に示します．アズレンは七員環と五員環が縮合した分子で，ナフタレンの異性体です．ナフタレンは無色ですが，アズレンは鮮やかな青色を呈します．アズレン(azulene)の名前もその青色に由来しています(例えば cote d'azur(紺碧海岸)の azur はフランス語で青)．アズレンの青色も，その HOMO-LUMO ギャップが比較的小さいことと関係があります．ヒュッケル則によれば，七員環は電子を一個失って陽イオンになりやすく，五員環は電子を一個受け入れて陰イオンになりやすいと推定できます．実際に計算してみると，七員環側よりも五員環側の電子密度が相対的に高くなります(ヒュッケル則は単環状の分子に適用できる法則ですが，このような縮環化合物の電子状態を説明するのに役立つことがあります)．基底状態では七員環側が正に，五員環側が負に帯電していますが，HOMO から LUMO に電子が遷移すると，この電荷分布が逆転します．このように電荷の分布が大きく変化する遷移を電荷移動遷移，これによる吸収を電荷移動吸収とよびます．電荷移動遷移では一般にモル吸光係数が大きく，色が濃くなります．

9.1.2　時間に依存するシュレーディンガー方程式

　この項では，光を波(電磁波)として見た際の分子との相互作用について考えます．そのためには，分子中の電子の波としての性質，特に電子状態の時間依存性をあらわに考えておく必要があります．たいへん大雑把な言い方をすれば，異なるエネルギーをもつ電子の波動関数の差振動数の波(うなり)と同じ振動数の波が照射されて，うなりが共鳴することによって高い準位の電子状態が出現する現象が光による励起です．

　時間に依存するシュレーディンガー方程式の解は次のように書けます(→Mas Math ノート 20【時間に依存するシュレーディンガー方程式】)．

$$|\Psi(t)\rangle = \exp\left(-i\frac{\mathcal{H}}{\hbar}t\right)|\Psi(0)\rangle \tag{9.4}$$

時間によらずエネルギーが一定なら，時間と位置を変数分離して解くことができて，

$$\begin{aligned}|\Psi(t)\rangle &= \exp\left(-i\frac{E}{\hbar}t\right)|\Psi(0)\rangle \\ &= \exp(-i\omega t)|\Psi(0)\rangle\end{aligned} \tag{9.5}$$

と書けます．ここで$|\Psi(0)\rangle$はハミルトニアンの固有状態で，

$$\mathcal{H}|\Psi(0)\rangle = E|\Psi(0)\rangle, \quad E = \hbar\omega \tag{9.6}$$

という関係を満たしています．

Mas Math ノート 20

【時間に依存するシュレーディンガー方程式】

古典的な波動方程式(式(2.16))から始めます．

$$\frac{\partial^2}{\partial t^2}u(x,t) = \frac{\omega^2}{k^2}\frac{\partial^2}{\partial x^2}u(x,t) \tag{M20.1}$$

$u(x,t)$は時間と位置で決まる変位です．この方程式を量子力学的な形に置き換えていきます．右辺の微分演算子は，運動量の二乗に対応する作用素のx-表示でした．つまり$u(x,t)$が量子力学的な何かの波動関数なら，

$$\frac{\partial^2}{\partial x^2}u(x,t) = -k^2u(x,t) \tag{M20.2}$$

という関係が成り立つはずです．さらに**表 1-1**の関係を使ってωとkを書き換える

と，式(M20.2)は，

$$\frac{\partial^2}{\partial t^2}u(x,t) = -\frac{E^2}{\hbar^2}u(x,t) \tag{M20.3}$$

となります．これは一種の固有値方程式になっています．時間で二回微分するとエネルギーの二乗がわかるというものです．それなら一回の微分ではエネルギーそのものがわかるでしょう．ただし負の符号がついていますから虚数単位を使います．

$$i\hbar\frac{\partial}{\partial t}u(x,t) = Eu(x,t) \tag{M20.4}$$

左辺の微分演算子はエネルギーを固有値としているのですから，これは 2.1 節で見たハミルトニアンと等しいということになります．

$$i\hbar\frac{\partial}{\partial t}u(x,t) = \hat{H}u(x,t) \tag{M20.5}$$

これは，式(2.15)の時間に依存しないシュレーディンガー方程式に対して，時間依存シュレーディンガー方程式とよばれます．もっとも，シュレーディンガーが最初に示した方程式はこちらの方でした．H は x - 表示で書いたハミルトン演算子です．表示を選ばないブラケット記法では，この方程式は以下のように書けます．

$$i\hbar\frac{\partial}{\partial t}|\Psi(t)\rangle = \mathcal{H}|\Psi(t)\rangle \tag{M20.6}$$

ここでは時間 t はパラメータの一つとして扱われています．つまり状態が時間によって刻々と変わっていくという見方です．この方程式の解は次式のように書けます．

$$|\Psi(t)\rangle = \exp\left(-i\frac{\mathcal{H}}{\hbar}t\right)|\Psi(0)\rangle$$
$$\equiv \mathcal{A}(t)|\Psi(0)\rangle \tag{M20.7}$$

この式の $\mathcal{A}(t)$ は作用素ですが，状態ベクトルの時間を進める働きをするので時間発展作用素とよばれます．もともとは，exp の中に $\mathcal{H}$ が入った奇妙な形をしていますが，これはテイラー展開で，

$$\mathcal{A}(t) = \exp\left(-i\frac{\mathcal{H}}{\hbar}t\right)$$
$$= 1 - i\frac{\mathcal{H}}{\hbar}t - \frac{1}{2!}\frac{\mathcal{H}^2}{\hbar^2}t^2 + i\frac{1}{3!}\frac{\mathcal{H}^3}{\hbar^3}t^3 + \frac{1}{4!}\frac{\mathcal{H}^4}{\hbar^4}t^4 - \cdots \tag{M20.8}$$

と計算することを意味した書き方です．

ハミルトニアンが,

$$\mathcal{H} = \mathcal{H}_0 + \mathcal{V} \tag{9.7}$$

と表されるとします. $\mathcal{H}_0$ は光が照射されていない状態の分子のハミルトニアンです. $\mathcal{V}$ は系にもたらされるエネルギー的なゆらぎのようなもので, 摂動項とよばれます. ここでは分子に角振動数 ω の電磁波が照射された場合を考えます. 電子遷移を起こすような電磁波の波長は 200〜800 nm 程度で, これは原子, 分子のスケールに比べて非常に大きいですから, 電磁波は一様な電場 F_0 を系にもたらすと考えてよいでしょう. 摂動項は電子の位置の演算子を使って,

$$\hat{V} = -eF_0\hat{\boldsymbol{r}}\cos(\omega t) = -\frac{1}{2}eF_0\hat{\boldsymbol{r}}\{\exp(-i\omega t) + \exp(i\omega t)\} \tag{9.8}$$

と表せます.

摂動があるとき(摂動系)の固有状態ベクトルは, 摂動がないとき(非摂動系)の状態ベクトルの線形結合で表すことができます. これは非摂動系の固有状態が完全系を張るからです. ここでは簡単のために $|\Psi_1(t)\rangle$ と $|\Psi_2(t)\rangle$ の二個だけを使って近似することを考えます.

$$
\begin{aligned}
|\Psi_1(t)\rangle &= \exp(-i\omega_1 t)|\Psi_1(0)\rangle \\
|\Psi_2(t)\rangle &= \exp(-i\omega_2 t)|\Psi_2(0)\rangle
\end{aligned} \tag{9.9}
$$

とすれば, これらは,

$$\mathcal{H}_0|\Psi_i(t)\rangle = \hbar\omega_i|\Psi_i(0)\rangle, \quad (i = 1,2) \tag{9.10}$$

を満たしています. イメージとしては $|\Psi_1(t)\rangle$ が基底状態, $|\Psi_2(t)\rangle$ が励起状態だと思ってください. $|\Psi(t)\rangle$ を,

$$|\Psi(t)\rangle = c_1\exp(-i\omega_1 t)|\Psi_1(0)\rangle + c_2\exp(-i\omega_2 t)|\Psi_2(0)\rangle \tag{9.11}$$

と近似します. 摂動がなければ $c_1 = 1$, $c_2 = 0$ なのですが, 光照射によって分子が励起状態を少々 "帯びてくる" と解釈してよいでしょう. 式(9.6)に代入し, 式(9.8)を使うと(c_1, c_2 も t の関数であることに注意),

$$
\begin{aligned}
&\mathcal{V}(c_1\exp(-i\omega_1 t)|\Psi_1(0)\rangle + c_2\exp(-i\omega_2 t)|\Psi_2(0)\rangle) \\
&= i\hbar\left(\frac{\partial c_1}{\partial t}\right)\exp(-i\omega_1 t)|\Psi_1(0)\rangle + i\hbar\left(\frac{\partial c_2}{\partial t}\right)\exp(-i\omega_2 t)|\Psi_2(0)\rangle
\end{aligned} \tag{9.12}
$$

となります．これで$\mathcal{H}_0$が関わる項は消えました．さらに左から$\exp(i\omega_2 t)\langle\Psi_2(0)|$をかけて規格直交条件を使えば，

$$c_1 \exp(-i(\omega_1 - \omega_2)t)\langle\Psi_2(0)|\mathcal{V}|\Psi_1(0)\rangle + c_2\langle\Psi_2(0)|\mathcal{V}|\Psi_2(0)\rangle = i\hbar\left(\frac{\partial c_2}{\partial t}\right) \quad (9.13)$$

という関係が得られます．光を照射する時間（＝摂動が生じる時間）を$t=0$から$t=T$までとします．$t=0$の直後では$c_1=1$，$c_2=0$と考えてこれを初期条件として代入すれば，

$$\begin{aligned}\left(\frac{\partial c_2}{\partial t}\right)_{t=0} &= -\frac{i}{\hbar}\exp(-i(\omega_1 - \omega_2)t)\langle\Psi_2(0)|\mathcal{V}|\Psi_1(0)\rangle \\ &\equiv -\frac{i}{2\hbar}\mu_{\mathrm{tr}}F_0\exp(-i(\omega_1 - \omega_2)t)\{\exp(-i\omega t) + \exp(i\omega t)\}\end{aligned} \quad (9.14)$$

となります．2段目の変形は式(9.8)を代入した結果です．ここで，

$$\mu_{\mathrm{tr}} = e\langle\Psi_2(0)|r|\Psi_1(0)\rangle \quad (9.15)$$

は遷移モーメント（または遷移双極子モーメント，transition moment）とよばれる積分値で，光による励起の確率を左右する重要な量です．式(9.14)は光を当て始めたときのc_2の伸び率ですが，Tをごく短い時間と考えてこの伸び率が続くと考えます．

$$\frac{\partial c_2}{\partial t} = \frac{i}{2\hbar}\mu_{\mathrm{tr}}F_0\{\exp[i(\omega_2 - \omega_1 - \omega)t] + \exp[i(\omega_2 - \omega_1 + \omega)t]\} \quad (9.16)$$

$0 < t < T$の範囲で積分すれば，

$$\begin{aligned}c_2(T) &= \frac{i}{2\hbar}\mu_{\mathrm{tr}}F_0\int_0^T \{\exp[i(\omega_2 - \omega_1 - \omega)t] + \exp[i(\omega_2 - \omega_1 + \omega)t]\}\mathrm{d}t \\ &= \frac{1}{2\hbar}\mu_{\mathrm{tr}}F_0\left\{\frac{\exp[i(\omega_2 - \omega_1 - \omega)T]-1}{\omega_2 - \omega_1 - \omega} + \frac{\exp[i(\omega_2 - \omega_1 + \omega)T]-1}{\omega_2 - \omega_1 + \omega}\right\} \\ &\simeq \frac{1}{2\hbar}\mu_{\mathrm{tr}}F_0\frac{\exp[i(\omega_2 - \omega_1 - \omega)T]-1}{\omega_2 - \omega_1 - \omega}\end{aligned} \quad (9.17)$$

という表式を得ます．式(9.17)の2段目の$\{\ \}$の中の項は分母が0に近くなるときのみ大きく，$\omega_2 > \omega_1$の条件下では第1項に比べて第2項の寄与は小さいので無視できます．時刻$t=T$において，系の状態が$|\Psi_2\rangle$である確率は$|c_2(T)|^2$と解釈するので，この値を計算してみます．

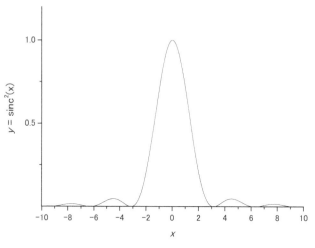

図 9-3　二乗シンク関数

$$|c_2(T)|^2 = \frac{1}{4\hbar^2}|\mu_{tr}|^2 F_0^2 \frac{\sin^2\left(\dfrac{(\omega_2 - \omega_1 - \omega)T}{2}\right)}{\left(\dfrac{(\omega_2 - \omega_1 - \omega)T}{2}\right)^2} T^2 \tag{9.18}$$

この関数は**図 9-3** に示すようなグラフになります.

　単位時間あたりの励起確率は,

$$\begin{aligned}
p(\omega) &= \frac{1}{T}|c_2(T)|^2 \\
&\simeq \frac{1}{T}\left\{\int_0^\infty |c_2(T)|^2\,d\omega\right\}\delta(\omega_2 - \omega_1 - \omega) = \frac{\pi}{2\hbar^2}|\mu_{tr}|^2 F_0^2 \delta(\omega_2 - \omega_1 - \omega)
\end{aligned} \tag{9.19}$$

で計算できます. 2 段目は, **図 9-3** で表されるグラフの線幅が, 考えているエネルギー範囲に比べて十分狭いという条件で近似しました(積分については →Mas Math ノート 21 【シンク関数】). 式(9.19)をフェルミの黄金律(golden rule)といいます. 分子軌道法によって求めた波動関数を用いれば遷移モーメントを計算することができるので, 吸収スペクトルの強度プロファイルを理論的に予想することができます.

Mas Math ノート 21

【シンク関数】

関数 $\mathrm{sinc}(x) = \dfrac{\sin x}{x}$ はカージナルサインまたはシンク関数とよばれ，$\mathrm{sinc}(0) = 1$ と定義されます．

$$\int_{-\infty}^{\infty} \mathrm{sinc}(x)\mathrm{d}x = \pi \qquad (\text{M21.1})$$

$$\int_{-\infty}^{\infty} \mathrm{sinc}^2(x)\mathrm{d}x = \pi \qquad (\text{M21.2})$$

となることが知られています．式 (9.18) で $\dfrac{(\omega_2 - \omega_1 - \omega)T}{2} = \phi$ とおけば，$|\omega_2 - \omega_1| \gg 0$ という前提で，

$$\int_0^{\infty} \frac{\sin^2\left(\dfrac{(\omega_2 - \omega_1 - \omega)T}{2}\right)}{\left(\dfrac{(\omega_2 - \omega_1 - \omega)T}{2}\right)^2}\mathrm{d}\omega = -\frac{2}{T}\int_{\infty}^{-\infty}\frac{\sin^2\phi}{\phi^2}\mathrm{d}\phi = \frac{2\pi}{T} \qquad (\text{M21.3})$$

が得られます．**図 9-3** からもわかるように，式 (M21.3) は ω が完全に $\omega_2 - \omega_1$ に一致していなくても共鳴が生じることを示しています．共鳴による遷移確率が極大となるのは，

$$\omega = \omega_2 - \omega_1 \pm \frac{(2n+1)}{T}, \quad (n \geq 1) \qquad (\text{M21.4})$$

のときで，これは光の波動性に基づく干渉によるものと解釈されます．$\omega = \omega_2 - \omega_1$ を中心とする極大の広がりは $\Delta\omega = \dfrac{2\pi}{T}$ 程度となって，時間とエネルギーの不確定性 $T\Delta E = h$ と対応します．

分子が吸収したエネルギーの総量 U は，

$$\begin{aligned}
\langle U \rangle &= \int_0^{\infty} \hbar\omega p\,\mathrm{d}\omega \\
&= \frac{\pi}{2\hbar^2}\hbar(\omega_2 - \omega_1)|\mu_{\mathrm{tr}}|^2 F_0^2 = \frac{\pi}{2\hbar^2}\Delta E|\mu_{\mathrm{tr}}|^2 F_0^2
\end{aligned} \qquad (9.20)$$

と表せます．ここで，ΔE は（状態 2 ←状態 1）の励起エネルギー，

$$\hbar(\omega_2 - \omega_1) = \Delta E \tag{9.21}$$

としました.

古典的な振動子モデルから計算される吸収エネルギー U_f は,励起電子一個あたり,

$$\langle U_f \rangle = \frac{\pi e^2 F_0^2}{4m} \tag{9.22}$$

と計算されます($\to$Mas Math ノート 22【古典振動子のエネルギー】). U と U_f の比を振動子強度といい,f で表します.

$$f = \frac{\langle U \rangle}{\langle U_f \rangle} = \frac{8m}{e^2 \hbar^2} \Delta E |\mu_{tr}|^2 \tag{9.23}$$

一方,実験的にはランベルト–ベールの法則より光子の吸収確率 $p(\omega)$ が

$$p(\omega) = 10^{-1} \times \ln 10 \times \frac{\varepsilon(\omega)c_0 \rho_p}{N_A} \tag{9.24}$$

であることが導かれます(4.1 節:ε はモル吸光係数で,単位は $M^{-1} cm^{-1}$). 電磁波の放射エネルギー密度 $u(\omega)$ は電場のエネルギーで表せますが,これは光子の密度で表すこともできます.

$$u(\omega) = \frac{1}{2} c_0 \varepsilon_0 F_0^2 = \hbar \omega c_0 \rho_p \tag{9.25}$$

式(9.20–25)の関係を使うと,実験的な振動子強度は吸収スペクトルのピーク面積に比例することがわかります.

$$f = \frac{4m}{\pi e^2 F_0^2} \hbar \omega \int p(\omega) d\omega = 10^{-1} \times \ln 10 \times \frac{2c_0 \varepsilon_0 m}{\pi e^2 N_A} \int \varepsilon(\omega) d\omega \tag{9.26}$$

ε を波数 $\tilde{\nu}$ の軸(cm^{-1} 単位)でとる場合(化学ではこの方が多い)には,

$$f = 10 \times \ln 10 \times \frac{4c_0^2 \varepsilon_0 m}{e^2 N_A} \int \varepsilon(\tilde{\nu}) d\tilde{\nu} = 4.32 \times 10^{-9} \times \int \varepsilon(\tilde{\nu}) d\tilde{\nu} \tag{9.27}$$

に従って求められます.

Mas Math ノート 22

【古典的振動子のエネルギー】

粘性抵抗のある調和振動子のようにふるまう電子の運動方程式,

$$\frac{\mathrm{d}^2 x}{\mathrm{d}t^2} = -\omega_0^2 x - 2\gamma \frac{\mathrm{d}x}{\mathrm{d}t} + \frac{1}{m} f(t) \tag{M22.1}$$

において,外力 $f(t)$ として振動電場による力 $-eF = -eF_0 \exp(-i\omega t)$ を考えます.ここで固有角振動数 ω_0 と減衰係数 γ は,電子の質量 m,調和振動子力の定数 k,粘性抵抗係数 ζ から定義される量です.

$$\omega_0 = \sqrt{\frac{k}{m}} \tag{M22.2}$$

$$\gamma = \frac{\zeta}{2m} \tag{M22.3}$$

式(M22.1)を解くと,

$$x = \frac{e}{m} \frac{-F_0 \exp(-i\omega t)}{\omega_0^2 - \omega^2 - 2i\gamma\omega} = -\frac{e}{m} \frac{1}{\omega_0^2 - \omega^2 - 2i\gamma\omega} F \tag{M22.4}$$

という解を得ます.双極子モーメント μ と分極率 α の関係(10.1節)から,

$$\mu = -ex = \alpha F \tag{M22.5}$$

なので,式(M22.4)を式(M22.5)に代入すれば,α は次のように複素数として表されます.

$$\alpha = \frac{e^2}{m} \frac{1}{\omega_0^2 - \omega^2 - 2i\gamma\omega} = \frac{e^2}{m} \frac{(\omega_0^2 - \omega^2 + 2i\gamma\omega)}{(\omega_0^2 - \omega^2)^2 + 4\gamma^2\omega^2} \equiv \alpha' + i\alpha''$$

$$\alpha' = \frac{e^2}{m} \frac{(\omega_0^2 - \omega^2)}{(\omega_0^2 - \omega^2)^2 + 4\gamma^2\omega^2} \approx \frac{e^2}{2m\omega_0} \frac{(\omega_0 - \omega)}{(\omega_0 - \omega)^2 + \gamma^2} \tag{M22.6a-c}$$

$$\alpha'' = \frac{e^2}{m} \frac{2\gamma\omega}{(\omega_0^2 - \omega^2)^2 + 4\gamma^2\omega^2} \approx \frac{e^2}{2m\omega_0} \frac{\gamma}{(\omega_0 - \omega)^2 + \gamma^2}$$

式(M22.6 b, c)の $\approx$ 以下に示したのは,$\omega \sim \omega_0$ としたときの近似式です.分極率が複素数になるのは,電場振動に対して双極子の振動に位相の遅れが生じることを表しています.分極率の実部 α' は電場の動きに追従して動く成分であり,虚部 α'' は位相が $\pi/2$ ずれて動く成分です.電場と双極子の位相のずれは摩擦を生むので,エネルギーを熱として散逸します.電場の振動数が ω のときに単位時間あたり発生する熱 $D(\omega)$ は外力と速度(ともに実部のみ使う)の積であり,その時間平均(散

逸関数)は,

$$\langle D(\omega) \rangle = \left\langle \mathrm{Re}[f(t)] \mathrm{Re}\left[\frac{\mathrm{d}x}{\mathrm{d}t}\right] \right\rangle = \omega \alpha'' F_0^2 \langle \cos^2 \omega t \rangle$$

$$= \frac{1}{2} \omega \alpha'' F_0^2 \tag{M22.7}$$

となります. $D(\omega)$ を ω で積分すればエネルギー散逸の全量 U_f が得られます.

$$U_f = \int_0^\infty \langle D(\omega) \rangle \mathrm{d}\omega = \frac{e^2 F_0^2}{4m} \int_0^\infty \frac{\gamma}{(\omega_0 - \omega)^2 + \gamma^2} \mathrm{d}\omega = \frac{\pi e^2 F_0^2}{4m} \tag{M22.8}$$

ただし(M22.8)では α'' として(M22.6c)の近似式を使い, $\omega \sim \omega_0$ を仮定しました. 積分の計算には, 公式,

$$\int_{-\infty}^\infty \frac{a}{x^2 + a^2} \mathrm{d}x = \pi \tag{M22.9}$$

を用いました($\omega_0 \gg 0$ なので $\omega < 0$ の積分範囲を無視してよい).

9.2 光と化学反応

9.2.1 異性化反応

分子が光を吸収すると, その光子のエネルギーは電子のエネルギーとして一旦は分子に蓄えられます. 電子の可能な運動状態だとはいえ, 分子にとって励起状態は最安定な状態ではありませんから, 結合のあちこちに無理がかかっています. 分子軌道理論の枠組みでは, 電子の励起状態は HOMO などの占有軌道から LUMO などの非占軌道への遷移として記述するのでした. 電子遷移による電子状態の変化は, ヒュッケル法のような単純な方法でも垣間見ることができます.

ヒュッケル法では, 密度行列は式(7.35)で与えられるのでした.

$$\mathbf{P} = \mathbf{CNC}^\mathrm{T} \tag{7.35 再掲}$$

この式をエチレン分子の π 電子に適用した場合, 各炭素上の π 電子密度は 1, 炭素原子間の π 結合次数は 1 となりました. ここで, エチレン分子が光励起したと仮定して, HOMO から LUMO へ電子が一個遷移した状態を考えます. ヒュッケル法では, 行列 $\mathbf{C}$ は不変で, 行列 $\mathbf{N}$ のみが変化すると考えます(実際には励起によって分子構造が変わるため分子軌道も変化しますが, ヒュッケル法ではそこまで考慮しません).

$$\mathbf{N} = \begin{pmatrix} 2 & 0 \\ 0 & 0 \end{pmatrix} \rightarrow \begin{pmatrix} 1 & 0 \\ 0 & 1 \end{pmatrix} \tag{9.28}$$

式(7.36)に従って計算すると,

$$\mathbf{P} = \mathbf{CNC}^{\mathrm{T}} = \left(\frac{1}{\sqrt{2}}\right)^2 \begin{pmatrix} 1 & 1 \\ 1 & -1 \end{pmatrix} \begin{pmatrix} 1 & 0 \\ 0 & 1 \end{pmatrix} \begin{pmatrix} 1 & 1 \\ 1 & -1 \end{pmatrix} = \begin{pmatrix} 1 & 0 \\ 0 & 1 \end{pmatrix} \tag{9.29}$$

　これを定義通りに解釈すれば,各炭素原子上の π 電子密度は 1,π 結合次数は 0 と いうことになります.つまり,π 結合が切れて σ 結合だけが残るため,C–C 結合は 自由に回転できるようになるということです.実際の分子でも同様の現象が観測さ れ,励起状態では C–C 結合が 90 度ねじれた構造が最も安定になります.その構造か ら基底状態に戻る際に左右どちらの方向にねじれるかによって,もとの構造と同じ

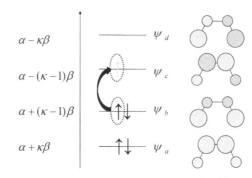

図 9–4　ブタジエンの HOMO→LUMO 電子遷移

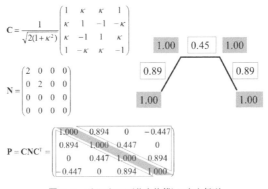

図 9–5　ブタジエン(基底状態)の密度行列

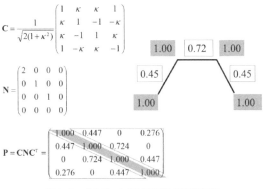

図9-6　ブタジエン（励起状態）の密度行列

か，180度ねじれたかのどちらかになります．エチレンの場合どちらも区別がつかないのですが，各炭素上に何か置換基がついている場合は *cis-trans* 間での構造変換（異性化）が観測されることになります．

　もう少し顕著な例としてブタジエン（buta-1,3-diene）の分子軌道を見てみます．ブタジエンの励起によってHOMOからLUMOに電子が一個励起する様子を**図9-4**に示します．この電子遷移によって行列 **N** はどのように変化するでしょうか．答えは**図9-5**と**図9-6**を見てください．エチレンの場合と同様，ブタジエンでも各炭素上のπ電子密度には変化がありませんが，π結合密度には大きな変化があります．基底状態では両端で 0.89，中央で 0.45 です．普通に書かれる極限構造では中央のC-Cは単結合ですが，計算上はそれほど自由に回転できないことが予想されます．励起状態では両端のC-C結合が 0.45，中央が 0.72 となって，結合次数の大小が逆転します．これは，励起状態では中央のC-Cはいっそう回転しにくくなり，代わりに両端のC-Cが多少回転しやすくなることを示しています．

9.2.2　環状電子反応

　光によって起きる化学反応の例も見ておきましょう．前項で見たブタジエンは，光照射または熱によって環化反応を起こし，シクロブテン（8.1節で出てきたシクロブタジエンとは異なる分子です）を生じることが知られています．反応物としてヘキサ-2,4-ジエン（hexa-2,4-diene）を用いたときは，この場合，光反応と熱反応とで生成物が変わります．ヘキサ-2,4-ジエンはブタジエンの両端の炭素上の水素の一つがメチル基に置き換わった分子です．端のC=C結合は自由に回転できませんから，どちらの水素を置換するかによって *E*（entgegen; 反対側を意味し，*trans* とほぼ同義）あるい

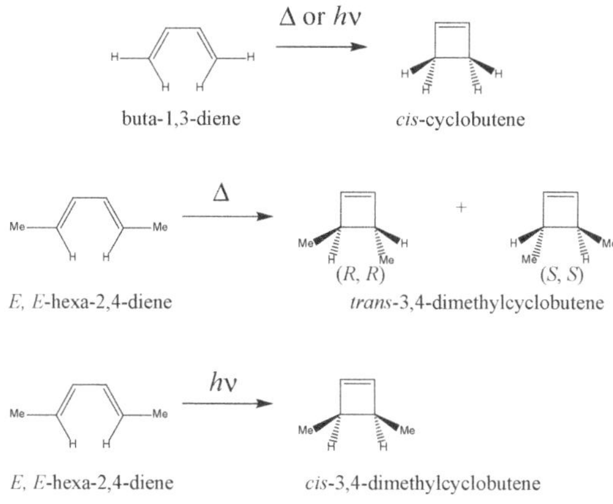

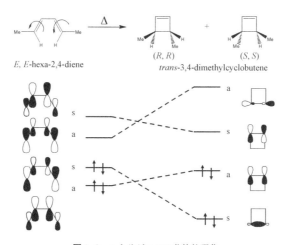

図9-7 1,3-ブタジエンとヘキサ-2,4-ジエンの環化反応

は Z(zusamen; 同じ側を意味し, cis とほぼ同義)を指定する必要があります. **図9-7**
以下では E,E-ヘキサ-2,4-ジエンで説明します.

E,E-ヘキサ-2,4-ジエンは, 熱反応では trans-3,4-ジメチルシクロブテンを生じま
す(互いに鏡像体である(R, R)-体と(S, S)-体が同量できます)が, 光反応では cis-
3,4-ジメチルシクロブテンが生じます. この反応性の違いを説明するには, 分子軌道
を利用した反応機構の解析が有効です. 末端のメチル基には π 電子はありませんか

図9-8 ヘキサジエンの共旋的環化

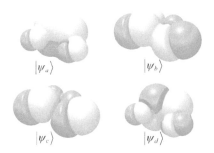

図 9-9 共旋的環化過程での分子軌道

ら，π 電子の電子状態を考えるにはブタジエンをモデルとして用いることができます．
8.2 節と同様，ここでは *syn* 型を反応の出発点として考えます．

熱反応による生成物が生じるためには，ブタジエン構造の両端の C＝C 結合が同時
に同じ向き（同旋的）にねじれる必要があります（**図 9-8**）．この構造変化の過程で，π
軌道の一部は σ 軌道へと変わる（**図 9-9**）のですが，その軌道の変化の仕方には一定
のルールがあるということがウッドワード（Woodward）とホフマンにより提唱されま
した．*syn*-ブタジエンには 2 回軸（分子面内にあって，分子を 2 等分する直線）があり
ますが，同旋的な構造変化ではこの 2 回軸がずっと保たれることになります．ウッド
ワードとホフマンによれば，2 回回転に関して対称的な（s グループに属する）π 軌道

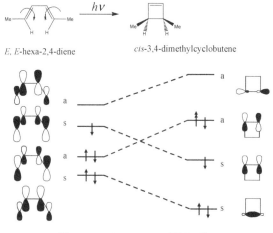

図 9-10 ヘキサジエンの逆旋的環化

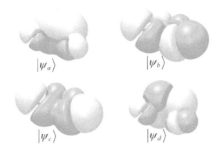

図9-11 逆共旋的環化過程での分子軌道

はsグループのσ軌道に変化し，反対称的な(aグループに属する)π軌道はaグループのσ軌道に変化します．これを軌道対称性保存則といいます．しかも軌道準位の変化をたどる線は，同じグループの軌道間では交差しません(非交差則)．このような条件下では，軌道の推移は**図9-8**中の点線のようになります．C＝C結合がねじれることで一時的にはエネルギー的に不利になります(このエネルギーは系に加えられる熱で補われます)が，反応後はσ結合の生成で系が安定化するので反応は一方向に進みます．しかも占有軌道にある電子はそのまま占有軌道にとどまったままなので，熱を加えるだけで反応が進みます．

　一方，光反応による生成物ができるためには，ブタジエン構造の両端のC＝C結合が同時に逆の向き(逆旋的)にねじれる必要があります(**図9-10**)．この構造変化の過程でも，π軌道からσ軌道への変化の仕方は軌道対称性保存則に従います．*syn*-ブタジエンには鏡映面(分子面に垂直で，分子を2等分する面)もあって，逆旋的な構造変化ではこの鏡映面がずっと保たれることになります(**図9-11**)．鏡映面に関して対称的な(sグループに属する)π軌道はsグループのσ軌道に変化し，反対称的な(aグループに属する)π軌道はaグループのσ軌道に変化します(軌道のグループ分けが**図9-8**とは異なることに注意してください)．非交差則を満たすように軌道の変化をたどると，軌道の推移は**図9-10**中の点線のようになります．こんどは，π電子の占有軌道が非占軌道に変わるので多大なエネルギーが必要となり，系に与えられる熱エネルギーだけでは足りません．しかし系に光エネルギーが与えられ，HOMOからLUMOへ電子遷移が起きた状態から反応がスタートすれば，ずっと有利に反応が進みます．構造変化が終わると分子は基底状態に戻り，反応は終了します．

第10章 ● 電荷の偏りが生む現象

10.1 分子の極性

10.1.1 ヘテロ原子を含む分子

第5章〜第9章では，多電子系分子の電子状態を近似的に求める方法として，原子価結合理論や分子軌道理論について，実際の計算結果も交えて説明しました．ただし，これらの計算例では(特に分子軌道理論では)，あえて炭素と水素から構成される分子を扱っていました．しかし，実際の有機化合物分子は，炭素，水素に加え，酸素，窒素，リン，硫黄，ハロゲン(フッ素，塩素，臭素，ヨウ素)などの原子から構成されています．炭素，水素以外のこれらの元素はヘテロ元素ともよばれます．ヘテロ元素の原子(ヘテロ原子)が分子に取り入れられることによって，有機化学の世界はたいへんバラエティーに富む，複雑な現象で満ち溢れることになります．

ヘテロ原子を含む分子を分子軌道法で扱うには，本来なんら特別なことは必要ありません．原子番号と等しい核電荷を配置し，電子が入る分子軌道を計算するだけです．分子軌道の計算には普通，LCAO近似を用いますから，それぞれの原子が，孤立状態ではどのような原子軌道(広がり，形，エネルギー)をもっているかという点がたいへん重要になります．原子番号が大きくなるにつれて核からの静電引力が増しますから，原子軌道は縮みます．縮まった軌道に入った電子は核の電場を遮蔽するので静電引力は次第に弱まっていきそうなものですが，同じ殻(K殻：1s，L殻：2s，2p，M殻：3s，3p，3d，N殻：4s，4p，4d，4f，…)にある軌道は同程度の空間的広がりをもっているので，遮蔽効果はそれほど大きくありません．結果，周期表の一つの行の中では右に行くほど電子は核に強く引き付けられ，原子軌道の広がりは小さくなります．分子の中にヘテロ原子がある場合も，同様の理由で右端の元素ほど電子を強く引き付けることになります．3.1節で見た有効核電荷はこのような事情を簡単に表したものです．

原子核が電子を引き付ける強さの尺度は，すでに電気陰性度として5.3節でも触れました．ヒュッケル法などの単純な分子軌道法で，手っ取り早くヘテロ原子の効果を

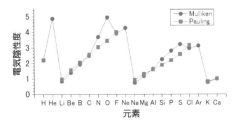

■ Paulingの電気陰性度　$|x_A - x_B|^2 = D_{AB} - \sqrt{D_{AA}D_{BB}}$

D：結合解離エネルギー

● Mullikenの電気陰性度　$x_A = \dfrac{IP + EA}{2}$　　IP：イオン化ポテンシャル
EA：電子親和力

図 10-1 電気陰性度

考慮するには、この電気陰性度を利用すればいいのです。電気陰性度の定義として先にポーリングの式を挙げましたが、ここではマリケンの式を利用することにします。マリケンの定義では、電気陰性度はイオン化ポテンシャルと電子親和力の平均値で表されます（**図 10-1**）。ポーリングの定義では二つの元素の相対的な値の差が定義されるのに対し、マリケンの定義では個々の元素に対して独立に絶対的な値が決まるという利点があります。一見まったく異なる式で定義されているにもかかわらず、両者の定義による電気陰性度はたいへんよく一致します（ただし数値がほぼ一致しているのはそうなるように後世の人が適当な係数をかけた結果）。

　分子軌道理論の枠組みでは、イオン化ポテンシャルおよび電子親和力はそれぞれHOMO、LUMO の軌道エネルギーの符号を反転させた値で近似できるので、式(10.1)が成り立ちます（今は原子の軌道についての話なので厳密には"MO"ではないのですが、便宜上こうよんでおきます）。

$$\chi = \frac{IP + EA}{2} \approx -\frac{\varepsilon_{HOMO} + \varepsilon_{LUMO}}{2} \tag{10.1}$$

つまり、HOMO 準位が低い原子ほど電気陰性度が高く、LUMO 準位が高い原子ほど電気陰性度が低いということです。したがって、電気陰性度の効果をヒュッケル法に取り入れるには、軌道のエネルギー準位、すなわちクーロン積分の値を修正しておくというのが有効です。

　ストライトウィーザー（Streitwieser）によるヘテロ原子のヒュッケルパラメータを**表 10-1** にまとめておきました。原子 X についてのクーロン積分は、炭素の値 α に、

表 10-1　ヘテロ原子のヒュッケルパラメータ

原子 X	a_X	有効核電荷	結合 X−Y	b_{XY}	結合距離(Å)
C	0.0	3.25	C＝N	1.0	1.34
N·	0.5	3.90	C−N	0.8	1.47
N:	1.5	4.25	C＝O	1.0	1.23
O·	1.0	4.55	C−O	0.8	1.43
O:	2.0	4.90	N−O	0.7	1.44
F	3.0	5.20	C−F	0.7	1.30
Cl	2.0	6.10	C−Cl	0.4	1.70
Br	1.5	6.40	C−Br	0.3	1.94

β の定数倍を加えて近似します.

$$\alpha_X = \alpha + a_X \beta \tag{10.2}$$

周期表で右に行くほど a_X の値は大きくなっており, HOMO 準位が低い(＝電気陰性度が高い)ことを表現しています. 有効核電荷ともおおまかに相関が見て取れます. 原子 X と Y の間の共鳴積分については, 炭素−炭素間の共鳴積分 β を定数倍して近似します.

$$\beta_{XY} = b_{XY} \beta \tag{10.3}$$

共鳴積分は原子軌道の相互作用しやすさの尺度でしたから, 原子軌道の広がりと原子間距離の両方に依存します. おおむね 1.4Å(共役系炭化水素の平均的な C−C 距離)より長い結合では 1 より小さい b_{XY} 値が与えられています.

　同じ窒素原子でも N· と N: でクーロン積分の値を変えてあるのは, σ 電子による遮蔽の違いを表現するためです. N· では π 結合に関わる電子が一個, σ 結合に関わる電子が四個(うち二個は非共有電子対)で, π 電子一個が感じる有効核電荷は 3.90 ですが, N: では π 電子が二個, σ 電子が三個で, π 電子一個が感じる有効核電荷は 4.25

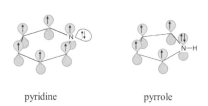

pyridine　　　　　　pyrrole

図 10-2　ピリジンとピロール

です．これを反映して，N:の方により大きな a_X 値が割り振られています．例えばピリジンの窒素は π 軌道に一個の電子を提供しているので N・のパラメータを使い，ピロールの窒素は二個提供しているので N:のパラメータを使います[*]．

表 10-1 の値を使ってホルムアミドのヒュッケル分子軌道を計算してみます．分子軌道を LCAO 近似で，

$$|\psi_x\rangle = c_{Nx}|\phi_N\rangle + c_{Cx}|\phi_C\rangle + c_{Ox}|\phi_O\rangle \tag{10.4}$$

と表します．ここでは原子を A，B，C と表す代わりに元素記号 O，C，N を添え字にしました．ホルムアミドの窒素は共役系に二個の電子を供出していますから N:のパラメータ，酸素は一個の電子を供出していますから O・のパラメータを使うと，固有値方程式は，

$$\begin{pmatrix} \alpha+1.5\beta & 0.8\beta & 0 \\ 0.8\beta & \alpha & \beta \\ 0 & \beta & \alpha+\beta \end{pmatrix} \begin{pmatrix} c_{Nx} \\ c_{Cx} \\ c_{Ox} \end{pmatrix} = \varepsilon_x \begin{pmatrix} c_{Nx} \\ c_{Cx} \\ c_{Ox} \end{pmatrix} \tag{10.5}$$

となります．これを手計算で解くのは少し大変なので，計算機で解いた行列 **C** および **P** の結果を**図 10-3** に示します．

---

[*] ピリジンとピロールはよく似た構造をもっていながらその塩基性が大きく異なる例としてよく引き合いに出される．どちらも 6π 電子系であり，ヒュッケルの定義では芳香族に分類される．どちらの窒素原子も非共有電子対をもっているのでプロトンと配位結合を作ることができるが，ピリジンの場合はそれが π 共役系に直接の影響を与えないのに対して，ピロールの場合は 6π 電子系が壊れて不安定化する．塩基性の強さはその化合物の共役酸（プロトンが付いた形）の酸解離定数（の常用対数をとった pK_a）で比較され，ピロール（0.4）の方がピリジン（5.3）より 4.9 小さいということは，プロトン化されている分子の割合がピリジンの場合の約 10 万分の 1 だということを意味する．

6π電子系　　$pK_a = 5.3$　　6π電子系

6π電子系　　$pK_a = 0.4$　　4π電子系

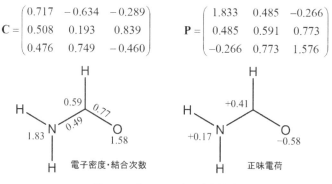

$$\mathbf{C} = \begin{pmatrix} 0.717 & -0.634 & -0.289 \\ 0.508 & 0.193 & 0.839 \\ 0.476 & 0.749 & -0.460 \end{pmatrix} \qquad \mathbf{P} = \begin{pmatrix} 1.833 & 0.485 & -0.266 \\ 0.485 & 0.591 & 0.773 \\ -0.266 & 0.773 & 1.576 \end{pmatrix}$$

図 10-3　ホルムアミドの密度行列

　図 10-3 には密度行列の要素（π 電子密度，結合次数）も図示してあります．ところでホルムアミドの N，C，O 原子をすべて C にするとアリルと同じになります．π 電子数は四個なので，アリル陰イオンと比較すればヘテロ原子の効果がよくわかるでしょう．ホルムアミドの N，C，O 原子上の π 電子密度は 1.83，0.59，1.58 で，アリル陰イオンの 1.5，1.0，1.5 と比べると炭素原子上の電子がだいぶ減って，窒素側にもっていかれていることがわかります．結合次数は 0.49，0.77 で，アリル陰イオンの 0.71，0.71 に比べると C–N は比較的単結合に近く，C–O は二重結合に近いといえます．これはホルムアミドの共鳴混成式を考えれば妥当な数値でしょう．これら密度行列の成分の違いは，もともとクーロン積分や共鳴積分のパラメータの違いによって生じたものです．

　窒素原子はもともと π 電子を二個供出していますから，電子密度が高くなるのは当然ともいえます．そこで，原子核の正電荷からその原子の全電子密度を引いた「正味電荷」の値で比べてみることにします．窒素原子の場合核電荷は $+7e$（e は電気素量 $= 1.602 \times 10^{-19}$ C）で，そこから 1s 電子二個，σ 電子三個（C–N 間，H–N 間の σ 電子はわずかに N 側に引っ張られているはずですが，そこはとりあえず無視します），π 電子 1.83 個分の負電荷を引いて，正味電荷は $+0.17e$ となります．同様にして炭素原子では $+0.41e$，酸素原子では $-0.58e$ となります（三原子の正味電荷の総和は当然 0）．こうしてみると，ホルムアミド分子は，主に炭素原子上に正電荷，酸素原子上に負電荷を帯びた電気双極子とみなしてもよさそうです．

　このように分子にヘテロ原子が組み込まれることによって，分子の電荷分布は大きく変わります．炭化水素分子のように正味電荷の偏りがほとんどない分子は非極性分子とよばれ，偏りのある分子は極性分子とよばれます．ヘテロ分子が入った分子は極

性分子となる可能性が高いです．分子の極性は分子そのものの性質を左右するばかりでなく，分子と分子の相互作用の強さや，相互作用によって集合したことによって現れる物性にも影響を与えます．次項からは極性分子の性質を数値化することについて考えていきましょう．

10.1.2 双極子モーメント

同じ大きさの正電荷と負電荷が比較的短い距離で結びつけられたものを，電磁気学では電気双極子といいます．電荷を電場中に置くと電場の向きに沿って引き寄せられたり，はじかれたりします．そのときの力によって電荷の大きさを定義することができます．しかし電気双極子は正味の電荷が0なので電場中においても引き寄せられることもはじかれることもありません．生じるのは，電気双極子を回転させようとするモーメント（トルクともいう）です．このモーメントの大きさによって電気双極子の強さを定義することができます．それが次式で定義される双極子モーメント（dipole moment）μ です．

$$\mu = qr \tag{10.6}$$

ここで q は電荷の大きさ，r は電荷間の距離です．また，双極子モーメントは大きさだけでなく向きのある量とも解釈できますから，ベクトルと考えて，

$$\boldsymbol{\mu} = q\boldsymbol{r} \tag{10.7}$$

とも書けます．ここで，ベクトルの始点は負電荷が置かれている側にとります．このように定義した方が，電場中で双極子が回転して落ち着いた状態で電場と双極子モーメントのベクトルの向きが揃うので都合がいいのです．これ以降，「双極子モーメント」といえば双極子モーメントベクトルの大きさを指すものとします．

国際単位系では電荷の単位はクーロン（記号C），距離はメートル（m）ですが，分子の双極子モーメントを議論する際に1 C m という単位は大きすぎて使いにくいので，今でも慣用的な単位としてデバイ（記号D）が使われます．1 D $= 3.3356 \times 10^{-30}$ C m ですから，電荷（e 単位）× 距離（Å 単位）× 4.8 の値が D 単位の値になります．双極子モーメントを使うと，分子内の電荷の偏りを定量的に表すことができます．分子の双極子モーメントは分子軌道法によって得られた電子密度を使って見積もることができます．前項のホルムアミドのヒュッケル計算の例では π 電子しか考慮していませんでしたが，一般的な HF 計算では内殻電子も σ 電子もすべて含めた電荷分布を得ることができます．マリケンは密度行列 $\mathbf{P}$ を重なり行列 $\mathbf{S}$ で修正した行列 $[\mathbf{PS}]$（式10.8；

$$[PS] =$$

	O1s	O2s	O2px	O2py	O2pz	H1s	H1s	
	2.1079	-0.1078	0.0000	0.0000	0.0000	-0.0011	-0.0011	O1s
	-0.1078	2.0068	0.0000	0.0000	0.0000	-0.0250	-0.0250	O2s
	0.0000	0.0000	2.0000	0.0000	0.0000	0.0000	0.0000	O2px
	0.0000	0.0000	0.0000	0.7508	0.0000	0.1611	0.1611	O2py
	0.0000	0.0000	0.0000	0.0000	1.1729	0.1189	0.1189	O2pz
	-0.0011	-0.0250	0.0000	0.1611	0.1189	0.6262	-0.0454	H1s
	-0.0011	-0.0250	0.0000	0.1611	0.1189	-0.0454	0.6262	H1s

図 10-4　水分子のマリケンポピュレーション解析のための行列

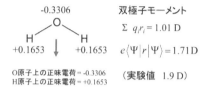

双極子モーメント

$\Sigma\, q_i r_i = 1.01\,\mathrm{D}$

$e\langle \Psi | r | \Psi \rangle = 1.71\,\mathrm{D}$

（実験値　1.9 D）

O原子上の正味電荷 = -0.3306
H原子上の正味電荷 = +0.1653

図 10-5　水分子の双極子モーメント

P と S の積とは異なることに注意)を使って，分子内の電子を各原子に割り当てる方法を考案しました．これをマリケンのポピュレーション解析といいます．この行列の要素の総和が全電子数に等しいという性質を利用しています．

$$[PS]_{\mu\nu} = P_{\mu\nu} S_{\mu\nu} \tag{10.8}$$

図 10-4 には HF 計算から得られた解析結果を示します．O1s，O2s，…など酸素原子に関わる行列要素の総和(左上の太枠内)を O 原子に帰属する電子数と考え，O1s と H1s の非対角要素は O と H に半分ずつ分けることにします．

この計算では，酸素原子上の正味電荷が $-0.3306e$，水素原子上の正味電荷が $+0.1653e$ となりました．水のような多原子分子の場合には式(10.7)を一般化して，

$$\mu = \sum_i q_i r_i \tag{10.9}$$

とすれば双極子モーメントベクトルを求めることができます．原子の座標を使って計算すると 1.01 D となりました．実験値 1.9 D と比較するとかなり小さいですが，このように電子の分布を点電荷の集まりとする近似では分子軌道の広がりを全く無視しているためでしょう．HF 計算で得られた波動関数から計算した双極子モーメントの期待値は 1.71 D で，実験値にだいぶ近づきます．

　ここまでは，分子内の電荷が固定されているとしたときの偏りを表す尺度について考えてきました．もちろん電子は止まっているわけではなく常に高速で動いているわけですが，むしろ動きが高速すぎるために存在確率の分布関数が一定とみなせると考えていたのです．このような仮定のもとで計算した双極子モーメントを，特に永久双極子モーメント（permanent dipole moment）といいます．永久双極子モーメントの大きい分子（極性分子）については，それでも十分分子の性質を記述することができるのですが，永久双極子モーメントが0かほぼそれに等しい分子（非極性分子）では，事情が少し違います．電子の存在確率の分布関数は実際には一定ではなく，外部から印加される電場によって歪むからです．この歪みを誘起分極といい，誘起分極によって生じる一時的な双極子モーメントを誘起双極子モーメント（induced dipole moment）といいます．誘起分極が起きる物体を電磁気学では誘電体といいます．分極が大きくても小さくても誘電体ですが，電場によって電子が物体の外に出て行ってしまったり，外から電子を取り込んだりする物体は誘電体とはいいません．そういうものは導体（電気伝導体）です．

　電場 $\boldsymbol{F}$ が十分小さければ，誘起双極子モーメントベクトル $\boldsymbol{\mu}_{\mathrm{ind}}$ は $\boldsymbol{F}$ に比例するとして差し支えありません（向きも同じになるということです）．このときの比例定数を電子分極率といい，以後 α_{el} で表します．

$$\boldsymbol{\mu}_{\mathrm{ind}} = \alpha_{\mathrm{el}}\boldsymbol{F} \tag{10.10}$$

誘起分極の効果はたいへん小さく，分子の全域にわたって電子が移動するようなことはありません．個々の原子軌道の歪みの足し合わせで十分に近似できる程度です．電子分極率の単位は，国際単位系で書けばファラド・平方メートル（記号 $\mathrm{F\,m^2}$）です（双極子モーメントの単位 $\mathrm{C\,m}$ と電場の単位 $\mathrm{V\,m^{-1}}$ から自然に出てきます）．しかし化学の世界ではこの単位はあまり使われず，α を $4\pi\varepsilon_0$ で割った値を $10^{-24}\,\mathrm{cm^3}$ 単位で表すことが多いです（ε_0 は電気定数（真空の誘電率）で，$8.854\times10^{-12}\,\mathrm{F\,m^{-1}}$）．この $4\pi\varepsilon_0$ という係数は，かつて使われた静電単位（esu）系の物理量を国際単位系に換算したときに生じます．esu 系では分極率は体積の次元をもつのです．

　原子の誘起分極について，古典的なモデルで説明してみましょう．電子雲を，核を取り囲む殻のようなものと考えます（**図 10-6**）．z 軸方向にかかる電場 F_z の中に置かれた原子が誘起分極し，双極子モーメント $\mu_{\mathrm{ind},z}$ を生じているとします．正電荷中心（原子核）と負電荷中心（電子雲の重心）との距離を Δz とすれば，分極率 α_{el} との関係は以下のようになります．

$$\mu_{\mathrm{ind},z} = e\Delta z = \alpha_{\mathrm{el}} F_z \tag{10.11}$$

原子核を原点として電子雲の運動方程式は次のようになります.

$$m\frac{\mathrm{d}^2\Delta z}{\mathrm{d}t^2} = -eF_z \tag{10.12}$$

式(10.11), (10.12)をあわせると,

$$m\frac{\mathrm{d}^2\Delta z}{\mathrm{d}t^2} = -\frac{e^2}{\alpha_{\mathrm{el}}}\Delta z \equiv -k\Delta z \tag{10.13}$$

という関係が得られます. つまり電子雲は力の定数 $k = e^2/\alpha_{\mathrm{el}}$ のばねでつながれた振動子のように考えることができます. ばねが z 伸びたことによって蓄えられるエネルギー ΔE は,

$$\Delta E = \frac{1}{2}k(\Delta z)^2 \tag{10.14}$$

なので, Δz を消去して分極率 α_{el} を ΔE で表すと,

$$\alpha_{\mathrm{el}} = \frac{e^2}{k} = \frac{e^2(\Delta z)^2}{2\Delta E} = \frac{\mu_{\mathrm{ind}}^2}{2\Delta E} \tag{10.15}$$

となります.

　電場がないときの原子のエネルギーを E_0 とします. 誘起分極により原子に蓄えられるエネルギーと, 電場中の双極子モーメントの配向エネルギーを考えると, 系の全エネルギー E は, 式(10.11-15)を使って,

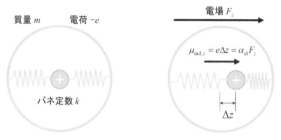

図 10-6　誘起分極の古典的モデル

$$E = E_0 + \frac{1}{2}k(\Delta z)^2 - \mu_{\mathrm{ind}}F_z$$
$$= E_0 + \frac{1}{2}\alpha_{\mathrm{el}}F_z^2 - \alpha_{\mathrm{el}}F_z^2 = E_0 - \frac{1}{2}\alpha_{\mathrm{el}}F_z^2 \tag{10.16}$$

と書けます．つまり誘起分極は分子にとってはエネルギー的に不利な変化ですが，印加された電場中で誘起双極子が安定化するために，系全体としては安定化するという現象です．

以上は誘起分極の古典的な説明ですが，もちろんこれを量子化学的に説明することもできます．それには「摂動論」という考え方を使うので，摂動論の説明を兼ねてMas Math ノート 23 にまとめておくことにします．

Mas Math ノート 23

【摂動論】

多体問題を近似的に解く数学的手法の一つとして摂動近似があります．これは，影響が微小であると考えられる因子(摂動)を除いた系(非摂動系)の方程式を解いた後，摂動を考慮して非摂動解を修正していくという考え方です．実は 9.1 節で分子による光の吸収理論を扱った際，この考え方をすでに使いました．9.1 節では摂動が振動する電場であったので，「時間に依存する摂動論」とよびます．いま考えようとする誘起分極は，摂動として静電場を考えるので，「時間に依存しない摂動論」です．

系のハミルトニアンは摂動のないときのハミルトニアン $\hat{H}_0$ と，摂動 $\hat{V}$ の和と考えます．

$$\hat{H} = \hat{H}_0 + \hat{V} \tag{M23.1}$$

このときのシュレーディンガー方程式，

$$\mathcal{H}|\psi\rangle = E|\psi\rangle \tag{M23.2}$$

の解は非摂動系の固有状態の線形結合で表せます．非摂動系の固有状態は完全系を張るので，これらを無限に使えばどのような状態も記述可能だからです．

$$|\psi\rangle = c_1|\psi_1^{(0)}\rangle + c_2|\psi_2^{(0)}\rangle + c_3|\psi_3^{(0)}\rangle + \cdots \tag{M23.3}$$

また，摂動系のエネルギーは，$\hat{V}$ に関する積分のべき展開で，

$$E_1 = E_1^{(0)} + V_{11} - \sum_k \frac{V_{1k}V_{k1}}{E_1^{(0)} - E_k^{(0)}}$$
$$+ \sum_m \sum_k \frac{V_{1m}V_{mk}V_{k1}}{(E_1^{(0)} - E_m^{(0)})(E_1^{(0)} - E_k^{(0)})} - \sum_k \frac{V_{11}V_{1k}V_{k1}}{(E_1^{(0)} - E_k^{(0)})^2} + \cdots \tag{M23.4}$$

と表せます（導出は省略します）．ここで，$\varepsilon_1^{(0)}$，V_{11} などの積分値は，

$$E_i^{(0)} = \langle \psi_i^{(0)} | \mathcal{H}_0 | \psi_i^{(0)} \rangle, \quad V_{ij} = \langle \psi_i^{(0)} | \mathcal{V} | \psi_j^{(0)} \rangle \tag{M23.5}$$

を意味します．摂動が小さいという前提で，三次以上の摂動項はしばしば無視されます．さらに $\varepsilon_1^{(0)} - \varepsilon_k^{(0)}$ を平均励起エネルギー ΔE で置き換える近似を使うと，

$$E_1 = E_1^{(0)} + V_{11} - \frac{\langle \psi_1^{(0)} | \mathcal{V}^2 | \psi_1^{(0)} \rangle}{\Delta E} \tag{M23.6}$$

という式が得られます（→Mas Math ノート 10【基底の変換】の式（M10.2）を使いました）．

光による影響を摂動と考えると，具体的にエネルギーに関わるのは原子の双極子モーメントと電場との相互作用項です．

$$\hat{V} = eF_z \hat{z} = eF_z \hat{r} \cos\theta \tag{M23.6}$$

電場がないとき（$F=0$）の s 状態，p 状態のベクトルを $|\psi_s^{(0)}\rangle$，$|\psi_p^{(0)}\rangle$ とし，これらの線形結合で式（M23.2）の解を近似すること考えます．これは，電場による s 軌道の歪みを，p 軌道との混成とみなして近似するということです．有限個の項で展開する場合はあくまで近似解です．

$$|\psi\rangle = c_s |\psi_s^{(0)}\rangle + c_p |\psi_p^{(0)}\rangle \tag{M23.7}$$

変分原理に従って c_s, c_p を求めることは，（M18.2）の両辺に（M18.7）を代入し，左から $\langle \psi_s |$ または $\langle \psi_p |$ をかけて得られる方程式，

$$\begin{pmatrix} \langle \psi_s^{(0)} | \mathcal{H} | \psi_s^{(0)} \rangle & \langle \psi_s^{(0)} | \mathcal{H} | \psi_p^{(0)} \rangle \\ \langle \psi_p^{(0)} | \mathcal{H} | \psi_s^{(0)} \rangle & \langle \psi_p^{(0)} | \mathcal{H} | \psi_p^{(0)} \rangle \end{pmatrix} \begin{pmatrix} c_s \\ c_p \end{pmatrix} = E \begin{pmatrix} c_s \\ c_p \end{pmatrix} \tag{M23.8}$$

を解くことと同じです（ここでは c_s, c_p を求めることはしません）．

式（M23.6）に従ってエネルギーを求めると，

$$E_s = E_s^{(0)} + eF_z \langle \psi_s^{(0)} | r\cos\theta | \psi_s^{(0)} \rangle - \frac{e^2 F_z^2 \langle \psi_s^{(0)} | r^2 \cos^2\theta | \psi_s^{(0)} \rangle}{\Delta E} \tag{M23.9}$$

となります．$\psi_s^{(0)}$ が球対称（r だけの関数）であることを利用すると，積分は以下の

ように計算できます.

$$\left\langle \psi_s^{(0)} \middle| r\cos\theta \middle| \psi_s^{(0)} \right\rangle = 2\pi \int_0^\infty \int_0^\pi \psi_s^{(0)} r\cos\theta\psi_s^{(0)} r^2 \sin\theta \, d\theta \, dr \tag{M23.10}$$
$$= 0$$

$$\left\langle \psi_s^{(0)} \middle| r^2\cos^2\theta \middle| \psi_s^{(0)} \right\rangle = 2\pi \int_0^\infty \int_0^\pi \psi_s^{(0)} r^2\cos^2\theta\psi_s^{(0)} r^2 \sin\theta \, d\theta \, dr \tag{M23.11}$$
$$= \frac{1}{3}\left\langle \psi_s^{(0)} \middle| r^2 \middle| \psi_s^{(0)} \right\rangle$$

これらの結果をまとめると,

$$E_s = E_s^{(0)} - \frac{e^2 F_z^2 \left\langle \psi_s^{(0)} \middle| r^2 \middle| \psi_s^{(0)} \right\rangle}{3\Delta E} \tag{M23.12}$$

という表式を得ます.

Mas Math ノート 23 で得られた式(M23.12)を式(10.16)と比較すれば,

$$\alpha_{cl} = \frac{2e^2}{3\Delta E}\left\langle \psi_s^{(0)} \middle| r^2 \middle| \psi_s^{(0)} \right\rangle \tag{10.17}$$

という関係を得ます.これをまた式(10.15)と比較すると,

$$\left\langle \psi_s^{(0)} \middle| r^2 \middle| \psi_s^{(0)} \right\rangle = \frac{3(\Delta z)^2}{4} \tag{10.18}$$

という関係を得ます.$\left\langle \psi_s^{(0)} \middle| r^2 \middle| \psi_s^{(0)} \right\rangle$は長さの二乗の次元をもつわけですが,古典的には電場によって核と電子をつないでいたばねが伸びた(縮んだ)長さの二乗,というような意味をもつことがわかります.$\left\langle \psi_s^{(0)} \middle| r^2 \middle| \psi_s^{(0)} \right\rangle$は軌道の広がりに従って大きくなりますから,有効核電荷が小さいほどこのばねは伸びやすいといえます.これらの結果から,電子分極率が大きくなる条件は,原子の励起エネルギーが小さく,価電子に対する有効核電荷が小さい原子ということになります.

10.1.3 永久双極子モーメントと電子分極率の近似値

この先の章で見るように,永久双極子モーメントや電子分極率の値は,分子間の相互作用や分子の集合によって生じる物性を説明するうえでたいへん重要な役割をもちます.したがってこれらの量を正確に求めることが必要になります.量子化学的には,永久双極子モーメントは双極子モーメント演算子の期待値として求められます.

表 10-2　分子の電磁気学的パラメータ

	永久双極子モーメント μ_{pem}/D			電子分極率 $\alpha_{el}/(4\pi\varepsilon_0 \times 10^{-24}\,cm^3)$	
	結合モーメント近似	分子軌道計算（HF）	実験値（分子線）	原子分極近似	分子軌道計算（HF）
水 H_2O	1.86	2.138	1.85498	1.40	0.797
ベンゼン C_6H_6	0	0.000	–	10.38	8.416
ホルムアルデヒド CH_2O	2.7	2.652	2.3315	3.04	1.902

$$\mu = \langle \Psi | \mu | \Psi \rangle = \sum_i e \langle \Psi | r_i | \Psi \rangle \tag{10.19}$$

また，電場を考慮したうえで量子化学計算を行い，エネルギーを電場の強さの関数として求めれば，式(10.16)に従って電子分極率を求めることができます．このようにして計算した値を**表 10-2**にまとめました．ただし，これらの値が「計算したらこうなった」というだけでは分子や物質の理解にはなかなか近づけないのです．これらの値が量子化学計算によって手軽に得られるようになる以前から，これらの値の間に成り立つ法則性や，値の近似法が経験的に組み立てられてきました．

　永久双極子モーメントについては，式(10.8)に基づいて以下のような式が考案されました．

表 10-3　結合モーメント（μ_{bond}/D）矢印はベクトルの向き

結合	結合モーメント	結合	結合モーメント
H－C(←)	0.4	C－Cl(←)	1.46
H－N(←)	1.31	C－Br(←)	1.38
H－O(←)	1.51	N－O(←)	0.3
H－F(←)	1.94	N－F(←)	0.17
H－Cl(←)	1.08	O－Cl(→)	0.7
H－Br(←)	0.78	C＝N(←)	0.9
C－C	0.0	C＝O(←)	2.3
C－N(←)	0.22	N＝O(←)	2.0
C－O(←)	0.74	－C≡N(←)	3.5
C－F(←)	1.41	－N≡C(←)	3.0

表10-4 原子分極($\alpha_{\text{atom}}/(4\pi\varepsilon_0 \times 10^{-24}\,\text{cm}^3)$)

原子	原子分極	原子	原子分極
$-H$	0.40	F	0.32
$>C<$	1.02	Cl	2.31
$(O)-N=(C)$	1.55	Br	3.47
$(C)-N=(C)$	1.63	I	5.53
$(N)-N=(C)$	1.37	$(C)-S(II)-(C)$	3.09
$-C\equiv N$	2.15	$(C)-S(IV)-(C)$	2.77
$-O-(H)$	0.60	$(C)-S(VI)-(C)$	2.12
$(C)-O-(C)$	0.70	π 結合	0.62
$(C)=O$	0.88	π 結合 $\times\,2$(三重結合)	0.78

$$\mu_{\text{perm}} = \sum_{\text{bond}} \mu_{\text{bond}} \tag{10.20}$$

つまり，分子全体の永久双極子モーメント μ_{perm} は，分子を構成する各結合に割り当てられた結合モーメント μ_{bond} の和で表されるというものです．ここで μ_{bond} はベクトル的に加えるということに注意しましょう．**表10-3** にいくつかの結合についての結合モーメントを掲げます．

また，これらの値を使って求めた永久双極子モーメントの近似値を**表10-2** に示しました．

電子分極率については，分子全体の誘起双極子モーメントが各原子の寄与の総和で近似できるという仮定の下に，

$$\frac{\alpha_{\text{el}}}{4\pi\varepsilon_0} = \sum_{\text{atom}} \frac{\alpha_{\text{atom}}}{4\pi\varepsilon_0} \tag{10.21}$$

という近似式が考案されました．これは，分子全体の電子分極率 α_{el} が，各原子の原子分極 α_{atom} の寄与の和になることを表しています．ここで α_{atom} はスカラー的に足しあわせます．**表10-4** にいくつかの原子について原子分極をまとめました．

表10-4 中で π 結合とあるのは例外的な措置で，π 結合をもつ分子では空間的に大きく広がった π 電子の影響を加える必要があります．式(10.21)の値を使って求めた電子分極率の近似値を**表10-2** に示しました。

10.2　配向分極と誘起分極

10.2.1　誘電体の分極

　分子の中の電荷の偏りは，双極子モーメントで近似的に表すことができます．また電場に対する電子の波動関数の歪みやすさは電子分極率で近似することができます．双極子モーメントや分極率はもともと電磁気学で扱われる概念ですが，このように分子の性質を電磁気学の言葉で表しておくといろいろと都合のいいことがあるのです．例えば非常に多くの分子を扱う際に，これを統計的に扱える集団と見て数式を立てて，解析的に解くことができます．分子の個性をある程度犠牲にすることによって，物質の性質を分子と結びつけようとする試みが古くから行われてきました．分子一個の性質ならまずまずの精度で計算することができるようになってきた現在でも，物質（分子が 10^{23} 個レベル）の性質となるとまだ十分とはいえず，このような電磁気学的な近似は依然として有効なのです．

　双極子モーメントをもつ物体（電気双極子）や電子分極率をもつ物体（誘電体）が 10^{23} 個オーダーで集まるとどのような性質を示すのでしょうか．電気双極子はそれ自体が電場の発生源でもあるので，周囲の双極子や誘電体に影響を与えます．つまり電気双極子を回転させ，誘電体を誘起分極させます．また電場によって生じた誘起双極子も，弱いながらも電場の発生源となります．このように相互に影響を与えあう物体の運動を厳密に解くことは困難ですし，また実際あまり意味のあることではありません．このような場合には統計的な取り扱いをすることである程度見通しのよい解が得られます．以下ではこのような集合体の電気的特性について，まずは分子の個性を全く塗りつぶして見えなくしてしまったという前提で説明します．このような視点を巨視的（macroscopic）ともいいます．その後，巨視的な電磁気現象が分子レベルではどのように解釈できるか，という視点に移ります．このような視点を微視的（microscopic）ともいいます．

　電気双極子や誘電体の集合体は，それ自体巨視的な誘電体として働きます．このような誘電体を電場中に置いたときの挙動について，電磁気学的な用語を整理しておきましょう．二枚の電極板を平行に並べて電圧を印加すると，電極板の表面に電荷が発生します．このとき，二枚の電極板上の電荷密度をそれぞれ $\pm\sigma$（単位は $\mathrm{C\,m^{-2}}$）とします．電極間に生じる電場 $\boldsymbol{F}_0$ の大きさ F_0 は電極板の電荷密度に比例し，国際単位系ではこの比例定数を $1/\varepsilon_0$（ε_0 は電気定数（真空の誘電率）（$8.854\times10^{-12}\,\mathrm{F\,m^{-1}}$））としています．

$$F_0 = \frac{\sigma}{\varepsilon_0} \tag{10.22}$$

ファラド(記号 F)は電気容量の単位です．電場は電位の勾配として定義されるので，単位は $\mathrm{V\,m^{-1}}$ です．これら単位の関係から，$1\,\mathrm{F} = 1\,\mathrm{C\,V^{-1}}$ だということがわかります．つまり電気容量とは，電極板上に蓄えられる電荷量を単位電位あたりに直した値ですから，電極間の電気容量 C_0 は，電極板の面積を A，電極間の距離を d とすれば，

$$C_0 = \frac{\sigma A}{F_0 d} = \frac{\varepsilon_0 A}{d} \tag{10.23}$$

で表されます．平板間に誘電体を満たしたとき，誘電体は分極して電極との界面に電荷密度 P を生じます．このとき電場の大きさ F は，

$$F = \frac{1}{\varepsilon_0}(\sigma - P) = F_0 - \frac{1}{\varepsilon_0}P \tag{10.24}$$

となります．この電場は，分極によって生じた電荷密度 P が電極上の電荷密度 σ を部分的に相殺することによって弱められた正味の電場と考えればよいでしょう．電場が弱くなった分，電気容量は相対的に大きくなるので，これをもとの電気容量 C_0 の ε 倍と考えます．この ε を比誘電率といいます．比誘電率は単位のない無次元量です．

$$C = \frac{\sigma A}{Fd} \equiv \varepsilon C_0 \tag{10.25}$$

式(10.23)を式(10.25)に代入して，もともと電極に印加してあった電圧に由来する電荷密度 $\varepsilon_0 F_0$ を大きさとするベクトルを電束密度 $\boldsymbol{D}$ と書くと，式(10.24)より，

$$\boldsymbol{D} = \varepsilon_0 \boldsymbol{F} + \boldsymbol{P} = \varepsilon \varepsilon_0 \boldsymbol{F} \tag{10.26}$$

が導かれます．ここで $\boldsymbol{P}$ は電場に平行で大きさが P のベクトルです(この $\boldsymbol{P}$ も分極とよばれるので紛らわしいのですが)．分極 $\boldsymbol{P}$ が電場 $\boldsymbol{F}$ に比例すると考えると都合のいいことがあります．比例定数として電気感受率 χ を導入します[*]．

---

[*] 以下では χ を無次元量とするが，文献によっては χ の次元を $\mathrm{F\,m^{-1}}$ にとっていることもある．その場合には χ/ε_0 を χ と読み替えれば本書の表記と同じになる．

$$P = \varepsilon_0 \chi F \qquad (10.27)$$

とすれば式(10.26)より,

$$\varepsilon = 1 + \chi \qquad (10.28)$$

となります. 電場による誘電体の分極が 0 であれば, 比誘電率は 1 となります(0 ではありません)*.

10.2.2　電場と分子

　物質の比誘電率 ε は, 静的(static, 時間によって変化しない, あるいは低周波数極限の)電場に対する値 $\varepsilon_{\text{stat}}$ と, 光学的(optical, 高周波数(おおむね 10^{14} Hz 以上)で変化する)電場に対する値 ε_{opt} とで異なります(つまり誘電"定数"ではなく, 一般には周波数に依存する誘電"関数"です). これは, 異なる起源をもつ二種類の分極があって, 振動電場の周波数に依存して誘電率に寄与する分極が異なるからです. この機構については物質を構成する分子を微視的に見ていく必要があります.

　物質(分子の集合体)を電場中に置いたとき, 分子には二通りの変化が生じます(**図 10-7**). 一つは分子の配向の変化です. これを配向分極(orientational polarization)といいます. この変化は, 分子がもつ双極子モーメントベクトル $\boldsymbol{\mu}_{\text{perm}}$ が電場の向きに一致しようとして回転することによります. 方位磁石が磁場の向きに沿って回転するのと似ています. もう一つは分子の誘起分極(induced polarization)です. 電場によって電子の波動関数が歪み, 誘起双極子モーメントが生じます. 誘起双極子モー

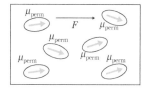
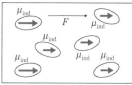

図 10-4　配向分極と誘起分極のイメージ

---

*　式 (10.25) の定義では比誘電率×電気定数 (真空の誘電率) $= \varepsilon \varepsilon_0$ が物体の誘電率となる. ただし, かつて電磁気学では真空の誘電率を 1 とする単位系が使われていたことがあり, ε のことを誘電率とよんでいた. 今でも非公式な場では (当事者間で誤解のない限り) 比誘電率を単に誘電率とよぶことがあるので注意する必要がある.

メントベクトル $\boldsymbol{\mu}_{\mathrm{ind}}$ の向きは電場の向きと同じです．分子全体の双極子モーメントベクトルは，$\boldsymbol{\mu}_{\mathrm{perm}}$ と $\boldsymbol{\mu}_{\mathrm{ind}}$ の和で表されます．

$$\boldsymbol{\mu} = \boldsymbol{\mu}_{\mathrm{perm}} + \boldsymbol{\mu}_{\mathrm{ind}} \tag{10.29}$$

物質を電場中に置くと全体として分極 $\boldsymbol{P}$ が発生します．物質と電極の界面の面積は A なので，界面上の総電荷量は AP です．これに電極間の距離 d をかければ物質全体の双極子モーメントになります．これは各分子の全双極子モーメントベクトルの総和と等しいはずですから，

$$Ad\boldsymbol{P} = \sum_i \boldsymbol{\mu}_i = \sum_i \left(\boldsymbol{\mu}_{\mathrm{perm},i} + \boldsymbol{\mu}_{\mathrm{ind},i} \right) \tag{10.30}$$

となります．物質の体積 V は Ad ですから，分極 $\boldsymbol{P}$ という量は物質中の双極子モーメントの密度だということになります（式 10.31）．

$$\boldsymbol{P} = \frac{1}{Ad}\sum_i \boldsymbol{\mu}_i = \frac{1}{V}\sum_i \boldsymbol{\mu}_i = \frac{1}{V}\sum_i \boldsymbol{\mu}_{\mathrm{perm},i} + \frac{1}{V}\sum_i \boldsymbol{\mu}_{\mathrm{ind},i} \tag{10.31}$$

物質に生じる分極のうち，分子の配向分極による寄与を $\boldsymbol{P}_{\mathrm{or}}$，誘起分極による寄与を $\boldsymbol{P}_{\mathrm{el}}$ として，対応する電気感受率をそれぞれ $\chi_{\mathrm{or}}, \chi_{\mathrm{el}}$ とすれば，

$$\begin{aligned} \boldsymbol{P}_{\mathrm{or}} &= \frac{1}{V}\sum_i \boldsymbol{\mu}_{\mathrm{perm},i} = \varepsilon_0 \chi_{\mathrm{or}} \boldsymbol{F} \\ \boldsymbol{P}_{\mathrm{el}} &= \frac{1}{V}\sum_i \boldsymbol{\mu}_{\mathrm{ind},i} = \varepsilon_0 \chi_{\mathrm{el}} \boldsymbol{F} \end{aligned} \tag{10.32a,b}$$

と書くことができます．

　誘起分極については，誘起双極子モーメントと電場の向きは同じなので，個々の分子について，

$$\mu_{\mathrm{ind}} = \alpha_{\mathrm{el}} F \tag{10.33}$$

が成り立ちます．式（10.33）を使って式（10.32b）を電場方向の成分について書き直すと，

$$\chi_{\mathrm{el}} = \frac{1}{\varepsilon_0 VF}\sum_i^N \mu_{\mathrm{ind},i} = \frac{1}{\varepsilon_0 VF}\sum_i^N \alpha_{\mathrm{el},i} F = \frac{N\alpha_{\mathrm{el}}}{\varepsilon_0 V} \tag{10.34}$$

とすることができます．つまり電気感受率は「分極率の密度」として解釈することが

できます. この表現がわかりにくければ, 式(10.34)の両辺を 4π で割って,

$$\frac{\chi_{\mathrm{el}}}{4\pi} = \frac{N\alpha_{\mathrm{el}}}{4\pi\varepsilon_0 V} \tag{10.35}$$

としてみるとどうでしょうか. 先に電子分極率 α を $4\pi\varepsilon_0$ で割った値を体積次元の量として扱うことについて触れましたが, 式(10.35)の右辺はその体積の総和を全体積で割った量になっているので, 物質中で有効に誘電分極を起こす体積の割合を表していると解釈できます. $\alpha/4\pi\varepsilon_0$ がほぼ一個の分子の体積と同じオーダーになるということが, 化学の分野でこの量が使い続けられている理由の一つです.

　一方, 配向分極の寄与については誘起分極ほど単純ではありません. 分子は電場の向きに沿って並ぼうとしますが, その配向は熱運動によって乱されます. 総和をとると電場と平行な成分は残りますが, 電場と垂直な方向に関しては 0 になるはずです. 温度が高くなると分子運動はいっそう激しくなり, 配向はますます乱されます. このような分子の集合を統計的に処理して平均値を出すには, ボルツマン(Boltzmann)分布(→Mas Math ノート 24【ボルツマン分布】)を考えるのが有効です. 分子 i の永久双極子モーメントベクトル μ_{perm} と電場のなす角が θ_i であるとき, そのポテンシャルエネルギー u_i は,

$$u_i = -\mu_{\mathrm{perm},i} F \cos\theta_i \tag{10.36}$$

となります. 配向角 θ_i をもつ分子の数はボルツマン分布に従うので, 温度 T における双極子モーメント(電場方向の成分)の平均値は,

$$\langle \mu_{\mathrm{perm}} \cos\theta \rangle_T = \frac{\mu_{\mathrm{perm}}^2}{3kT} F \tag{10.37}$$

となります. ここで k はボルツマン定数($1.38\times10^{-23}\,\mathrm{J\,K^{-1}}$)です. 分子の総数を N とすれば,

$$\chi_{\mathrm{or}} = \frac{1}{\varepsilon_0 VF} \sum_i \mu_{\mathrm{perm},i} \cos\theta_i = \frac{1}{\varepsilon_0 VF} N \langle \mu_{\mathrm{perm}} \cos\theta \rangle_T = \frac{N\mu_{\mathrm{perm}}^2}{3k\varepsilon_0 TV} \tag{10.38}$$

となります. 電気感受率のうち配向分極による寄与は, このように多数の分子のふるまいの平均値として決まりますが, 式(10.34)にならってこれを分子ごと寄与に均等に分けることができます. 配向によって生じる平均的な双極子モーメント μ_{or} と平均的な分極率 α_{or} を考えると, 式(10.33)に対応する式として,

$$\mu_{\mathrm{or}} = \alpha_{\mathrm{or}} F \tag{10.39}$$

を得ます。ただしここで,

$$\alpha_{\mathrm{or}} = \frac{\mu_{\mathrm{perm}}^2}{3kT} \tag{10.40}$$

です。

　物質を構成する分子を双極子モーメントと電子分極率で特徴づけることによって,物質の比誘電率は次のように表されることになります*。

$$\varepsilon = 1 + \chi = 1 + \chi_{\mathrm{or}} + \chi_{\mathrm{ind}}$$
$$= 1 + \frac{N}{\varepsilon_0 V}\left(\frac{\mu_{\mathrm{perm}}^2}{3kT} + \alpha_{\mathrm{el}} \right) \tag{10.41}$$

ただしこの式の導出に際しては,分子同士の電磁気学的な相互作用については一切考慮しませんでした。つまり分子の密度が極めて希薄な状態(気体)か,分子間相互作用が無視できる物質にしか適用できないということです。より実際の物質に近い近似については11.2節で扱いますが,その前に分子間相互作用の起源を電磁気学モデルに基づいて考えてみることにしましょう。

Mas Math ノート 24

【ボルツマン分布】

ボルツマンは気体の分子運動について考え抜いた末,ある事象の起こりやすさの尺度としての「エントロピー」を次のように定義しました。

$$S = k\log_{\mathrm{e}} W \tag{M24.1}$$

ここで W はその事象が起きる「場合の数」,k はボルツマン定数($1.38 \times 10^{-23}\,\mathrm{J\,K^{-1}}$)です。$W$ が大きいほど S も大きく,またその事象は起こりやすいといえます。$W = 1$(一者択一である)のとき S は最小値 0(結果にブレがない)です。
一方で自然界の物体はエネルギーの低い方への変化を目指す傾向があり,ある事象

---

* ここでは配向分極と誘起分極のみ取り上げたが,イオンからなる固体中ではさらに,電場によって陽イオンと陰イオンの位置が逆方向にずれるタイプの分極も考慮する必要がある。このような分極をイオン分極という。

はそれに固有のエネルギーが低い方が起こりやすくなります．この二つの「起こりやすさの」バランスを明示してくれるのがボルツマン分布です．熱力学的には，エントロピーに絶対温度 T をかけるとエネルギーになります．状態 A のエネルギーが基準値 E_0 よりも E_A だけ低くエントロピーが 0 のときの「起こりやすさ」が，エネルギーが E_0 でエントロピーが S_A のときの「起こりやすさ」と釣り合うと考えると，

$$E_0 - E_A = TS_A = kT \log_e W_A$$

$$\Rightarrow W_A \propto \exp\left[-\frac{E_A}{kT}\right] \tag{M24.2}$$

という関係式が得られます（$\exp[-E_0/kT]$ は定数になるので）．このとき W_A は，状態 A にある物体の個数です．式 (M24.2) を用いると，二つの状態 A, B のエネルギーが E_A, E_B であるとき，その個数の比は，

$$\frac{W_A}{W_B} = \exp\left[-\frac{E_A - E_B}{kT}\right] \tag{M24.3}$$

となります．

ある系の状態を表すパラメータ i でエネルギーが表されるならば，系の状態が i である確率 p_i は，

$$p_i = \frac{1}{Z} \exp\left[-\frac{E_i}{kT}\right] \tag{M24.4}$$

となります．ここで Z は分配関数とよばれる量で，

$$Z = \sum_i \exp\left[-\frac{E_i}{kT}\right] \tag{M24.5}$$

というようにすべての可能な i について和をとって計算します．これはつまりすべての事象についての「場合の数」の和です．この系において，i に伴って変わる何らかの量 A の平均値は，

$$\langle A \rangle_T = \sum_i A_i p_i = \frac{1}{Z} \sum_i A_i \exp\left[-\frac{E_i}{kT}\right] \tag{M24.6}$$

で計算できます．ここで $\langle A \rangle_T$ は，この値が温度 T のもとでの平均であることを表しています．

第11章 • 分子間に働く力

11.1 分子間相互作用

11.1.1 ファン・デル・ワールス相互作用

固体，液体，気体を物質の三態といいます．多くの物質は温度や圧力などの条件により，三態の間で状態変化(相変化)をします．「多くの」と書いたのは，物質によっては融点や沸点よりも低い温度で分解してしまったり，三態以外の中間状態(mesophase)をとったりするものもあるからです．固体状態(固相)や液体状態(液相)では，分子間はおおむね 4 Å 以内の距離で隣接しています．この二つの状態をまとめて凝縮相とよびます．一方気体状態(気相)では分子は少なくとも 40 Å 程度離れており，体積は凝縮相の 1000 倍以上になります．分子間がこれだけ離れていると，個々の分子は他の分子からの影響をほとんど受けることなく自由に運動します．気相では分子の運動エネルギーが周囲の環境の熱エネルギーと等しくなっています．凝縮相では，運動エネルギーに打ち勝って分子をつなぎ留めておくだけの分子間力が働くために，体積が急激に小さくなるのです．

気相の物質の性質は，その分子の性質だけでほぼ理解することができますが，凝縮相の物質ではそうはいきません．分子間の相互作用や，その結果として生じる集合状態によって，物質の性質は大きく影響を受けるからです．また，理想気体の状態方程式が低温・高圧の実在気体に対しては成り立たないことも，分子間相互作用の効果によるものです．この効果は，実在気体に適用するために補正されたファン・デル・ワールスの状態方程式に取り入れられていることから，ファン・デル・ワールス相互作用(以下 vdW 相互作用)とよばれます．分子間相互作用は，もちろん分子の原子構成や立体構造に依存するので，分子の個性を塗りつぶしてしまうと十分な精度で予想したり説明したりすることができません．しかし逆をいえば，ほとんどすべての分子に普遍的に働く vdW 相互作用は分子の個性をある程度犠牲にした電磁気学的モデルでも記述できると考えるのも理にかなっているのです．

以下では，二個の分子を双極子モーメントベクトルと電子分極率で特徴づけ，それ

らの間に働く相互作用を三通りのパターンに分けて算出してみます．三通りとはすなわち双極子同士，双極子と誘電体，誘電体同士の相互作用で，それぞれ配向力，誘起力，分散力とよばれています．「力」と名がついているものの計算されているのはエネルギーで，つまりその「力」のポテンシャルのことをいっていることに注意してください．なお，双極子モーメントベクトル $\boldsymbol{\mu}$ をもつ双極子を単に双極子 $\boldsymbol{\mu}$，電子分極率 α をもつ誘電体を単に誘電体 α，のように表記します．

パターン1．永久双極子–永久双極子間の相互作用（ケーソムの配向力）

　原点に置かれた双極子 $\boldsymbol{\mu}_1$ が位置 $\boldsymbol{r}$ に作る電場 $\boldsymbol{F}_1$ は，

$$\boldsymbol{F}_1(\boldsymbol{r}) = \frac{1}{4\pi\varepsilon_0} \frac{3(\boldsymbol{\mu}_1 \cdot \hat{\boldsymbol{r}})\hat{\boldsymbol{r}} - \boldsymbol{\mu}_1}{r^3} \tag{11.1}$$

で表されます．ここで r は $\boldsymbol{r}$ の大きさ，$\hat{\boldsymbol{r}}$ は $\boldsymbol{r}$ の向きをもつ単位ベクトルです．

$$\hat{\boldsymbol{r}} = \frac{\boldsymbol{r}}{r} \tag{11.2}$$

位置 $\boldsymbol{r}$ にもう一個の双極子 $\boldsymbol{\mu}_2$ を置いたとき，そのポテンシャルエネルギー $E_{\text{d-d}}$ は，

$$E_{\text{d-d}} = -\boldsymbol{\mu}_2 \cdot \boldsymbol{F}_1(\boldsymbol{r}) = -\frac{1}{4\pi\varepsilon_0} \frac{3(\boldsymbol{\mu}_1 \cdot \hat{\boldsymbol{r}})(\boldsymbol{\mu}_2 \cdot \hat{\boldsymbol{r}}) - (\boldsymbol{\mu}_1 \cdot \boldsymbol{\mu}_2)}{r^3} \tag{11.3}$$

です．ベクトルの形で書く代わりに，双極子の配向を**図11-1**のように角度で表せば式(11.3)は式(11.4)のように書けます．

$$E_{\text{d-d}} = -\frac{1}{4\pi\varepsilon_0} \frac{\mu_1\mu_2(2\cos\theta_1\cos\theta_2 - \sin\theta_1\sin\theta_2\cos\varphi)}{r^3} \tag{11.4}$$

それぞれの双極子の配向がボルツマン分布で決まるとき，エネルギーの熱力学的平均 $\langle E_{\text{d-d}} \rangle_T$ は，以下のように求められます．

図11-1　永久双極子 $\boldsymbol{\mu}_1$ と $\boldsymbol{\mu}_2$．右図は $\boldsymbol{r}$ の方向から見たところ

$$\langle E_{\text{d-d}} \rangle_T = \frac{\int_0^{2\pi} \int_0^\pi \int_0^\pi E_{\text{d-d}} \exp\left[-\dfrac{E_{\text{d-d}}}{kT}\right] \sin\theta_1 \sin\theta_2 \, \mathrm{d}\theta_1 \mathrm{d}\theta_2 \mathrm{d}\varphi}{\int_0^{2\pi} \int_0^\pi \int_0^\pi \exp\left[-\dfrac{E_{\text{d-d}}}{kT}\right] \sin\theta_1 \sin\theta_2 \, \mathrm{d}\theta_1 \mathrm{d}\theta_2 \mathrm{d}\varphi}$$
$$= -\frac{1}{8\pi} \frac{1}{kT} \left(\frac{\mu_1 \mu_2}{4\pi\varepsilon_0 r^3}\right)^2 \left(\frac{32\pi}{9} + \frac{16\pi}{9}\right) \tag{11.5}$$
$$= -\frac{2}{3kT} \left(\frac{\mu_1 \mu_2}{4\pi\varepsilon_0 r^3}\right)^2$$

ここで, $E_{\text{d-d}} \ll kT$ として, 以下の近似を用いました.

$$\exp\left[-\frac{E_{\text{d-d}}}{kT}\right] \fallingdotseq 1 - \frac{E_{\text{d-d}}}{kT} \tag{11.6}$$

つまり分子対1個あたりの平均相互作用エネルギーとして以下の表式を得ます. 右辺は確実に負になりますから, この相互作用は必ず引力になります. この式で表される引力をケーソム(Keesom)の配向力といいます.

$$E_{\text{Keesom}} = \langle E_{\text{d-d}} \rangle_T = -\frac{2}{3kT} \left(\frac{\mu_1 \mu_2}{4\pi\varepsilon_0 r^3}\right)^2 \tag{11.7}$$

パターン2. 永久双極子–誘起双極子間の相互作用(デバイの誘起力)

原点に置かれた双極子 $\boldsymbol{\mu}_1$ が位置 $\boldsymbol{r}$ に作る電場 $\boldsymbol{F}_1$ により, 誘電体 α_2 が分極します. その誘起双極子モーメント $\boldsymbol{\mu}_2$ は,

$$\boldsymbol{\mu}_2 = \alpha_2 \boldsymbol{F}_1(\boldsymbol{r}) = \frac{\alpha_2}{4\pi\varepsilon_0} \frac{3(\boldsymbol{\mu}_1 \cdot \hat{\boldsymbol{r}})\hat{\boldsymbol{r}} - \boldsymbol{\mu}_1}{r^3} \tag{11.8}$$

と表されます. 永久双極子 $\boldsymbol{\mu}_1$ と誘起双極子 $\boldsymbol{\mu}_2$ の相互作用エネルギーは,

$$E_{\text{d-p}} = -\int_0^{F_1} \boldsymbol{\mu}_2 \cdot \mathrm{d}\boldsymbol{F}_1(\boldsymbol{r}) = -\frac{1}{2}\alpha_2 (\boldsymbol{F}_1(\boldsymbol{r}) \cdot \boldsymbol{F}_1(\boldsymbol{r}))$$
$$= -\frac{1}{2} \frac{\alpha_2}{(4\pi\varepsilon_0)^2} \frac{3(\boldsymbol{\mu}_1 \cdot \hat{\boldsymbol{r}})^2 + (\boldsymbol{\mu}_1 \cdot \boldsymbol{\mu}_1)}{r^6} \tag{11.9}$$

であり, 双極子と誘電体の配向が図11–2のようであれば次のように書けます.

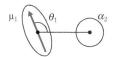

図 11-2　永久双極子 μ_1 と誘電体 α_2

$$E_{\text{d-p}} = -\frac{1}{2}\frac{\mu_1^2 \alpha_2}{(4\pi\varepsilon_0)^2}\frac{1+3\cos^2\theta_1}{r^6} \tag{11.10}$$

双極子の配向は本来ボルツマン分布に従うと考えるべきなのですが，配向によるエネルギー差は小さいので，双極子が自由に回転すると見て平均値$\langle E_{\text{d-p}}\rangle$を計算します[*]．

$$
\begin{aligned}
\langle E_{\text{d-p}}\rangle &= \frac{\displaystyle\int_0^{2\pi}\int_0^{\pi} E_{\text{d-p}}\sin\theta_1\,\mathrm{d}\theta_1\,\mathrm{d}\varphi}{\displaystyle\int_0^{2\pi}\int_0^{\pi}\sin\theta_1\,\mathrm{d}\theta_1\,\mathrm{d}\varphi}\\[2mm]
&= -\frac{1}{2}\frac{\mu_1^2\alpha_2}{(4\pi\varepsilon_0 r^3)^2}\frac{2\pi\left(2+\dfrac{6}{3}\right)}{4\pi}\\[2mm]
&= -\left(\frac{\mu_1}{4\pi\varepsilon_0 r^3}\right)^2\alpha_2
\end{aligned}
\tag{11.11}
$$

これは分子対 1 個あたりの平均相互作用エネルギーです．

　もし双極子 μ_1 が同時に誘起分極率 α_1 をもち，誘電体 α_2 が同時に永久双極子モーメント μ_2 をもつならば，それらの間の相互作用エネルギーが独立に加えられ，合計で以下のようになります．右辺は確実に負になりますから，この相互作用もやはりい

---

[*]　デバイは永久双極子の配向に制限を設けなかったが，ボルツマン分布を仮定しても基本的な結果は変わらない．それを示そう．

$$
\begin{aligned}
\langle E_{\text{d-p}}\rangle_T &= \frac{\displaystyle\int_0^{2\pi}\int_0^{\pi} E_{\text{d-p}}\exp\left[-\frac{E_{\text{d-p}}}{kT}\right]\sin\theta_1\,\mathrm{d}\theta_1\,\mathrm{d}\varphi}{\displaystyle\int_0^{2\pi}\int_0^{\pi}\exp\left[-\frac{E_{\text{d-p}}}{kT}\right]\sin\theta_1\,\mathrm{d}\theta_1\,\mathrm{d}\varphi}\\[2mm]
&= -\frac{1}{2}\frac{2\pi}{2\pi}\left(\frac{\mu_1^2\alpha_2}{(4\pi\varepsilon_0 r^3)^2}\right)\left\{4+\frac{48}{5}\left(\frac{\mu_1^2\alpha_2}{(4\pi\varepsilon_0 r^3)^2}\right)\left(\frac{1}{kT}\right)\right\}\left\{2+4\left(\frac{\mu_1^2\alpha_2}{(4\pi\varepsilon_0 r^3)^2}\right)\left(\frac{1}{kT}\right)\right\}^{-1}\\[2mm]
&= -\left(\frac{\mu_1}{4\pi\varepsilon_0 r^3}\right)^2\alpha_2-\left\{\frac{2}{5}\left(\frac{\mu_1^2\alpha_2}{(4\pi\varepsilon_0 r^3)^2}\right)^2\left(\frac{1}{kT}\right)\right\}\left\{1+2\left(\frac{\mu_1^2\alpha_2}{(4\pi\varepsilon_0 r^3)^2}\right)\left(\frac{1}{kT}\right)\right\}^{-1}
\end{aligned}
$$

ここでも $E_{\text{p-d}}\ll kT$ と仮定した．この仮定のもとでは，3 行目第 2 項は r^{-12} に比例する小さい項として無視できる．結局，この相互作用はほとんど温度に影響を受けないことがわかる．

図11-3 誘電体 α_1 と誘電体 α_2

つも引力として働きます。この式で表される引力をデバイ(Debye)の誘起力といいます。

$$E_{\text{Debye}} = \langle E_{\text{d-p}} \rangle = -\frac{\mu_1^2 \alpha_2 + \mu_2^2 \alpha_1}{(4\pi\varepsilon_0 r^3)^2} \tag{11.12}$$

パターン3. 誘起双極子-誘起双極子間の相互作用(ロンドンの分散力)

誘電体 α_1 が原点に,誘電体 α_2 が位置 r にある(**図11-3**)。誘電体は正味の電荷をもちませんから,これだけでは二つの誘電体の間には相互作用は働きません。三通りの組み合わせのうち,これだけは純粋に古典的な電磁気学では説明できない相互作用です。

量子力学的には,球対称な波動関数 $|\psi\rangle$ で表される原子 A_1,A_2 を用いて,双極子間の相互作用を摂動として扱うことにより正味の安定化が示されます。二個の原子の組を表す状態ベクトル $|\Psi\rangle$ を,次のように書きます。

$$|\Psi\rangle = |\psi_{A1}(1)\rangle \otimes |\psi_{A2}(2)\rangle \tag{11.13}$$

共有結合ではないので原子の間隔は十分に離れているため,電子1,2の交換は考慮していません。単純な直積で表しているのはそういう意味です。

ハミルトニアンを以下のように定義します。摂動項 V の中身は基本的には式(11.3)と同じで,双極子と双極子の間の相互作用エネルギーを表しています。電子があちこちに現れる瞬間ごとに原子の双極子(電子の位置が原子核と一致しない限り,原子は必ず双極子モーメントをもちます)を計算し,その相互作用エネルギーを計算して平均値を求めるわけです。

$$\hat{H} = \hat{H}_0 + V$$
$$V = -\frac{e^2}{4\pi\varepsilon_0} \frac{r_1 r_2 (2\cos\theta_1 \cos\theta_2 - \sin\theta_1 \sin\theta_2 \cos\varphi)}{r^3} \tag{11.14}$$

非摂動系の固有状態を $|\Psi_k\rangle$ とします。$k=0$ は基底状態,$k>0$ は励起状態です。

$$\mathcal{H}_0|\Psi_k\rangle = E_k|\Psi_k\rangle \qquad (k = 0, 1, 2, \cdots) \tag{11.15}$$

摂動の一次の項は，波動関数が球対称であることからすべて 0 になります．これは，θ_1，θ_2 の可動範囲が $0 \sim 2\pi$ で，この範囲で積分すると $\sin\theta$ も $\cos\theta$ も 0 になるからです．

$$
\begin{aligned}
E_{\mathrm{p\text{-}p}}^{(1)} &= \langle\Psi_0|\mathcal{V}|\Psi_0\rangle \\
&= -\frac{e^2}{4\,\varepsilon_0 r^3}\{2\langle\psi_{A1}|r_1\cos\theta_1|\psi_{A1}\rangle\langle\psi_{A2}|r_2\cos\theta_2|\psi_{A2}\rangle \\
&\qquad -\langle\psi_{A1}|r_1\sin\theta_1|\psi_{A1}\rangle\langle\psi_{A2}|r_2\sin\theta_2\cos\phi|\psi_{A2}\rangle\} \\
&= 0
\end{aligned}
\tag{11.16}
$$

摂動の二次の項は，以下のようになります．

$$
\begin{aligned}
E_{\mathrm{p\text{-}p}}^{(2)} &= \sum_{k\neq 0}\frac{\langle\Psi_0|\mathcal{V}|\Psi_k\rangle\langle\Psi_k|\mathcal{V}|\Psi_0\rangle}{E_0 - E_k} \\
&= \frac{1}{\Delta E_1 + \Delta E_2}\sum_{k\neq 0}\langle\Psi_0|\mathcal{V}|\Psi_k\rangle\langle\Psi_k|\mathcal{V}|\Psi_0\rangle
\end{aligned}
\tag{11.17}
$$

式 (11.17) の二段目では，各励起状態に対応する励起エネルギー $E_0 - E_k$ を，原子 A_1，A_2 の平均的な励起エネルギーの和で置き換えました（平均励起エネルギー近似）．和記号の中は，励起状態の完全性を利用して，以下の形に書き換えられます．

$$
\begin{aligned}
&\sum_{k\neq 0}\langle\Psi_0|\mathcal{V}|\Psi_k\rangle\langle\Psi_k|\mathcal{V}|\Psi_0\rangle \\
&= \sum_{k}\{\langle\Psi_0|\mathcal{V}|\Psi_k\rangle\langle\Psi_k|\mathcal{V}|\Psi_0\rangle - \langle\Psi_0|\mathcal{V}|\Psi_0\rangle\langle\Psi_0|\mathcal{V}|\Psi_0\rangle\} \\
&= \langle\Psi_0|\mathcal{V}^2|\Psi_0\rangle \\
&= -\frac{e^4}{(4\,\varepsilon_0 r^3)^2}\Big\{4\langle\psi_{A1}|r_1^2\cos^2\theta_1|\psi_{A1}\rangle\langle\psi_{A2}|r_2^2\cos^2\theta_2|\psi_{A2}\rangle \\
&\qquad -4\langle\psi_{A1}|r_1^2\cos\theta_1\sin\theta_1|\psi_{A1}\rangle\langle\psi_{A2}|r_2^2\cos\theta_2\sin\theta_2\cos\phi|\psi_{A2}\rangle \\
&\qquad +\langle\psi_{A1}|r_1^2\sin^2\theta_1|\psi_{A1}\rangle\langle\psi_{A2}|r_2^2\sin^2\theta_2\cos^2\phi|\psi_{A2}\rangle\Big\} \\
&= -\frac{e^4}{(4\,\varepsilon_0 r^3)^2}\Big\{4\langle\psi_{A1}|\tfrac{1}{3}r_1^2|\psi_{A1}\rangle\langle\psi_{A2}|\tfrac{1}{3}r_2^2|\psi_{A2}\rangle + \langle\psi_{A1}|\tfrac{2}{3}r_1^2|\psi_{A1}\rangle\langle\psi_{A2}|\tfrac{1}{3}r_2^2|\psi_{A2}\rangle\Big\} \\
&= -\frac{2e^4}{3(4\,\varepsilon_0 r^3)^2}\langle\psi_{A1}|r_1^2|\psi_{A1}\rangle\langle\psi_{A2}|r_2^2|\psi_{A2}\rangle
\end{aligned}
$$

$$\tag{11.18}$$

原子の誘起分極率を別途量子力学的に計算すると（→ Mas Math ノート 23【摂動論】），

$$\alpha_n = \frac{2e^2}{3\Delta E}\langle \psi_{An}|r^2|\psi_{An}\rangle \tag{11.19}$$

と表されるのでこれを代入して整理すると，以下の表式が得られます．

$$E_{\text{p-p}}^{(2)} = -\frac{3}{2}\frac{\alpha_1 \alpha_2 \langle \Delta E\rangle}{(4\pi\varepsilon_0 r^3)^2} \tag{11.20}$$

ただしここで$\langle\Delta E\rangle$は次式で定義され，分子 1, 2 の励起エネルギーの調和平均の 1/2 にあたります．

$$\langle\Delta E\rangle = \frac{\Delta E_1 \Delta E_2}{\Delta E_1 + \Delta E_2} \tag{11.21}$$

これは分子対一個あたりの相互作用エネルギーの量子力学的期待値になります．

　平均的励起エネルギーの目安としてイオン化ポテンシャルを用いると，以下のように書き直すことができます．この式でも右辺は必ず負ですから，この相互作用も引力になります．この式で表される引力をロンドンの分散力といいます．

$$E_{\text{London}} = \langle E_{\text{p-p}}\rangle = -\frac{3}{2}\frac{\alpha_1 \alpha_2 \langle I\rangle}{(4\pi\varepsilon_0 r^3)^2}, \quad \langle I\rangle = \frac{I_1 I_2}{I_1 + I_2} \tag{11.22a,b}$$

　正味の電荷をもたない誘電体の間に必ず引力が働くというのは直観的には理解しがたいかもしれません．単に「量子力学に則って計算したらこうなった」，では納得できないでしょう．やや禁じ手ながら，分散力を以下のように解釈することもできます．誘起分極の古典的モデルでは，電子分極率 α_{el} は，

$$\alpha_{\text{el}} = \frac{\mu_{\text{ind}}^2}{2\Delta E} \tag{10.15}（再掲）$$

と表されます．ここで ΔE は，正電荷と負電荷殻をつなぐばねが伸縮して双極子モーメント μ_{ind} を生じる際のポテンシャルエネルギーです．一方，永久双極子に基づく配向分極の分極率は，

$$\alpha_{\text{or}} = \frac{\mu_{\text{perm}}^2}{3kT} \tag{10.40}（再掲）$$

と表されるのでした．この二式を比較すると，誘起分極に必要なエネルギー ΔE に，配向分極に必要なエネルギー $(3/2)kT$ が対応しているように見えてきます．

ケーソムの配向力の式において，

$$\mu_n^2 \to 2\alpha_n \Delta E_n \quad (n = 1,\ 2)$$

$$\frac{3}{2}kT \to \frac{\Delta E_1 + \Delta E_2}{2} \tag{11.23a, b}$$

の書き換えをしたものを $E'_{\text{p-p}}$ と書けば，

$$
\begin{aligned}
E'_{\text{p-p}} &= -\frac{1}{\Delta E_1 + \Delta E_2} \frac{(2\alpha_1 \Delta E_1)(2\alpha_2 \Delta E_2)}{(4\pi\varepsilon_0 r^3)^2} \\
&= -4 \frac{\alpha_1 \alpha_2}{(4\pi\varepsilon_0 r^3)^2} \frac{\Delta E_1 \Delta E_2}{\Delta E_1 + \Delta E_2}
\end{aligned}
\tag{11.24}
$$

となって，式(11.20)とは定数倍の因子を除いて一致します．つまり原子の中の電子の運動を双極子の回転のようにみなして，異なる原子に属している電子の運動が互いに相関して安定化をはかっている，と考えると，分散力もなんとか古典的に解釈することが可能なのです．

　vdW 相互作用は，以上の三通りのパターンの引力の総和であると解釈されます．電磁気学的なモデルに基づく配向力，誘起力，分散力は，いずれも分子間距離の 6 乗

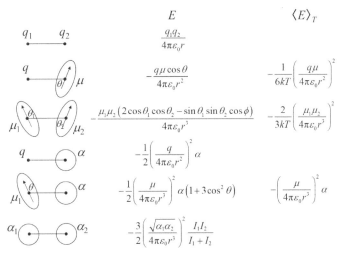

図11-4　分子間相互作用の電磁気学的モデル

に反比例して(絶対値が)大きくなります.つまり,分子がある程度の距離を保っているときはほとんど引力が働きませんが,ある距離以内に近づくと急激に安定化するのです.これが,気相と凝縮相とで分子間距離が大きく異なる理由です.4〜数十Åという中程度の距離を安定に保つことは不可能なのです.急激に安定化,とはいってもそのエネルギーの値自体はせいぜい5〜30 kJ/mol程度で,これは共有結合のエネルギーの10%以下でしかありません.そのため液相中では分子の離合集散が常に繰り返されています.温度がさらに低くなると運動エネルギーが小さくなり,分子はお互いの引力に束縛されながらその場で小さく振動するようになります.これが固相です.**図11-4**には,三通りのパターンの相互作用に加え,電荷との相互作用の表式も含めてまとめておきました.電荷が関わる分子間相互作用は中性分子間に働く相互作用に比べて非常に強いので,普通はvdW相互作用には含めません.

11.1.2 その他の相互作用

分子と分子の間には引力が働いていますが,引力ばかりでは分子は無限に近づいたきり離れないことになってしまいます.分子間には斥力も働いているのです.電荷をもつ分子であれば,同種の電荷の間にはもちろんクーロン斥力が働きます.正味の電荷をもたない分子の間にも普遍的に働く斥力が,交換斥力です.これは電子の交換に関する反対称性(3.2節)に由来する力で,電子が同時に同じ位置を占めることができないという性質によります.交換斥力は,原子核からの距離がある値以下になると急激に大きくなります.あまりに急激にエネルギーが高くなるので,原子はほとんど剛体球とみなした方がよいくらいです.この臨界の距離をファン・デル・ワールス半径(以下vdW半径)といい,原子の種類ごとに適切な値が提唱され表にまとめられています.原子・分子間の相互作用や原子や分子が有限の大きさをもつという効果は,ファン・デル・ワールスの状態方程式では補正項として考慮されています.

$$\left(p + \frac{an^2}{V^2} \right)(V - bn) = nRT \tag{11.25}$$

ここで a, b は分子によって決まる定数です.実在気体では,分子間相互作用によって分子の動きが鈍くなるため,圧力が小さくなります.定数 a は分子間相互作用の強さの尺度で,an^2/V^2 の項は測定された圧力を理想気体の圧力に補正する働きをします.また分子は互いに排斥しあうため,自由に運動できる空間の体積が減少します.定数 b は分子の体積の尺度で,bn の項は測定された体積を補正する働きをします.

表 11-1　原子のファン・デル・ワールス半径

元素	vdW 半径(Å)	元素	vdW 半径(Å)	元素	vdW 半径(Å)
H	1.2	C	1.70	F	1.47
He	1.4	N	1.55	Cl	1.75
Li	1.82	O	1.52	Br	1.85

　分子間は vdW 相互作用によって互いに近づき，お互いの vdW 半径の和に達したところで止まります．これが分子にとって最も居心地のよい環境ということになります．便覧などには，原子の vdW 半径としてボンディ(Bondi)がまとめた値がよく引用されています．いくつかの元素の vdW 半径を**表 11-1** に示しておきます．

　最後に，vdW 相互作用以外の代表的な分子間力を簡単にまとめておきます．

水素結合

　ヘテロ原子(X)に結合した水素は，電気陰性度の違いにより比較的大きく正に帯電しています(正味電荷が正)．この水素原子が他の分子中のヘテロ原子(Y)との間で静電的に引き合って安定化した構造(X–H…Y)を水素結合といいます．双極子–双極子間の静電引力(ケーソム力)と似ていますが，X–Y 間の距離が両者の vdW 半径の和より小さくなることや，X–H–Y のなす角に特異性があることなどから，量子力学的な起源に基づく，より強い相互作用であると認識されています．水素結合は水やアルコールの分子間にも見られ，その物性に少なからぬ影響を与えています．またタンパク質や核酸などの生体を構成する分子の立体構造を保つうえでも，水素結合は重要な役割を果たしています．**図 11-5** には核酸塩基対のモデルを示しました。

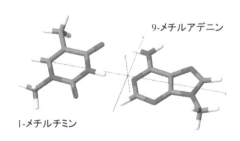

9-メチルアデニン

1-メチルチミン

図 11-5　核酸塩基対のモデル

電荷移動力

　酸化されやすい（HOMO 準位が高い）分子と，還元されやすい（LUMO 準位が低い）分子との間には引力的な相互作用が働くことがあります．前者（ドナー）から後者（アクセプター）に部分的に電荷が移動し，結果として生じる静電力によって引き合うように見えることから，この相互作用は電荷移動力とよばれます．実際には，ドナーの HOMO 準位よりもアクセプターの LUMO 準位の方が高いことがほとんどなので，自発的に電子が移動するわけではありません．分子軌道理論では，ドナーの HOMO にアクセプターの LUMO が混合して新しい占有分子軌道を作り，もとの HOMO 準位よりも安定化するために引力が生じると解釈されます．それと同時に，アクセプターの LUMO にドナーの HOMO が混合した非占分子軌道も形成されます．こうしてできた占有 / 非占有軌道間で電子遷移が起こると，ドナーとアクセプター単独では見られなかった呈色が観測されます．これを電荷移動吸収といい，電荷移動力が働いていることの目印となります．身近な例ではヨウ素−でんぷん反応による青紫色があります．

ハロゲン結合

　分子中のハロゲン原子と電気陰性度の高いヘテロ原子の間で働く引力があります．ハロゲン原子自身もその電気陰性度のために負に帯電しますから，ハロゲン原子がヘテロ原子と積極的に近づくのは不思議な感じがするかもしれません．最近の量子化学的研究により，ハロゲン原子表面上の電子分布は一様ではなく，共有結合の向かい側の領域には電子密度が低く正に帯電した領域（シグマホール）があることがわかってきました（**図 11-6**）．ハロゲン結合はシグマホールが他の原子の非共有電子対と静電的に引き合うことで成立するので，水素結合と同じように指向性をもちます．シグマホールは Cl<Br<I の順に大きくなり，F ではほとんど見られません．F はむしろ非共有電子対ドナーとして働き，R–I···F–R などの結合を形成します．このようにハロゲン原子間で生じるハロゲン結合を特にハロゲン−ハロゲン相互作用とよぶこともあ

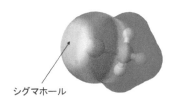

シグマホール

図 11-6　クロロメタンの静電ポテンシャル投影マップ

ります.

疎水性相互作用

　炭化水素などの非極性分子は，水中で集合する傾向があります(疎水効果). 非極性分子自身にも分散力を主とする vdW 相互作用は働いているのですが，水中ではさらに引き合う力が強まるように見えます. これは疎水性相互作用といって，実は水素結合による安定化と表裏一体の現象です. 四方を水分子に囲まれている水分子は水素結合によって安定化されていますが，それは一方で表面や界面の水分子が相対的に不安定であることを意味します. 非極性分子と水分子との間には強い引力が働かないので，非極性分子と接した水分子は不安定です. このような不安定な水分子の数をなるべく少なくするには，分子の配向を制限して水素結合の数を増やす必要があります. これはエントロピー的に不利な状況(秩序性の増加)につながるため，系はそれを避けて非極性分子をはじき出すのです.

11.2　液体の物性

11.2.1　溶媒の極性

　分子の間に働く引力は，大部分が静電力と vdW 相互作用です. つまり分子の電磁気学的なモデルで説明できます. 双極子モーメントの大きさは分子の構造によって 0 になる場合がありますが，分子が原子核と電子で成り立っている以上は 0 でない電子分極率をもちます. そういう非極性分子であっても分子間力は働くのです. 交換斥力もまた，すべての分子の間に働きます. 引力と斥力のバランスによって，分子間にはちょうどよい距離が保たれていると考えられます. この仕組みによって物質は凝縮相という安定相をとることができます. 凝縮相には主に固相と液相がありますが，このうち液相は流動性をもつというところが特徴です. 流動性があるということは，分子と分子の間がぎゅうぎゅうに詰まっているのではなく，いくらか隙間があることをほのめかしています. この隙間を利用して分子はその平衡位置の周りで並進・回転したり振動したりしていますが，このある程度自由な運動が配向力の源にもなっています.

　原子間の斥力が急激に大きくなる半径を vdW 半径というのでした. 原子核を中心として vdW 半径を半径とする球が定義できます. これを vdW 球といい，その体積 V_{vdW} を vdW 体積とよびます.

　原子を球とみなせば，その体積は vdW 半径(R)を使って，

$$V_{\mathrm{vdW}} = \frac{4\pi R^3}{3} \tag{11.26}$$

と見積もることができます．分子中の各原子に vdW 球を描いてその包絡面をとれば，その分子の vdW 曲面と vdW 体積を考えることができます．

物質の密度を d，分子量を M，アボガドロ定数を N_{A} とすると，実際の物質中で分子が占める体積 V_{M} がわかります．これを分子容といいます．

$$V_{\mathrm{M}} = \frac{M}{N_{\mathrm{A}}d} \tag{11.27}$$

分子容に対して vdW 体積が占める割合を計算すれば，その物質中の分子の充填率を推し量ることができます．充填率を ϕ とすると，

$$\phi = \frac{V_{\mathrm{vdW}}}{V_{\mathrm{M}}} = \frac{N_{\mathrm{A}}dV_{\mathrm{vdW}}}{M} \tag{11.28}$$

となります．ϕ の値は，例えば真球の最密充填では約 0.74 になることがわかっていますから，液体ではこれよりいくらか低い値になると予想されます．問題は V_{vdW} をどうやって求めるかですが，複雑な形の分子では容易ではありません．原子が結合したり結合が折れ曲がったりしているため，分子の V_{vdW} は単純に原子の V_{vdW} の和にはなりません．計算機で vdW 曲面を計算してその体積を数値的に求めたり，何らかの数式を使って近似的に求めたりする必要があります．

例えばザオ(Zhao)らは以下の近似式を提案しています．

$$V_{\mathrm{vdW}} = \sum_i \frac{4\pi R_i^3}{3} - 5.92 N_{\mathrm{B}} - 14.7 R_{\mathrm{A}} - 3.8 R_{\mathrm{NA}} \tag{11.29}$$

R_i は原子 i の vdW 半径，N_{B} は共有結合の本数(多重結合も 1 本と数える)，R_{A} と R_{NA} はそれぞれ芳香環(平面)と非芳香環(非平面)の個数です．つまり原子の vdW 体積の総和から，結合によって重複した部分を差し引くという単純な近似ですが，分子のだいたいの体積を見積もるには十分機能します．

一方，分子容は実験的に求めることができます．密度を直接測ってもよいですが，ここでは別の方法を考えてみます．式(10.41)を書き換えて，

表 11-2　有機溶媒分子の電磁気学的パラメータ

		μ	α
1	n-ペンタン	0	10.04
2	n-ヘキサン	0	11.94
3	n-ヘプタン	0	13.71
4	ベンゼン	0	10.38
5	トルエン	0	12.27
6	ジエチルエーテル	1.15	8.87
7	ジイソプロピルエーテル	1.15	12.52
8	テトラヒドロフラン	1.63	7.91
9	ジオキサン	0	8.55
10	酢酸エチル	1.83	8.90
11	アセトン	2.7	6.45
12	2-ブタノン	2.78	8.15
13	ジメチルスルホキシド	4.08	8.02
14	アセトニトリル	3.54	3.12
15	ジメチルホルムアミド	3.24	7.52
16	ピリジン	1.5	9.80
17	四塩化炭素	0	10.54
18	クロロホルム	1.14	8.43
19	ジクロロメタン	1.14	6.48
20	1,2-ジクロロエタン	1.4	8.27

$$\varepsilon = 1 + \frac{N}{V\varepsilon_0}\left(\frac{\mu_{\mathrm{perm}}^2}{3kT} + \alpha_{\mathrm{el}}\right) = 1 + \frac{1}{V_\mathrm{M}\varepsilon_0}\left(\frac{\mu_{\mathrm{perm}}^2}{3kT} + \alpha_{\mathrm{el}}\right) \tag{11.30}$$

とすれば，分子容と比誘電率の結びつきがわかります．ただし比誘電率から分子容を求めるには，他に双極子モーメントと電子分極率の情報が必要になります．あとは，そもそも式(10.41)が液相の物質においてあまり適当ではないかもしれない，という疑念もありました．以下では実在の様々な物質について，その電磁気学的な性質と比誘電率との関係を見ていくことにしましょう．

　化学の実験室には数十種類～数百種類の試薬が常備されています．そのほとんどは何らかの形で化学反応に用いられることが多いと思いますが，中にはそれ自身は反応に関与することなく，反応基質を溶かすだけの役割で用いられる液体もあります．そういう液体は溶媒(反応溶媒)とよばれます．研究分野によっては溶媒といえば水の一

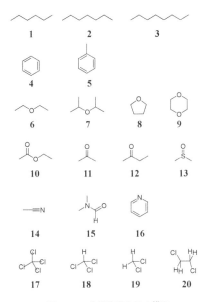

図11-7 有機溶媒分子の構造

択であることもありますが，有機化学の実験では溶媒も有機化合物である場合がほとんどです．**表11-2**にはごくありふれた有機溶媒のリストを掲げておきました．それぞれの有機溶媒の分子構造は**図11-7**に示しました．

1～3は飽和の直鎖炭化水素で，総称してアルカンともよばれます．4, 5はベンゼンとその誘導体です．6～9は炭素鎖の途中に酸素原子が入ったもので，エーテル類としてまとめられます．10～12はエステルとケトンで，カルボニル化合物とよばれます．13はカルボニル化合物ではなくスルホキシドですが，構造としては少し似ています．窒素原子を含む化合物としては14～16のニトリル，アミド，ピリジンなどがあります．17～20は塩素原子を含む化合物です．塩素以外にもハロゲン原子を含む有機溶媒はたくさんあります．このように数多くの有機溶媒をそろえる必要があるのは，これらの液体の性質が少しずつ異なるからです．**表11-3**には溶媒の双極子モーメントと電子分極率を併せて示してあります．6～20はヘテロ原子を含んでおり，それを反映して非0の双極子モーメントをもっています．

有機分子は，その双極子モーメントの値によって極性分子と非極性分子に分別されますが，実はその境界はわりとあいまいです．通例では双極子モーメントが0か非常に小さい分子を非極性分子，大きい分子を極性分子といいますが，感覚としてはだい

たい 1.5 くらいが境界値になるのではないかと思います．ただしジオキサンのように，極性溶媒とみなされる物質でありながら，分子の対称性が高いために分子全体の双極子モーメントが 0 になってしまう分子もあります．また酢酸エチルはそこそこ高い双極子モーメントをもっていながら非極性溶媒に分類されるように思います．これは，ジオキサンは水と混和し，酢酸エチルは混和しないという実用的な性質にも影響を受けていると思われます．他にも溶媒の性質としてドナー性，アクセプター性，プロトン性，非プロトン性など多数の尺度があり，反応に用いる溶質や反応の機構によって細かく使い分ける必要があるのです．

　とはいえ，溶媒の極性が高いか低いかという直観的な区別は非常に大事です．普通は分子の双極子モーメントよりも，物質として見たときの比誘電率が判断基準になることが多いようです．比誘電率が高ければ極性溶媒，低ければ非極性(または低極性)溶媒です．式(10.41)からわかるように，比誘電率は分子の双極子モーメントと電子分極率に依存します．ただし，式(10.41)は分子間の相互作用を考慮せずに導出しているので，実際の溶媒に適用できる保証はありません(というか適用できません)．実際の溶媒に適用するためにいくつかの関係式が提唱されてきましたが，次項では中でも最も基本的な考え方を示す関係式について詳解します．

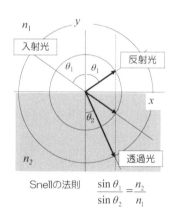

Snell の法則　　$\dfrac{\sin \theta_1}{\sin \theta_2} = \dfrac{n_2}{n_1}$

運動量保存則から　　Maxwell の式より

$$\frac{c_2}{c_1} = \frac{n_1}{n_2} \qquad c = \frac{c_0}{n} = \frac{1}{n\sqrt{\varepsilon_0 \mu_0}}$$

比透磁率 $\mu_r = 1$ ならば、比誘電率 $\varepsilon_r = n^2$

図 11-8　スネルの法則

11.2.2 誘電率と屈折率

この項では溶媒の物性値である比誘電率を，その構成分子の性質と結びつけて解釈することを考えます．またこの項では，比誘電率とともに屈折率も溶媒の性質を特徴づける重要な物性値であることが明らかになるでしょう．屈折率といえば中学校で習うスネル(Snell)の法則(→Mas Math ノート 25【スネルの法則】)を思い浮かべますが，電磁波としての光の性質を考えると屈折率 n と比誘電率 ε は，

$$\varepsilon = n^2 \tag{11.31}$$

という関係があるのです(図 11-8)．この ε は式(10.41)の ε と同じものなのでしょうか．表 11-3 には，表 11-2 に掲げた溶媒の比誘電率と屈折率をまとめました．この表を見ると，ある種の溶媒についてはほぼ式(11.31)が成り立っているようにも見え

表 11-3 有機溶媒の誘電特性

		ε	n
1	n-ペンタン	1.84	1.358
2	n-ヘキサン	1.89	1.375
3	n-ヘプタン	1.92	1.388
4	ベンゼン	2.27	1.501
5	トルエン	2.38	1.494
6	ジエチルエーテル	4.34	1.350
7	ジイソプロピルエーテル	3.88	1.366
8	テトラヒドロフラン	7.58	1.405
9	ジオキサン	2.21	1.420
10	酢酸エチル	6.02	1.373
11	アセトン	20.7	1.359
12	2-ブタノン	18.5	1.376
13	ジメチルスルホキシド	45.8	1.477
14	アセトニトリル	37.5	1.346
15	ジメチルホルムアミド	36.7	1.429
16	ピリジン	12.3	1.523
17	四塩化炭素	2.23	1.463
18	クロロホルム	4.81	1.466
19	ジクロロメタン	8.9	1.424
20	1,2-ジクロロエタン	10.4	1.442

ますし，また別の種では全く成り立っていないようにも見えます．

【スネルの法則】

スネルの法則は，電磁波の運動量保存則から説明することができます．ここでは，媒質中の光速が真空中より遅くなるというマクスウェル方程式からの帰結を出発点として，**図 11-8** の説明の逆をたどってみます．媒質の比誘電率が ε_r，比透磁率が μ_r であるとき光速 c は，

$$c = \frac{1}{\sqrt{\varepsilon_r \varepsilon_0 \mu_r \mu_0}} \tag{M25.1}$$

です．ここで μ_0 は磁気定数（真空の透磁率）で $1.256 \times 10^{-6}\,\mathrm{N\,A^{-2}}$（ほぼ $4\pi \times 10^{-7}\,\mathrm{N\,A^{-2}}$ に等しい）．非磁性体では $\mu_r = 1$ とみなすことができ，

$$c = \frac{1}{\sqrt{\varepsilon_r \varepsilon_0 \mu_0}} = \frac{1}{\sqrt{\varepsilon_r}}\frac{1}{\sqrt{\varepsilon_0 \mu_0}} = \frac{c_0}{\sqrt{\varepsilon_r}} \tag{M25.2}$$

となります．つまり媒体中の光速は真空中の光速 c_0 の $1/\sqrt{\varepsilon_r}$ になります．スネルの法則によればこれが $1/n$ に等しいので，$\varepsilon_r = n^2$ という関係が得られます．

媒質 1 中を進行する光（入射光）の波数ベクトルの大きさを k_1 とし，その向きを光の入射方向と考えます．媒質の界面に垂直な成分を $k_{1\perp}$，平行な成分を $k_{1\parallel}$ とすれば，

$$\begin{cases} k_{1\perp} = k_1 \cos\theta_1 \\ k_{1\parallel} = k_1 \sin\theta_1 \end{cases} \tag{M25.3}$$

と書けます．この光が媒質 2 の中に入ると，光速は n_1/n_2 倍になります．エネルギー保存則（$\hbar\omega$ は一定）より角振動数は変わらないので，波数 k_2 は n_2/n_1 倍になります．

$$\omega = k_1 c_1 = k_2 c_2 = k_2 c_1 \frac{n_1}{n_2}$$
$$\Rightarrow k_2 = k_1 \frac{n_2}{n_1} \tag{M25.4}$$

媒質 2 中を進行する光（透過光）の波数ベクトルの向きを光の透過方向とすると，その成分は式（M25.3）と同様に，

$$\begin{cases} k_{2\perp} = k_2 \cos\theta_2 \\ k_{2\parallel} = k_2 \sin\theta_2 \end{cases} \tag{M25.5}$$

と書けます．水平方向の運動量の保存を考えると，以下の関係式が得られます．

$$\hbar k_1 \sin\theta_1 = \hbar k_2 \sin\theta_2$$
$$\Rightarrow \frac{\sin\theta_1}{\sin\theta_2} = \frac{n_2}{n_1} \tag{M25.6}$$

なお，以下のように垂直方向の運動量は保存されません．

$$\hbar k_1 \cos\theta_1 \neq \hbar k_2 \cos\theta_2 \tag{M25.7}$$

このように，運動する空間の性質が変化する方向については，運動量は保存される必要がありません．

分子が希薄な場合（気体など）では，分子に働く電場は巨視的電場 F にほぼ等しいと考えて構いません．しかし凝縮相では分極した分子同士の相互作用のせいで，個々の分子は F よりも若干強い電場を感じることになります．これを局所電場（local field）F_{loc} とよんで F と区別します．個々の分子が，自分と同じ大きさの双極子に均一に囲まれているという近似のもとでは，F_{loc} は以下の式で表されます．これをローレンツ（Lorentz）電場といいます．

$$\boldsymbol{F}_{loc} = \boldsymbol{F} + \frac{\boldsymbol{P}}{3\varepsilon_0} \tag{11.32}$$

凝縮相中であっても，局所的には式(10.27)と同様の関係が成り立つと考えられますから，局所的な電気感受率 χ_{loc} を導入して，

$$\boldsymbol{P} = \varepsilon_0 \chi_{loc} \boldsymbol{F}_{loc} \tag{11.33}$$

と表すことができます．χ_{loc} は式(10.34)，(10.38)で表される χ_{or}, χ_{el} と同等の量になるはずですが，巨視的な電気感受率 χ とは異なるので，あえて添え字 loc をつけています．分極の起源は個々の分子にあるので，アボガドロ定数を N_A，モル質量を M，密度を d として式(10.34)，(10.38)より，

$$\chi_{loc} = \frac{N\alpha_{loc}}{\varepsilon_0 V} = \frac{N_A d \alpha_{loc}}{\varepsilon_0 M} \tag{11.34}$$

式(11.33)を式(11.34)に代入すると，

$$\boldsymbol{P} = \frac{3\varepsilon_0 \chi_{\mathrm{loc}}}{3 - \chi_{\mathrm{loc}}} \boldsymbol{F} \tag{11.35}$$

が得られます．これを式(10.27)と比較して，式(10.28)を用いれば凝縮相の比誘電率
ε が，

$$\varepsilon = 1 + \frac{3\chi_{\mathrm{loc}}}{3 - \chi_{\mathrm{loc}}} \tag{11.36}$$

で表されることがわかります．式(11.36)を χ_{loc} について解き，式(11.34)を用いて整
理すれば，

$$\frac{\varepsilon - 1}{\varepsilon + 2} \frac{M}{d} = \frac{N_{\mathrm{A}}}{3\varepsilon_0} \alpha_{\mathrm{loc}} \equiv P_{\mathrm{M}} \tag{11.37}$$

という関係式を得ます．これをクラウジウス–モソッティ(Clausius–Mossotti)の式と
いいます．ここで式の各辺をモル分極 P_{M} ともいいます．モル"分極"とはいってもこ
れは体積の次元をもつ量で，分極 $\boldsymbol{P}$ とは全く別の量です．クラウジウス–モソッティ
の式の左辺は比誘電率，分子量(1 mol あたりの質量)，密度で決まりますから，物質
の巨視的な(実験的に得られる)性質で決まります．一方，右辺はアボガドロ定数と電
気定数(いずれも定数)，それに分子の分極率で決まりますから，分子の微視的な(量
子化学的に求める必要のある)性質で決まります．つまりクラウジウス–モソッティ
式は物質のマクロな面とミクロな面をつなぐ式なのです．

　クラウジウス–モソッティの式では，α_{loc} の内容は明示されていません．この式中
の比誘電率は，分極の起源がどのような現象であるかによって変わります．電場 $\boldsymbol{F}$
が静電場，あるいは分子の運動に比べて極めてゆっくりとした変化しかしないのであ
れば，分極率としては配向分極と誘起分極の両方の寄与があるので，

$$\alpha_{\mathrm{loc}} = \alpha_{\mathrm{or}} + \alpha_{\mathrm{el}} = \frac{\mu_{\mathrm{perm}}^2}{3kT} + \alpha_{\mathrm{el}} \tag{11.38}$$

と考えてよいでしょう(ランジュバン–デバイ(Langevin–Debye)の式)．このときの比
誘電率を静的誘電率 $\varepsilon_{\mathrm{stat}}$ といって，

$$\frac{\varepsilon_{\mathrm{stat}} - 1}{\varepsilon_{\mathrm{stat}} + 2} \frac{M}{d} = \frac{N_{\mathrm{A}}}{3\varepsilon_0} \left(\frac{\mu_{\mathrm{perm}}^2}{3kT} + \alpha_{\mathrm{el}} \right) \tag{11.39}$$

という式で表されます．これをデバイの式といいます．

一方，電場の変化が非常に速い場合，例えば高周波数の交流電場であるときは，分子の回転は電場の変化に追従できなくなります．分子の形や分子量にもよりますが，分子が向きを変えるためには$10^{-8} \sim 10^{-6}$ s 程度の時間が必要だからです．紫外～可視域の光は分子に10^{15} Hz 程度の交流電場を与えるので，光に対する分極には誘起分極の寄与しかありません．このときの比誘電率を光学的誘電率 $\varepsilon_{\mathrm{opt}}$ といって，

$$\frac{\varepsilon_{\mathrm{opt}} - 1}{\varepsilon_{\mathrm{opt}} + 2} \frac{M}{d} = \frac{N_{\mathrm{A}}}{3\varepsilon_0} \alpha_{\mathrm{el}} \tag{11.40}$$

という式で表されます．式(11.31)で見た比誘電率は，この光学的誘電率だったのです．光学的誘電率を屈折率の二乗で置き換えた式はローレンツ–ローレンス（Lorentz–Lorenz）の式とよばれます（式(11.41)）．

$$\frac{n^2 - 1}{n^2 + 2} \frac{M}{d} = \frac{N_{\mathrm{A}}}{3\varepsilon_0} \alpha_{\mathrm{el}} \equiv R_{\mathrm{M}} \tag{11.41}$$

ここで，各辺はモル屈折 R_{M} とよばれます．ローレンツ–ローレンスの式も，左辺は物質の実験的な面，右辺は分子の量子化学的な面から求められる量であり，マクロとミクロをつなぐ役割を果たしています．

実際に表11–2に挙げた溶媒について，デバイの式やローレンツ–ローレンスの式がどの程度有効であるか見てみることにしましょう．まずは，モル屈折の値を式(11.41)の右辺（微視的な項）に対して左辺（巨視的な項）をプロットしたグラフを

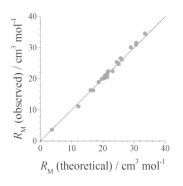

図11–9 ローレンツ–ローレンスの式の検証

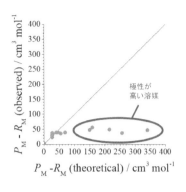

図 11-10　デバイの式の検証

図 11-9 に示します.

　両者はたいへんよい相関を示しています. これはローレンツ–ローレンスの式が幅広い種類の溶媒に対して有効だということです. 次にデバイの式について検証したいと思いますが, これには少し注意が必要です. 式(11.39)からわかるように, 静的誘電率には配向分極だけでなく誘起分極の効果も含まれているからです. この中から配向分極の効果だけを抽出するには, 式(11.39)から式(11.41)を辺々引いて,

$$\left(\frac{\varepsilon_{\text{stat}} - 1}{\varepsilon_{\text{stat}} + 2} - \frac{n^2 - 1}{n^2 + 2} \right) \frac{M}{d} = \frac{N_A}{3\varepsilon_0} \left(\frac{\mu_{\text{perm}}^2}{3kT} \right) \equiv P_M - R_M \tag{11.42}$$

という式の両辺を比べればよいことになります. その結果が図 11-10 ですが, 予想以上に散々な結果です. 斜め 45 度の直線上に乗っているのは, 比誘電率の低い数種の溶媒に過ぎません. 特にずれの大きいデータ(図中ピンクの丸で囲んだ領域)は, 表 11-2, 11-3 でグレーに網掛けした 6 種類の溶媒(アセトン, 2-ブタノン, ジメチルスルホキシド, アセトニトリル, ジメチルホルムアミド, ピリジン)です. これらの溶媒はすべて比誘電率が高く, 分子の双極子モーメントも大きいという共通点があります. このような溶媒についてはデバイの式はあまりよい近似になっていないということです.

　この原因としてはいろいろ考えられますが, 最も有力なのは仮定として用いたローレンツ電場が不適切であったということです. ローレンツ電場を導く過程では, 分子はお互いが作る双極子電場を感じてはいるものの, お互いの双極子モーメントベクトルの向きを変えるという可能性は考慮されていません. しかし双極子モーメントの大

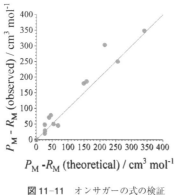

図 11-11 オンサガーの式の検証

きい分子では，お互いが反平行の配置をとることによってエネルギー的に安定化しようとする効果が無視できないのです．そうした効果を取り入れた関係式はいくつか提唱されていますが，中でもオンサガー（Onsager）の式は広範な溶媒について有効な関係式として知られています（式（11.43））．

$$\frac{(\varepsilon_{\mathrm{stat}} - n^2)(2\varepsilon_{\mathrm{stat}} - n^2)}{\varepsilon_{\mathrm{stat}}(n^2 + 2)^2}\frac{M}{d} = \frac{N_{\mathrm{A}}}{3\varepsilon_0}\left(\frac{\mu_{\mathrm{perm}}^2}{3kT}\right) \tag{11.43}$$

オンサガーの式の右辺に対して左辺をプロットしたのが**図 11-11** です．

11.2.3 誘電関数

　物質の比誘電率は定数ではなく，電場の振動数に依存して変わる関数だということを見てきました．低周波数側の極限は $\varepsilon_{\mathrm{stat}}$，光学的周波数付近の値が $\varepsilon_{\mathrm{opt}}$ です．ではその間の周波数帯では何が起きているのでしょうか．具体的な $\varepsilon(\omega)$ の形を導出してみます．$\varepsilon_{\mathrm{stat}} \simeq \varepsilon(\omega) \gg \varepsilon_{\mathrm{opt}}$ の範囲では，分極の変化は電場による永久双極子の配向と緩和に起因するので，χ_{or} を ω の関数と見て次の微分方程式を立てます．

$$P = -\tau\frac{\mathrm{d}P}{\mathrm{d}t} + \varepsilon_0\chi_{\mathrm{or}}(0)F \tag{11.44}$$

ここで，P の一階微分の項は粘性抵抗による遅れを表していて，比例定数として緩和時間 τ をかけています．こういうモデルをデバイ緩和といいます．角振動数 ω の振動電場を，

$$F = F_0 e^{-i\omega t} \tag{11.45}$$

とすると，P の強制振動解，

$$P = \frac{\varepsilon_0 \chi_{\mathrm{or}}(0)}{1 - i\omega\tau} F_0 e^{-i\omega t} \tag{11.46}$$

が得られます．電気感受率 $\chi_{\mathrm{or}}(\omega)$ は，

$$\chi_{\mathrm{or}}(\omega) = \frac{\chi_{\mathrm{or}}(0)}{1 - i\omega\tau} \tag{11.47}$$

と書けます．この $\chi_{\mathrm{or}}(\omega)$ は複素数なので複素感受率ともいいます．$\chi_{\mathrm{or}}(\omega)$ を実部と虚部に分けて，

$$\chi_{\mathrm{or}}(\omega) = \chi'_{\mathrm{or}}(\omega) + i\chi''_{\mathrm{or}}(\omega) = \frac{\chi_{\mathrm{or}}(0)}{1 + \omega^2\tau^2} + i\frac{\omega\tau\chi_{\mathrm{or}}(0)}{1 + \omega^2\tau^2} \tag{11.48}$$

と書けば P は，

$$P = \varepsilon_0 |\chi_{\mathrm{or}}(\omega)| F_0 e^{-i(\omega t - \delta)} \tag{11.49}$$

$$\tan\delta = \frac{\chi''_{\mathrm{or}}(\omega)}{\chi'_{\mathrm{or}}(\omega)} \tag{11.50}$$

と表すこともできます．δ は損失角とよばれ，電場の振動に対する位相の遅れを表します．$\chi''_{\mathrm{or}}(\omega)$ が最大となるのは $\delta = \pi/2$ のときで，このとき誘電体による電場のエネルギー吸収率は極大となります．つまりこのとき 9.1 節で見た共鳴吸収と同様のことが起きているのです．式 (11.47) によれば $\omega = 1/\tau$ 付近で $\chi''_{\mathrm{or}}(\omega)$ は極大になります．

　結局，静的誘電率は次式で表されます．なお，この角振動数領域では誘起分極には ω 依存性を考える必要がないので，単にその寄与を加えるだけです．

$$\varepsilon_{\mathrm{stat}} = 1 + \chi_{\mathrm{or}}(0) + \chi_{\mathrm{el}}(0) \tag{11.52}$$

$\chi_{\mathrm{or}}(\omega)$ の概形を **図 11-12** に示します．

　同様にして $\varepsilon_{\mathrm{opt}} \simeq \varepsilon(\omega)$ の領域を考えます．この範囲では分極の変化の起源は電子の平衡位置からの変位ですから，粘性抵抗のある振動子の強制振動の微分方程式を立てます．

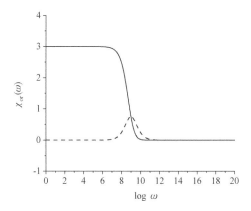

図 11-12 $\chi_{\mathrm{or}}(\omega)$ の概形($\chi_{\mathrm{or}}(0)=3$, $\tau=10^{-9}$ s の場合):実部 $\chi'_{\mathrm{or}}(\omega)$(実線)と虚部 $\chi''_{\mathrm{or}}(\omega)$(破線)

$$m\frac{\mathrm{d}^2 P}{\mathrm{d}t^2} = -m\omega_0{}^2 P - 2m\gamma\frac{\mathrm{d}P}{\mathrm{d}t} + \rho_{\mathrm{e}}e^2 F \tag{11.52}$$

これをローレンツ(Lorentz)モデルといいます.ここで m, e, ρ_{e}, ω_0, $2m\gamma$, は電子の質量,電荷,密度,固有振動数,粘性抵抗係数です.これは Mas Math ノート 22 のモデルと同じで,P の解は,

$$P = \frac{\varepsilon_0 \rho_{\mathrm{e}} e^2}{m}\frac{1}{\omega_0^2 - \omega^2 - 2i\gamma\omega}F_0 e^{-i\omega t} \tag{11.53}$$

となります.実部と虚部に分けて書けば,

$$\begin{aligned}\chi_{\mathrm{el}}(\omega) &= \chi'_{\mathrm{el}}(\omega) + i\chi''_{\mathrm{el}}(\omega)\\&= \frac{\omega_p^2(\omega_0^2 - \omega^2)}{(\omega_0^2 - \omega^2)^2 + 4\gamma^2\omega^2} + i\frac{2\omega_p^2\gamma\omega}{(\omega_0^2 - \omega^2)^2 + 4\gamma^2\omega^2}\end{aligned} \tag{11.54}$$

となります.ただしここで ω_{p} は,

$$\omega_p = \sqrt{\frac{\rho_{\mathrm{e}}e^2}{\varepsilon_0 m}} \tag{11.55}$$

と定義される量で,プラズマ角振動数とよばれます.$\chi_{\mathrm{el}}(\omega)$ の概形を**図 11-13** に示します.共鳴効果によるエネルギー吸収は $\omega = \omega_0$ において極大になります.$\omega \ll \omega_0$

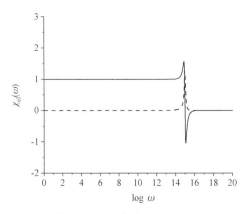

図 11-13　$\chi_{el}(\omega)$ の概形（$\omega_0 = \omega_p = 10^{15}\,\mathrm{s}^{-1}$, $\gamma = 2 \times 10^{14}\,\mathrm{s}^{-1}$ の場合）：実部 $\chi'_{el}(\omega)$（実線）と虚部 $\chi''_{el}(\omega)$（破線）

の極限では，

$$\chi_{el}(\omega) = \frac{\omega_p^2}{\omega_0^2} \tag{11.56}$$

となり，光学的誘電率 ε_{opt} は，

$$\varepsilon_{opt} = 1 + \frac{\omega_p^2}{\omega_0^2} = 1 + \chi_{el}(0) \tag{11.57}$$

で表されます．

式(11.48)，(11.54)を合わせると，$\varepsilon(\omega)$は以下のようになります．

$$\begin{aligned} \varepsilon(\omega) &= \varepsilon'(\omega) + i\varepsilon''(\omega) \\ &= 1 + \chi'_{or}(\omega) + \chi'_{el}(\omega) + i\{\chi''_{or}(\omega) + \chi''_{el}(\omega)\} \end{aligned} \tag{11.58}$$

$\varepsilon(\omega)$は複素数になるので，複素誘電関数とよばれます．**図 11-14** に $\varepsilon(\omega)$ の概形を示します*．

比誘電率が一般には ω の複素関数になるということから，屈折率も ω の複素関数として扱わなくてはなりません．屈折率を，

$$n(\omega) = n'(\omega) + in''(\omega) \tag{11.59}$$

とします．式(11.31)と式(11.59)から，比誘電率の実部・虚部と屈折率の実部・虚部

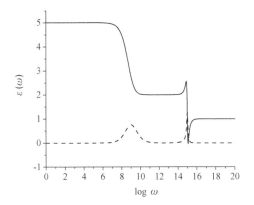

図11-14 $\varepsilon(\omega)$の概形（$\varepsilon_{\mathrm{stat}}=5,\varepsilon_{\mathrm{opt}}=2$）：実部 $\varepsilon'(\omega)$（実線）と虚部 $\varepsilon''(\omega)$（破線）

との間には，

$$
\begin{cases}
\varepsilon' = n'^2 - n''^2 \\
\varepsilon'' = 2n'n''
\end{cases}
\tag{11.60a, b}
$$

という関係があることがわかります（各 ω について成り立つということで(ω)は省略しています）．また，これを n'^2, n''^2 について解けば，

$$
\begin{cases}
n'^2 = \dfrac{1}{2}\left(\sqrt{\varepsilon'^2 + \varepsilon''^2} + \varepsilon'\right) \\[2mm]
n''^2 = \dfrac{1}{2}\left(\sqrt{\varepsilon'^2 + \varepsilon''^2} - \varepsilon'\right)
\end{cases}
\tag{11.61a, b}
$$

ということになります．吸収によるエネルギー損失が無視できる（誘電率の虚部がほぼ0の）範囲では，実質 $n'^2 = \varepsilon'$ が成り立ちます．

物質中を透過する光の運動量は n 倍になるので，入射光の電場を，

$$
E_1 = E_0 \exp[-i(kx - \omega t)]
\tag{11.62}
$$

とすれば透過光の電場は，

---

* 話を簡単にするため，ここでもイオン分極は考慮していない．イオン分極による誘電関数の ω-依存性は電子分極の場合と似た形になるが，特徴的なエネルギー吸収は $10^{12} \sim 10^{13}\,\mathrm{s}^{-1}$ の赤外領域に観測される．

$$E_{\mathrm{T}} = E_0 \exp[-i(nkx - \omega t)]$$
$$= E_0 \exp[-n''kx]\exp[-i(n'kx - \omega t)] \tag{11.63}$$

となります．これは，光が $1/n'$ に減速して進みながら，その電場は指数関数的に減衰するということを示しています．光の強度は電場の二乗に比例するので(式 4.1)，以下の関係が得られます．

$$\log_{10}\left(\frac{I_{\mathrm{T}}}{I_{\mathrm{I}}}\right) = \log_{10}\left(\frac{E_{\mathrm{T}}^{\,2}}{E_{\mathrm{I}}^{\,2}}\right) = \log_{10}\exp[-2n''kx] \tag{11.64}$$

これをランベルト–ベールの法則(式 4.5)と比較すると，

$$-2n''kx\log_{10}\mathrm{e} = -\varepsilon Cx$$
$$\Rightarrow \varepsilon = \frac{2n''k}{C\log_{\mathrm{e}}10} = \frac{2n''\omega}{Cc\log_{\mathrm{e}}10} \tag{11.65}$$

さらに，Mas Math ノート 17【ランベルト–ベールの法則】で扱った遮光シールのモデルとの関係は，

$$a = \frac{2n''\omega}{Cc} \tag{11.66}$$

となり，屈折率の虚部が(ω をかけることによって)光の吸収強度を表していることがわかります．

第12章 • 固体の電子状態

12.1 固体状態

12.1.1 固体の分類

　液体の温度を下げていくと，物質は流動性を失います．この状態を固体状態（固相）といいます．固体では熱運動は液体よりもさらに抑えられ，分子は自由に並進・回転することはできず，平衡位置の周りで振動するのみとなります．多くの物質では，固体になったときに分子間の距離が縮まるため，液体よりも密度が大きくなります．つまり固体の物質はそれ自身の融液中では沈みます．氷は水に浮かびますが，これは物質の中ではかなり異例のことです．

　固体はその構造や成り立ちによってさらにいくつかに分類されます（**図 12-1**）．固体の構成要素（原子または分子）の配列に周期性のあるものを結晶，そうでないものを非晶といいます．結晶はさらに金属結晶，共有結晶，イオン結晶，分子結晶に分けられます．金属結晶は原子間が金属結合によって結びついていて，金や銅など金属の性質を示す（金属結合と金属の性質は表裏一体ですが，これについては後の項で説明します）ものがこれにあたります．共有結晶は共有結合結晶ともいって，原子間が共有結合でつながっています．C（ダイヤモンド，黒鉛）や Si などがこの分類に含まれま

図 12-1　固体の分類

す．イオン結晶はイオン結合でできています．NaCl（塩化ナトリウム）やAl$_2$O$_3$（酸化アルミニウム）などです．第 5 章の共有結合の説明では，共有結合とイオン結合の境界は連続的で，多くの場合は両方が共存しているということを明かしました．結晶の場合でも同じことで，共有結晶とイオン結晶の境界は連続的です．分子結晶は分子を構成要素として，それらが分子間力で引き合って結晶となっています．H$_2$O（氷），C$_6$H$_6$（ベンゼン（融点 5.6 ℃））などです．

12.1.2　結晶格子[*]

　結晶の単位となる平行六面体を単位格子（unit cell）といいます．物質として扱う結晶は単位格子に比べて非常に（概して 1 万倍以上）大きいので，結晶を単位格子一個分移動させた前後の構造は実質的に区別できません．このような平行移動で構造が保たれる性質を並進対称性といいます．結晶を分類するうえでは，なるべく高い対称性をもつものの中で最小の体積をもつ平行六面体が単位格子として選ばれます．

　平行六面体の一個の頂点を原点とし，原点を一端とする三本の稜線をそれぞれ a 軸，b 軸，c 軸とよびます．三本の軸のうち最も対称性の高い回転軸となるものを c 軸にとることが多いのですが，例外も多数あるのでその都度注意が必要です．三本の軸は，右手系直交座標軸（右手の親指，人差し指，中指の方向を x, y, z 軸の正の向きにとる）に対して a 軸を x 軸上の正方向にとったとき，b 軸が xy 面上の $y>0$ の領域に，c 軸が $z>0$ の領域にくるようにとります（**図 12-2**）．a, b, c 軸方向の稜線の長さを a, b, c とし，$b-c$ 軸の挟角を α，$c-a$ 軸の挟角を β，$a-b$ 軸の挟角を γ とします．$a, b, c, \alpha, \beta, \gamma$ をまとめて格子定数（cell constants）とよびます．

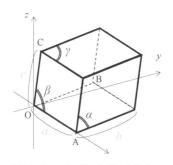

図 12-2　直交座標上に描いた単位格子

---

[*]　この項の詳細については拙著「空間群練習帳」を参照されたい．

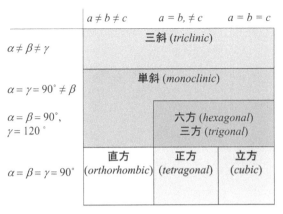

図 12-3　晶系の分類

　単位格子中において，反転，n 回回転，鏡映，回反，らせん，映進の操作によって互いに置き換えることのできない位置にある原子の集まりを非対称単位といいます．非対称単位は，それ自体が一個の分子となっている場合もあれば，一個の分子の何分の一かにあたる部分構造となっている場合もあります．後者の場合は，分子の内部に特殊位置（対称操作によって移動しない点）が含まれています．逆に，単位格子中に非等価な二分子が存在する場合などは，それらをまとめて非対称単位とみます．結晶溶媒が含まれているものや，共結晶になっているものについても同様で，それらをまとめて非対称単位とみます．

　結晶格子（crystal lattice）を，格子定数の間の関係によって分類したグループを晶系（crystal system）といいます．一般には，以下の 7 個の晶系に分けます（**図 12-3**）．

■三斜晶系（triclinic; a）

$a \neq b \neq c, \alpha \neq \beta \neq \gamma$：すべての辺も挟角も等しくない．

■単斜晶系（monoclinic; m）

$a \neq b \neq c, \alpha = \gamma = 90°$：平行四辺形を底面とする角柱．すべての辺は等しくない．底面にできる挟角を β にとるのが一般的．

■直方晶系（orthorhombic; o）

$a \neq b \neq c, \alpha = \beta = \gamma = 90°$：直方体の形．$a, b, c$ 軸の選び方は対称要素による．かつては斜方晶といった．

■正方晶系（tetragonal; t）

$a = b, \alpha = \beta = \gamma = 90°$：正四角柱の形．底面の正方形の二辺を a, b にとる．

■六方晶系（hexagonal; h）

$a=b$, $\alpha=\beta=90°$, $\gamma=120°$：正六角柱の形. 底面の六角形の二辺を a, b にとる. c 軸方向に 6 回軸, 6_1, 6_2, 6_3, 6_4, 6_5 らせん軸, 6 回回反軸のいずれもないものは, 特に三方晶系 (trigonal) とよんで区別する. 三方晶系の中には $a=b=c$, $\alpha=\beta=\gamma\neq90°$ の格子の取り方ができるものがある. この場合の単位格子は六個の合同な菱形で構成される六面体であることから特に菱面体晶系とよんで区別することもある.

■立方晶系 (cubic; c)

$a=b=c$, $\alpha=\beta=\gamma=90°$：立方体の形.

　結晶格子は, 単位格子内に含まれる格子点 (lattice node) の数によってさらに分類できます. 格子点とは, 結晶中において互いに並進対称性で結ばれた関係にある点のことで, 必ずしも単位格子の頂点のみを意味するわけではありません (単位格子の原点になりうる点と考えてよい). 以下では簡単のため, 任意に選んだ一個の格子点を原点に置いて考えます.

　単位格子の中に格子点を一個のみ含むものを単純格子 (P) といいます. 格子点を二個以上含むものを複合格子といい, 面心格子 (F) や体心格子 (I) などがあります. 晶系

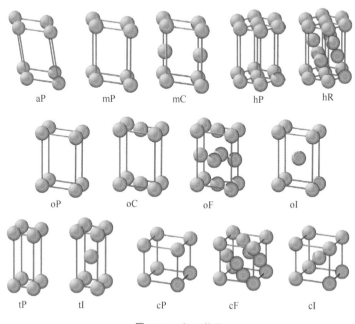

図 12-4 ブラベ格子

(a, m, h, o, t, c)と格子の型(P, F, I,…)の組み合わせで表したものをブラベ格子(Bravais lattice)といい，区別可能なものが14種類あります(**図12-4**)．7個の晶系と7個の格子型から49通りが生じるかといえばそうではなく，大部分はより小さく対称性の高い格子に取り直すことができます．

■**単純格子**（primitive; P）
単位格子の原点に格子点がある．標準のブラベ格子は aP, mP, hP, oP, tP, cP の六個．

■**底心格子**（bottom-centered; A, B, C）
原点と底心位の一つに格子点がある．*bc* 面の中心を A 底心，*ac* 面の中心を B 底心，*ab* 面の中心を C 底心とよぶ．標準のブラベ格子は mC, oC の二個．

■**面心格子**（face-centered; F）
原点および A, B, C の底心位すべてに格子点がある．標準のブラベ格子は oF, cF の二個．

■**体心格子**（body-centered; I）
原点と，単位格子の中心に格子点がある．標準のブラベ格子は oI, tI, cI の三個．

■**菱面体格子**（rhombohedral; R）
$a = b = c, \alpha = \beta = \gamma$ であり，かつ立方格子ではない(角度が90°以外)単純格子を，特に菱面体格子(R格子)という．菱面体格子は3回回転対称性をもつので，その主軸を c 軸とする三方晶系の格子を考えることもでき，その場合は原点と，$2a/3 + b/3 + c/3$，$a/3 + 2b/3 + 2c/3$ の位置に格子点をもつ複合六方格子(hR)と見る．三方晶系の単位格子の体積は菱面体格子の3倍になる．標準のブラベ格子は hR.

12.1.3　**結晶の融解**

結晶が液体になる温度を融点といい，液体が固体になる温度は凝固点といいます．これらの温度は固相と液相の自由エネルギーが等しくなる温度で，相転移点といいます．理想的には融解する温度と凝固する温度は一致するはずなのですが，実際に測定してみるといつもそううまくいくわけではありません．原因の一つは，融液から結晶化するときの機構にあります．液体では分子がある程度自由に運動できるのに対して，結晶では分子は決まった方向に決まった周期性で並んでいなくてはなりません．温度を下げていく過程で分子は結晶核とよばれる非常に小さい結晶の"種"を形成するのですが，結晶核が小さいうちは不安定ですぐに液相に戻ってしまいます．さらに温度を下げていくと核の発生数も増えますし，寿命も延びるので，核の周りに分子が集まってきて結晶が成長します．つまり実際に結晶が成長し始めるのは融点よりも少し低い温度なのです．この現象を過冷却といいます．そういうわけで，相転移点を測る

には融点を測った方が信頼性の高い値が得られます(ただし相転移点以上に温度を上げても融解しない「過熱」という現象もあります).

　温度を上げるとなぜ結晶は融解するのでしょうか. 固体も液体も, 気体に比べれば密度はほぼ同じであるにもかかわらず, なぜはっきりと性質の異なる二つの凝縮相があり得るのでしょうか. 結晶中では物質の構成要素が規則正しく並んでいます. ここでいう構成要素は, 金属結晶や共有結晶であれば個々の原子, イオン結晶であればイオン, 分子結晶であれば分子です. これら構成要素は周りの原子, イオン, 分子に囲まれて, エネルギー的に極小になる位置にいます. 分子結晶であれば, 分子の構造(結合長, 結合角, ねじれ角)に由来するエネルギーと分子間力のエネルギーの合計値が極小になっています. 構成要素の力学的エネルギーは運動エネルギーとポテンシャルエネルギーの和で表されますが, エネルギー極小の状態では両エネルギーが交換しながら極小位置の周りで振動運動をします. この様子は, 前後上下左右を 6 本のばねでつながれた, 箱の中の錘を想像してもらえばよいでしょう. 結晶に熱を加えると, そのエネルギーは振動のエネルギーに変えられ, 振動運動は激しくなります. 振動運動の激しさは振幅の増大となって現れます. 振幅がある程度以上大きくなると周囲の原子・分子との反発相互作用が急激に大きくなり, 結晶構造を保てなくなります. これが融解です.

　融点では結晶の構成要素を断ち切って自由に動けるようにする必要があるので, 要素間の結合が強いほど融解熱は大きく, また融点は高くなります. 金属結晶では融点が数百〜2000℃くらいのものが多く見られます. 共有結晶も同じくらいの温度域で, 例えばケイ素(Si)は 1412℃です. イオン結晶では 1000 〜 3000℃くらいです. 一般的な傾向として金属結晶よりもイオン結晶の方が高融点になります. これは, 金属結晶では同種の原子が隣り合っているために結晶構造の乱れに寛容であることが一因です(展性・延性もこの性質に由来します). イオン結晶では異符号のイオンが隣り合っているため, 原子位置をずらすには多大なエネルギーが必要です(このため, イオン結晶をたたいても延びることなく割れてしまいます). 分子結晶ではほとんどのものが 300℃以下で融解あるいは分解します. これは, 分子間力のエネルギーが共有結合に比べてたいへん小さい(10 分の 1 以下)からです. 結晶内に強く相互作用する部位(多重の水素結合など)があると融点が高くなります. 分子間力が同じ程度であれば, 一般には分子の対称性が高い分子ほど融点が高くなりますが, これは結晶内の分子の配列が分子の振動モード(ある振動数における個々の原子の動き方)に影響するためと考えられます.

　液体になると運動エネルギーが大きくなり, 原子・分子の間隔も広くなるのでポテ

ンシャルエネルギーも大きくなります．一方で，原子・分子の配置や運動の種類は多様性を増すのでエントロピーも大きくなります（→Mas Math ノート 24【ボルツマン分布】）．そういうわけで固体と液体はわずかなエネルギー差で全く異なる相の形をとりうるのです．もう少し細かいことをいうと，純粋な物質であっても固相は一種類とは限りません．一つの組成の物質に対して結晶が複数種類存在する現象を多形（または結晶多形）といいます（その複数の結晶自体のことも相互に多形とよびます）．共有結晶の場合は特に，お互いに多形の関係にある相を同素体とよびます．ただし同素体 = 多形ではありません（酸素（O_2）とオゾン（O_3）は同素体ですが，多形ではありません）．多形の安定性を決めるのは温度と圧力で，これら二つの状態変数を軸として，最も安定な相（熱力学的安定相）を書き込んだ図を相図といいます．相の境界線上では二つの相のエネルギーが等しく，境界線を越えると相転移します．しかし，結晶中では分子が密に詰まっているので，温度や圧力を変えてもそう簡単には相転移しないものも多く見られます．そのような相は速度論的安定相とよばれます．

　例えば，スズ（Sn）には立方晶の α スズと正方晶の β スズという同素体があります．相転移点は 13℃で，これ以下の温度では α スズが安定です．常温では金属的な展性・延性に富む β 相であったものが，低温下では脆弱な α 相に転移してしまいます．ただし実際には過冷却が起こり，－10℃以下にならないと転移しないようです．またチョコレートの主成分であるトリアシルグリセロールには I 型〜VI 型の六種類の多形があり，このうち V 型（融点 32 〜 33℃）のみが食用に適しています．しかし熱力学的安定相は VI 型（融点 36 〜 37℃）であるため，長く放置すると転移します．この際，白い油脂が分離して花が咲いたように見えるのでファットブルームとよばれます．V 型を得るには，融解したチョコレートを一旦 27 〜 28℃ に冷却して IV 型と V 型の結晶核を成長させた後，温度を 30 〜 31℃ に上げて IV 型のみを融解させます．その後冷却すればすべてが V 型として結晶化します．この操作はテンパリングとよばれます．

12.2　結晶場理論と配位子場理論[*]

12.2.1　結晶場分裂

　イオン結晶では，金属イオンの周囲を酸素や窒素などのヘテロ原子が囲んだ構造がよく見られます．結晶ですから，そのヘテロ原子の並び方は必然的に高い対称性を

---

[*]　この節の詳細については拙著（共著）「無機化学 II」を参照されたい．

もっています．例えば塩化ナトリウムの結晶中では，Na⁺イオンに接するCl⁻イオン
は正八面体型に並んでいます．アルミナ（酸化アルミニウム，Al_2O_3）のコランダムと
いう名の結晶中では，Al^{3+}イオンをO^{2-}イオンが八面体型に取り囲んでいます．この
Al^{3+}イオンの場所はいろいろな遷移金属イオンで置き換わることがあります（何が入
るかは生成したときの環境による）．Cr^{3+}イオンが2〜3%混入したものはルビーとよ
ばれ，鮮やかな赤色の宝石として珍重されています．ルビーの赤色はCr^{3+}イオンが
O^{2-}イオンに囲まれた構造に由来するわけですが，これはちょうど5.3節の配位結合
のところで触れた遷移金属錯体によく似ています．遷移金属錯体の中にも赤や青など
の鮮やかな色を呈するものがありますから，ルビーの発色もその構造に起源がありそ
うです．5.3節で混成軌道を用いて配位結合を説明した際，五個あるd軌道のうち二
つ（$d_{x^2-y^2}$とd_{z^2}）だけが特別扱いされているかのように述べました．まずはその理由に
ついて結晶場理論というモデルで考えてみることにします．

　結晶場理論では，配位原子は単に負電荷をもつ点として近似し，配位原子と金属イ
オンとの間の静電的な相互作用のみを考えます．この時点では，5.3節に述べた配位
結合はまだ形成されていません．その前段階を考えるということです．正八面体型構
造では，原点に金属イオンを配置し，正八面体の各頂点$(a, 0, 0)$，$(0, a, 0)$，$(0, 0, a)$，
$(-a, 0, 0)$，$(0, -a, 0)$，$(0, 0, -a)$に負の点電荷$-Q$（$Q>0$）を置きます（**図12-5**）．水素
様原子におけるd軌道のエネルギーが，これら負の点電荷が与える電場によってど
のように変化するのかというのが，結晶場理論で解くべき問題です．つまり，

$$V(\boldsymbol{r}) = -\sum_{i=1}^{6} \frac{Q}{|\boldsymbol{r} - \boldsymbol{r}_i|} \tag{12.1}$$

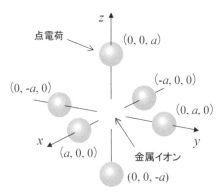

図12-5　八面体型錯体分子の結晶場モデル

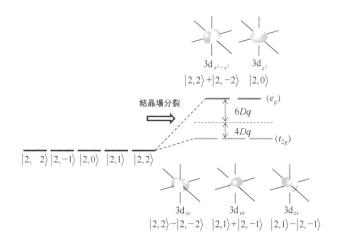

図 12-6 d 軌道の結晶場分裂

というポテンシャルを摂動項として，水素様原子のシュレーディンガー方程式，

$$\left\{ \hat{H} + V_{\mathrm{CF}}(\hat{\boldsymbol{r}}) \right\} \Phi(r,\theta,\phi) = (E_0 + E_{\mathrm{CF}}) \Phi(r,\theta,\phi) \tag{12.2}$$

を解くという問題です．ここで波動関数 Φ は，軌道関数の状態ベクトル $|l, m\rangle$ の線形結合を極座標表示したものです．l は方位量子数，m は磁気量子数でしたね．ここでは d 軌道を考えるので，$l=2$，$m=-2$，-1，0，$+1$，$+2$ の 5 通りの値をとります．

$$\Phi(r,\theta,\phi) = \langle r,\theta,\phi | \left\{ \sum_{m=-2}^{2} C_m |2, m\rangle \right\} \tag{12.3}$$

　詳細は無機化学の教科書に譲り，ここでは結果だけ述べることにします．

　六個の点電荷が作るポテンシャルによって 3d 軌道のエネルギーが変化する様子を **図 12-6** に示しました．分裂によってできた新しい軌道は，ちょうど**図 5-15** に示した実数型の軌道関数と同じであり，高エネルギー側の二つの軌道は $d_{x^2-y^2}$ と d_{z^2} に，低エネルギー側の三つは d_{xy}，d_{yz}，d_{zx} にそれぞれ対応します．$|2, 0\rangle$，$|2, 1\rangle$，$|2, -1\rangle$ はエネルギーだけが変化して，波動関数はそのまま変わりません（d_{yz} と d_{zx} は $|2, 1\rangle$ と $|2, -1\rangle$ との線形結合で表され，$|2, 0\rangle$ は d_{z^2} になる）．$|2, 2\rangle$ と $|2, -2\rangle$ は組み換えが起きて，高い準位と低い準位に分かれます．

$$\langle r,\theta,\phi|\{|2,2\rangle-|2,-2\rangle\} = r^2\exp(-r/3)\sin^2\theta\{\exp(2i\phi)-\exp(2i\phi)\}$$
$$= 4ir^2\exp(-r/3)\sin^2\theta\sin\phi\cos\phi \qquad (12.4)$$
$$= 4i\exp(-r/3)xy$$

$$\langle r,\theta,\phi|\{|2,2\rangle+|2,-2\rangle\} = r^2\exp(-r/3)\sin^2\theta\{\exp(2i\phi)+\exp(2i\phi)\}$$
$$= 2r^2\exp(-r/3)\sin^2\theta\left(\cos^2\theta-\sin^2\theta\right) \qquad (12.5)$$
$$= 2\exp(-r/3)\left(x^2-y^2\right)$$

高いエネルギーの軌道は d_{z^2} と同じに，低い方は d_{yz}, d_{zx} と同じになっていますが，これは偶然ではありません．八面体型の対称性をもつ環境に置かれたとき，d 軌道はいつもこのような形に分裂するのです．d_{z^2} 軌道は z 軸上で振幅が大きく，つまり電子密度が高くなっていますから，z 軸上に置かれた負電荷との反発によってエネルギーが高くなります．同様に $d_{x^2-y^2}$ 軌道は x 軸上と y 軸上に置かれた負電荷との反発によってエネルギーが高くなります．それに比べて d_{xy}, d_{yz}, d_{zx} 軌道ではエネルギーの上昇が小さいので，d 軌道は二つの準位に分裂します．分裂の大きさはポテンシャルの強さによって異なりますが，歴史的な経緯から分裂幅を $10Dq$ で表し，五個の軌道準位の平均値から見て高い方の準位までの幅を $6Dq$，低い方の準位までの幅を $4Dq$ で表すのが慣例です．このように周囲の静電的環境によって起こる軌道の分裂を結晶場分裂といいます．

図 12-6 ではこれらの軌道の右隣に e_g, t_{2g} という記号が付してありますが，これらは群論において対称性の分類に使う記号です．詳細は他書に譲るとして，e, t はそれぞれ二重，三重に軌道のエネルギーが縮重していることを示すこと，添え字の g は対称心に関して偶関数であることを知っておけば，本書では十分でしょう．

d 軌道が分裂したことの結果として，遷移金属錯体の特徴的な性質である呈色，つまり可視域の光の吸収を説明することができます．分裂幅 $10Dq$ は，多くの遷移金属錯体で可視光のエネルギー領域にあるので，t_{2g} 軌道にある電子が e_g 軌道に遷移することによって可視光が吸収されます．この遷移を d–d 遷移といいます．軌道関数の対称性の関係であまり大きな振動子強度をもちませんが，無機イオン結晶の場合は他に光を吸収する成分がないのでこの遷移による吸収帯が目立つのです．

電子遷移の話が出たついでに，このように分裂した d 軌道の電子配置を考えてみましょう．縮重した軌道があれば，電子はスピンの向きを同じくして異なる軌道を占有した方がエネルギー的に安定となります（フントの規則；量子力学的には交換相互作用で説明される）が，可視光のエネルギー程度に小さく分裂した軌道では少し複雑

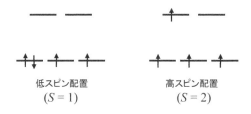

低スピン配置
$(S = 1)$

高スピン配置
$(S = 2)$

図12-7 電子配置とスピン量子数の和

なことが起こります. d 軌道の電子が 4 個～ 7 個の場合, エネルギー的に安定な電子
配置として二つの電子配置が可能です. 一つは, 上向き電子スピンと下向き電子スピ
ンがスピン対を形成して t_{2g} 軌道を選択的に占有する低スピン配置, もう一つは t_{2g} 軌
道でスピン対を形成するよりも e_g 軌道を選択的に占有する高スピン配置です(スピン
対の生成が多いほど原子全体のスピン量子数の和 S が小さくなるので低スピン配置,
逆であれば S が大きくなるので高スピン配置とよびます. **図12-7** に電子 4 個の場合
を示すので, 残りは各自で確認してください). 高スピン配置において, エネルギー
的に低い t_{2g} 軌道よりもエネルギー的に高い e_g 軌道を電子が選択的に占有する理由は,
スピン対を形成して同じ軌道を占有すると, 異なる軌道を占有した場合に比べ, より
大きな静電反発エネルギーを生じるためです. これを, スピン対生成エネルギーとい
います. すなわち, 電子の配置はスピン対生成エネルギーと結晶場分裂の大きさとの
バランスによって決まります. 結晶場分裂の大きさは配位子の種類や金属イオンの種
類(元素, 価数)によって変わります. だいたいの法則性やその説明も可能ですが, と
りあえず今は省略してよいでしょう.

　以上のことから, 金属錯体の構造は金属イオンの d 電子数に大きく影響を受ける
ことがわかります. 配位子が近づくと結晶場分裂が生じます. d 電子が 1 ～ 3 個の場
合, e_g 軌道はいつでも空ですから金属イオンは d^2sp^3 混成軌道を作って配位子の非共
有電子対を受け入れ, 配位結合を形成することを選びます. つまり錯体分子は八面体
型になります. d 電子が 4 ～ 6 個の場合, 低スピン配置の方が安定になりそうならば,
錯体分子は e_g 軌道を空にして d^2sp^3 混成軌道を作るので錯体分子は八面体型になりま
す. そうでなければ他の形(正方形や正四面体など)になりやすいでしょう. d 電子が
7 ～ 9 個の場合, 結晶場分裂が大きくても e_g 軌道を空にすることはできませんから,
このような錯体で八面体型の構造になっているときは, $(n+1)$d 軌道を使って $sp^3 d^2$
混成軌道が作られていると解釈します.

12.2.2　配位子場理論

　結晶場理論は，同じ金属イオンの錯体でも配位子によって異なる磁性を示すこと，錯体が可視域の吸収を示す（着色している）ことを説明できたという点で画期的でした．しかし，配位結合を考えていないため d 軌道は孤立のとき以上にエネルギーが下がることはなく，実は錯体自体の安定性については何も説明できていないのです．例えば正八面体では金属イオン（価数 $+n$）と配位原子（電荷 $-Q$）との静電的な相互作用 $E_{\text{N-L}}$（Nucleus–Ligand）は式（12.6）で計算できます（**図 12-5** を参照）が，電荷の比が $0<Q/n<0.66$ を満たしていれば $E_{\text{N-L}}<0$ となるので八面体は安定に存在しうるのです（Q/n が 0.66 より大きいと配位原子間の静電反発で崩壊する）．

$$E_{\text{N-L}} = -\frac{6Qn}{a} + \frac{12Q^2}{\sqrt{2}a} + \frac{3Q^2}{2a} \tag{12.6}$$

　しかしこの式からは，金属と配位原子の距離 a については何も決められません．結晶場理論の不足を補う目的で，配位子場理論が構築されました．このモデルでは，結晶場の効果に加え，金属イオンと配位原子（分子）の電子軌道間の相互作用を分子軌道理論に基づいて考えます．配位子場理論で錯体の電子状態を考えると，配位結合の結合距離が説明できるほか，配位子の分子構造と d 軌道の分裂幅の関係も合理的に解釈できるのです．分子軌道理論の枠組みでは，結合に関与する電子をはじめに取りわけておいて，分子軌道ができてから電子を振り分けますから，共有結合と配位結合の間には何ら本質的な違いはありません．

　二つの原子がある程度以上近づくと電子軌道間に重なりが生じ，軌道間の相互作用によって同位相で結合した低エネルギーの軌道（結合性軌道）と，逆位相で結合した高エネルギーの軌道（反結合性軌道）ができることは第 7 章で説明したとおりです．軌道間の相互作用の大きさは，主に二つの因子で決まります．

　①相互作用する軌道は，結合が形成される過程で同じ対称性を保たなければならない（ウッドワード–ホフマン則）．

　②軌道間の相互作用の大きさ（結合性軌道と反結合性軌道の準位の開き）は，もとの軌道の準位が近いほど大きい．

　金属イオンに配位原子が近づいたとき金属イオンの d 軌道が静電的な効果により分裂し始めることはすでに結晶場理論で見たとおりです．あとは配位原子の電子軌道の形（対称性）がわかれば，それがどの d 軌道と相互作用をするのかがおのずと決ま

図 12-8　群軌道計算のための配位子モデル(六配位八面体)

ります. 軌道間の相互作用によって生じた分裂を配位子場分裂といいます. 配位原子の軌道は σ 型(結合軸を含む面内に節がない)の場合と π 型(結合軸を含む面内に節がある)の場合がありますが, 以下ではより基本的な σ 型の場合のみ扱うことにしましょう.

　窒素原子の非共有電子対などの σ 型の軌道が正八面体型を保って金属イオンと相互作用するとき, σ 型軌道の組は 6 個の分子軌道を形成します. 正確には, 配位子間に共有結合がなければ配位子の集合は「分子」ではないので, 群軌道(グループ軌道)といいます. この群軌道をヒュッケル法で近似的に求めてみましょう. まず, 配位原子を図 12-8 のように番号付けします.

$$|\psi\rangle = c_1|\phi_1\rangle + c_2|\phi_2\rangle + c_3|\phi_3\rangle + c_4|\phi_4\rangle + c_5|\phi_5\rangle + c_6|\phi_6\rangle \tag{12.7}$$

この番号はそのまま非共有電子対軌道の番号とします. これらの軌道のクーロン積分を α とします. 隣り合った原子の組(例えば 1 と 2)では軌道間の相互作用が大きいと仮定して共鳴積分を β とし, その他の原子の組(例えば 1 と 3)は離れているので共鳴積分は 0 とします. シュレーディンガー方程式は式(12.7)の行列の固有値方程式で表されます.

$$\begin{pmatrix} \alpha & \beta & 0 & \beta & \beta & \beta \\ \beta & \alpha & \beta & 0 & \beta & \beta \\ 0 & \beta & \alpha & \beta & \beta & \beta \\ \beta & 0 & \beta & \alpha & \beta & \beta \\ \beta & \beta & \beta & \beta & \alpha & 0 \\ \beta & \beta & \beta & \beta & 0 & \alpha \end{pmatrix} \begin{pmatrix} c_1 \\ c_2 \\ c_3 \\ c_4 \\ c_5 \\ c_6 \end{pmatrix} = \varepsilon \begin{pmatrix} c_1 \\ c_2 \\ c_3 \\ c_4 \\ c_5 \\ c_6 \end{pmatrix} \tag{12.8}$$

これを解くと 6 個の解が得られます. LCAO 係数の位相と絶対値を円の色と大きさで表したのが図 12-9 です.

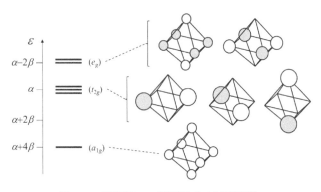

図 12-9　配位原子の σ 型軌道からできる群軌道

　6 個の群軌道の内訳は，縮重のない軌道が一個(a_{1g})，三重縮重の組が一個(t_{1u})，二重縮重の組が一個(e_g)です．これらの軌道のうち，e_g だけは結晶場で分裂した d 軌道の一部と同じ対称性をもっていることに注目しましょう．また他の軌道 t_{1u}，a_{1g} はそ

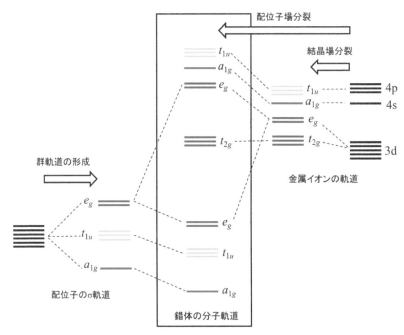

図 12-10　結晶場分裂と配位子場分裂による軌道 エネルギー ダイヤグラム（グレーの網掛け部分は d 軌道のふるまい）

れぞれ金属イオンの4p, 4s由来の軌道と同じ対称性をもっています．これを踏まえて，配位子の軌道と金属イオンの軌道から錯体の分子軌道が作られる過程（**図12-10**）を眺めてみましょう．配位子由来の軌道（a_{1g}, t_{1u}, e_g）は金属イオンの軌道の一部と相互作用することによって安定化していることがわかります．その反動で金属イオンの軌道準位は高くなりますが，4s, 4p軌道にはもともと電子がないのでエネルギーへの影響はありません（錯体分子全体では安定化する）．配位子のσ軌道はもともともっていた12個の電子錯体の分子軌道に振り分けられます．これはあたかも配位子の電子が部分的に金属イオンの4s, 4p, 3d（ただしe_gのみ）へ供与されたように見えるので，原子価結合理論でいう配位結合の考え方とも一致しますね．原子価結合理論では，e_g型のd軌道が空のときはd^2sp^3混成軌道，電子で占有されているときはsp^3d^2混成軌道が作られると解釈しました．分子軌道理論では，配位子の電子対は群軌道とd軌道の結合性軌道に，もともと金属イオンがもっていたd電子は反結合性軌道（e_g）または非結合性軌道（t_{2g}）に入ると考えます．

12.3 結晶とバンド理論

12.3.1 固体の電子状態

金属結晶と共有結晶では，原子間で電子が共有されることによって結合が成り立っています．その共有電子対がほとんど陰イオン側に束縛されていて動かなくなっているものがイオン結晶です．分子結晶では，電子は分子内の結合を保つためだけに運動しており，分子の外へ出て他の分子に飛び移ることはほとんどありません．このような電子の運動状態の違いが，これらの結晶の物性の違いを生み出すことになります．代表的な金属である銅（Cu）は，[Ar]$(3d)^{10}(4s)^1$という電子配置をもっています．これを銅（I）イオン（Cu^+）と電子一個に分けて考えると，Cu_2という二原子分子ができて

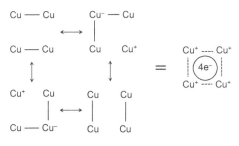

図12-11 架空のCu_4分子

もよさそうなものですが，この 4s 軌道の近くには三個の 4p 軌道があり，さらに電子を受け入れる余裕をもっています．架空の Cu_2 分子を二個並べて架空の Cu_4 分子を考えると，**図 12-11** のような共鳴混成式によって四個の電子が四個の Cu^+ イオンに共有される様子を描くことができます．こうして Cu_8，Cu_{16}，…と架空の分子を大きくしていった極限が実際の金属銅結晶です．このように結晶中の N 個の原子によって N 個の電子が共有されてできる結合を金属結合とよびます．金属結晶の重要な特徴である電気伝導性は，この非局在化した電子に由来しています．

　金属結晶における金属結合は，π 共役系分子における π 結合に似ています．σ 電子は原子と原子の間に束縛されていて原子間を移動することはほとんどありませんが，π 電子は，共鳴安定化により非局在化し，複数の原子にまたがって共有されています．共有結晶の中でも，ダイヤモンドは電気を通しませんが，グラファイト(黒鉛)は少し電気を通します．これはグラファイトの各層に非局在化している π 電子の働きです．ダイヤモンドには σ 結合しかないため，電子は非局在化していません．しかし，同じダイヤモンド構造をもつケイ素はわずかに電気を通す半導体です．これは，結晶中の原子間の距離に比べて 3s, 3p 軌道の広がりが大きく，σ 結合の軌道が重なりあうからです．ケイ素に他の元素をごく少量混ぜる(ドープする)と電気伝導性が高くなりますが，この機構については後の項で説明します．

　電気伝導性をもつ物質では，自由に動くことのできる電子があるため，光が当たったときにその電場に即座に応答して電子の分布が変化します．これは光を当てたところに局所的な電流が流れているのと同じで，光のエネルギーの一部はいずれジュール熱として散逸してしまい，残りは光のまま反射します．これはおおむね可視域以下のすべての周波数で起こりますから，電気伝導性の物質はふつう不透明です．イオン結合では電子がそれぞれのイオンに局在化しています．電場を印加しても電子はほとんど移動しないため，多くの場合電気伝導性を示しません．光を当てたときも同じで，電子は動きません．これは，分子でいえば HOMO と LUMO のギャップが広い状態にあたります．可視域の光が吸収されないので，多くのイオン結晶は無色透明です．このように電気伝導性と光の透過性は表裏一体なのです．しかし酸化スズ(SnO_2)や酸化亜鉛(ZnO)などの金属酸化物結晶はわずかに電気を通し，他の元素をドープすると電気伝導性はさらに高くなります．特に，酸化インジウム(In_2O_3)と酸化スズを混合した酸化インジウムスズ(Indium Tin Oxide, ITO)は高い電気伝導性をもち，ディスプレイの透明電極材料として広く利用されています．

　分子結晶では電子はほとんど分子の中に閉じ込められており，電気伝導性を示しません．しかし，光の電場に対しては分子内の電子(主に π 電子)が応答して振動し，

可視光の一部を吸収するので色がついて見えます．分子の構造によってはイオン化ポテンシャルを非常に小さくすることができ，電子が隣の分子に飛び移るような現象を観測することができます．これは有機化合物が電気伝導を示す機構の一つで，ホッピング伝導といいます．また分子の構造によっては HOMO の広がりが大きく，隣の分子の LUMO との重なりを大きくすることができ，電子を非局在化させることができます．このような物質の電子状態は金属と似ていて，金属に似た機構で電気伝導を示します．この機構をバンド伝導といいます．

12.3.2　一次元鎖のバンド

金属結晶や一部の共有結晶，分子結晶の電気伝導性はバンド伝導機構で説明されます．この項では結晶と電子のバンド構造について説明したいと思います．一般の三次元結晶を扱うには前提となる知識がかなりの量になりますので，一次元の系に限定してバンド理論のエッセンスを感じ取ってもらうことにします．バンド理論は分子軌道理論と似ています．結晶を形づくる原子の配置に対して，可能な電子の波動関数（結晶軌道関数，ブロッホ関数）を計算で求めて電子を詰めていくという考え方です．得られた軌道のエネルギー分布をバンド構造といいます．バンド構造の求め方には大きく二通りあります．一つは強結合近似（tight binding approximation）で，結晶軌道関数を原子軌道関数の線形結合で近似する方法です．もう一つは自由電子近似（free-electron approximation）で，束縛のない電子の平面波関数に原子核のポテンシャルを摂動として加える考え方です．ここでは，LCAO-MO 法と関係の深い強結合近似に基づいて説明していきます．

一次元に並んだ原子が，それぞれ価電子として s 軌道電子を一個もっている結晶を考えます（**図 12-12**）．この原子の列を包み込む波動関数を，s 軌道の LCAO 近似により，

$$|\psi_a\rangle = c_{Aa}|\phi_A\rangle + c_{Ba}|\phi_B\rangle + \cdots c_{Xa}|\phi_X\rangle + \cdots c_{Na}|\phi_N\rangle + \cdots \tag{12.9}$$

と書きます．分子軌道理論の場合と違うのは，原子軌道による展開項に終わりがないということです．これは結晶が（理想的に）無限に続いているものと考えるからです．実際に無限のものは計算できないので，何らかの近似が必要です．ここで結晶の並進対称性を利用すると，波動関数を原子一つ分ずらした関数もその結晶内の電子の運動として許される解になると考えることができます．

$$|\psi_a'\rangle = c_{(A-1)a}|\phi_A\rangle + c_{Aa}|\phi_B\rangle + \cdots c_{(X-1)a}|\phi_X\rangle + \cdots c_{(N-1)a}|\phi_N\rangle + \cdots \tag{12.10}$$

1次元に並んだS軌道

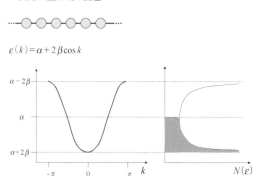

$$\varepsilon(k) = \alpha + 2\beta\cos k$$

図 12-12　等間隔に並んだ一次元格子の電子バンド

$|\psi_a'\rangle$ は $|\psi_a\rangle$ と同じ軌道エネルギーをもつはずなので，これらは高々定数倍しか違わないことになります．その定数を λ とすると，規格化条件より $|\lambda| = 1$ となるはずなので，

$$\lambda = \exp(i\varphi) \tag{12.11}$$

と表すことができます．ここまでの議論は，実は Mas Math ノート 19【環状ポリエンのヒュッケル分子軌道】で見たのと全く同じです．つまり無限の一次元鎖を計算する代わりに，非常に大きい環状の原子鎖を考えればいいのです．Mas Math ノート 19 に従って計算すると，

$$|\psi_m\rangle = \sum_X^N c_{Xm}|\phi_X\rangle = \frac{1}{\sqrt{N}}\sum_X^N \exp\left(-\frac{2(X-1)mi\pi}{N}\right)|\phi_X\rangle \tag{12.12}$$

という表式が得られます．これを関数の形で書き直すと，

$$\psi_m(\boldsymbol{r}) = \frac{1}{\sqrt{N}}\sum_t^N \exp\left(-\frac{2tmi\pi}{N}\right)\phi(\boldsymbol{r}-t\boldsymbol{a}) \tag{12.13}$$

となります．ここで $\boldsymbol{a}$ は鎖の伸びる方向の単位格子ベクトルです．m はもともと分子軌道を区別するための添え字でしたが，N を無限大にした極限では，

$$\boldsymbol{k}\cdot\boldsymbol{a} = \frac{2m\pi}{N} \tag{12.14}$$

となるようベクトル $\boldsymbol{k}$ を連続変数として定義することができます.

$$\psi_k(\boldsymbol{r}) = \sum_{t}^{\infty} \exp(-it\boldsymbol{k}\cdot\boldsymbol{a})\phi(\boldsymbol{r}-t\boldsymbol{a}) \tag{12.15}$$

このような形の関数をブロッホ(Bloch)関数といいます.ヒュッケル近似の元では,軌道エネルギーは $\boldsymbol{k}$ の関数として,

$$\varepsilon(\boldsymbol{k}) = \alpha + 2\beta\cos(\boldsymbol{k}\cdot\boldsymbol{a}) \tag{12.16}$$

と書くことができます.式からわかるようにこの関数は周期関数ですから,

$$-\pi \leq \boldsymbol{k}\cdot\boldsymbol{a} \leq \pi \tag{12.17}$$

の範囲で描けば関数の形は十分にわかります.このように独立な $\boldsymbol{k}$ の領域をブリュアン(Brillouin)ゾーンといいます.図12-12に $\varepsilon(\boldsymbol{k})$ の概形を示しました.電子の運動として許される軌道のエネルギーは $\alpha+2\beta$ から $\alpha-2\beta$ まで広がっています.この連続的なエネルギーの広がりをもつ一連の軌道の組をバンドといいます.

　一つのバンドの中では一個の $\boldsymbol{k}$ に対して一個の軌道が対応しますから,二個の電子が入ることになります.電子が入りうる個数をエネルギー値の関数で表したのが,エネルギー状態密度 $N(\varepsilon)$ です.$\boldsymbol{k}$ に対する関数 $\varepsilon(\boldsymbol{k})$ の傾きが小さいほど,$N(\varepsilon)$ は大きくなります.この系では求められた結晶軌道のうち半分は電子で満たされ,残り半分は空軌道となります.図12-12では,電子で満たされた部分を $N(\varepsilon)$ の塗りつぶしで表現しました.電気伝導性を示す物質のバンド構造はこのようになっています.これはちょうど,水を入れる容器の半分まで水を満たした状態に似ています.物質に電場を印加すると電子にポテンシャルエネルギーが与えられるので,容器を傾けて水にポテンシャルエネルギーを与えるのと同様です.容器内に空間があれば水は流れるのです.これがバンド伝導機構のおおまかな説明です.

　この原理に基づくと一次元の原子鎖は常に電気伝導性をもつことになります.理想的な形としてポリアセチレンがあります.これは白川英樹先生が発明した材料で,導電性高分子の草分けとしてその後の化学界に大きな影響を与えました(2000年ノーベル化学賞受賞).しかしこのポリアセチレンも,そのままでは電気伝導性を示しません.それは,図12-12のように原子が等間隔に並んだ状態は不安定で,図12-13のように一次元鎖に歪みが生じた方が全体のエネルギーが低くなるからです.これをパイエルス(Peierls)不安定性といいます.この現象は,ポリアセチレン鎖の結合交替(結合長が長短に明らかに分かれること)となって現れます(共役二重結合鎖が長くな

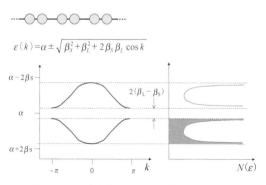

一次元に並んだS軌道（ゆがみのあるとき）

$$\varepsilon(k) = \alpha \pm \sqrt{\beta_S^2 + \beta_L^2 + 2\beta_S \beta_L \cos k}$$

図 12-13　結合交替のある一次元格子の電子バンド

ると，π電子の非局在化により結合長は均等になってくると予想されるかもしれませ
んが逆なのです）．ヒュッケル近似の枠組みでは，共鳴積分の値を β_L（長い結合）と β_S
（短い結合）に区別して扱うことでこの現象を再現することができます．結合長が一個
おきに長短を繰り返すことによって，軌道エネルギーは不連続な二つのバンドに分か
れます．下方のバンドには電子が完全に満たされており，このようなバンドを価電子
バンドといいます．上方のバンドには電子がなく，このようなバンドを伝導バンドと
いいます．価電子バンドと伝導バンドのエネルギー差をバンドギャップといいます．
分子でいえば HOMO-LUMO ギャップに対応します．

　パイエルス不安定性によるバンドギャップの生成は二次元や三次元の結晶では起こ
りません．多くの金属結晶では，構成原子の原子軌道のエネルギーとその立体的な配
列構造の結果として，ギャップのないバンド構造ができます．バンドギャップがあっ
たとしてもそれが非常に小さく，環境の熱エネルギーでギャップを飛び越えられる程
度であれば，その物質はわずかに導電性を示します．こういう物質を半導体（真性半
導体）といいます．もう少しギャップが大きい物質が電気伝導性を示すには，価電子
バンドに少し電子のない空隙（正孔，ホール）ができるか，伝導バンドに少し電子が入
るかのどちらかが必要です．この目的で行われるのがドーピング（doping）です．結晶
の構成原子より電子不足した原子（例えば Si に対して Ga）をドープすると価電子バン
ドの電子をドーパント原子が捕捉し，正孔ができます．正電荷（positive charge）をも
つ正孔が電気伝導の担い手（キャリア）となるので，このような半導体を p 型半導体
といいます．反対に，電子が過剰な原子（例えば Si に対して As）をドープすると，
ドーパント原子の電子が伝導バンドに流れ込みます．負電荷（negative charge）が電気

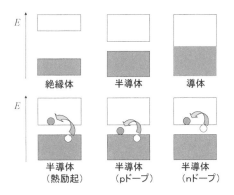

図 12-14　バンド構造と電気伝導性

伝導のキャリアとなるので，このような半導体を n 型半導体といいます．この様子を図 12-14 に模式的に示しました．水を入れたペットボトルで例えると，水が満タンのときはボトルを傾けても水は流れませんが，少しだけ気泡が入っているときは気泡が傾斜を上がっていくように見えます．正孔とは電子の海の中にぽっかりできた気泡のようなものと考えればよいでしょう．反対に，ほぼ空のボトルに少しだけ水滴がある場合は水滴が傾斜を下っていきます． n 型半導体の電気伝導はこれに似た状況です．

第13章・分子構造と物性

13.1 水とアルコール・ふたたび

13.1.1 数値を可視化する

　第0章では水と低級アルコールの物性値を眺めて,「水とアルコールの間に線引きはできるでしょうか」という問いかけをしました. 私たちはすでに水とアルコールが全く違う物質であることを知っています. また,「水は水素結合を形成している」,「水はあらゆる物質の中でも極めて特異な性質をもっている」などの情報が頭の中に入ってきていて, 判断力を鈍らせます. 数値だけ眺めていてもよくわからないときは, グラフにして視覚的にわかるように編集してみることをお勧めします. **図 13-1**には, 各物性値を炭素数の数に対してプロットしたグラフを示します.

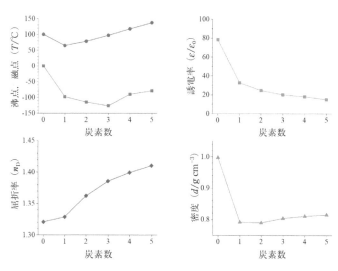

図 13-1 水とアルコールの物性値

いかがでしょうか. 確かにどのグラフも水とメタノールの間で不自然に折れ曲がっているように見えます. これだけでも「水はアルコールとは明確に違う」という線引きはできそうです. ただし, 沸点, 誘電率, 密度については炭素数が1〜5の範囲では値が連続的に変化していますが, 融点ではやや不規則です. 屈折率については, 異常なのは水なのかメタノールなのかすぐには判断できません. 何をもって線引きするかが問題なのですが, ここでは「構造と物性値を結びつける法則が同じかどうか」という基準を採用したいと思います.

13.1.2 密度について考える

まずは不連続性が最も顕著な密度から, 分子構造と物性値の関係を調べてみます. ここで挙げている密度は単位体積あたりの質量なので, 構成原子の種類に大きく依存するということに注意しましょう. 酸素原子は炭素原子より1.33倍質量が大きい割に, vdW半径は0.89倍しかありません(**表 11-1**). 周期表を眺めてみれば, 原子量には100倍の開きがあってもvdW半径は高々数倍しか違いません. アルミニウムに比べて鉛がずっしりと重く感じるのも同じ理由によります. これでは炭素をもたない水の密度がアルコールに比べて高くなるのは当然なので, 公平に単位体積あたりの分子数(数密度)で比べてみます. 数密度 ρ は分子容 V_M(式 11.27)の逆数で,

$$\rho = \frac{N_A d}{M} \tag{13.1}$$

で計算できます. 充填率 ϕ(式 11.28)は ρ を使って,

$$\phi = \rho V_{vdW} \tag{13.2}$$

と書くことができます. vdW体積 V_{vdW} を式(11.29)の近似によって計算して ϕ を求め, ρ と併せて**表 13-1** にまとめます.

表 13-1 によれば, 充填率の値は0.5〜0.6でほぼ一律です. むしろメタノールの値0.52が他より小さいのが目立ちます. これくらいの値のばらつきに意味があるのか,

表 13-1 数密度とそれに関係する量の比較

	水	メタノール	エタノール	プロパノール	ブタノール	ペンタノール
$\rho/10^{21}\,\mathrm{cm}^{-3}$	33.4	14.9	10.3	8.1	6.6	5.6
$V_{vdW}/\text{Å}^3$	17.4	34.7	52.0	69.3	86.6	103.9
ϕ	0.58	0.52	0.54	0.58	0.57	0.58

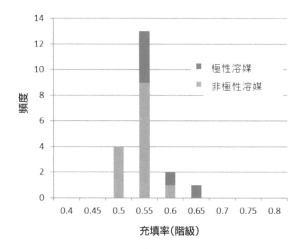

図13-2　有機溶媒の充填率

他の溶媒と比べてみます。**図13-2**は**表11-2**に挙げた20種類の有機溶媒を，その充填率ごとにヒストグラムで表したものです。**表11-2**で網掛けした溶媒は極性溶媒，その他は非極性溶媒です。極性溶媒はやや充填率が高くなる傾向が見て取れますが，ほとんどの溶媒が0.55の階級に入っています。

　水とアルコールの間で見られた充填率の差異は小さいと考え，充填率を0.55に固定してV_{vdW}の値から数密度を推定してみると，**図13-3**のように実測値をたいへんよく説明できることがわかります。V_{vdW}の計算には分子構造の情報しか使っていませんから，分子構造から密度を予測できたことになります。また，水とアルコールで同じ推定式が使えることから，密度に限っていえば両者の間に明確な線引きはできません。

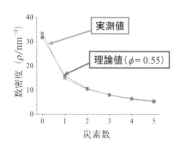

図13-3　数密度の実測値と理論値

13.1.3 屈折率について考える

次は屈折率です．屈折率の評価にはローレンツ–ローレンスの式（式11.41）を使います．これは物性値からわかるマクロな値と分子構造からわかるミクロな値をつなぐ式でした．

$$\frac{n^2-1}{n^2+2}\frac{M}{d}=\frac{N_A}{3\varepsilon_0}\alpha_{el} \tag{13.3}$$

左辺のモル屈折の値は屈折率と分子量，密度から計算できます．密度については水とアルコールで同じ法則にしたがうことがわかっていますから，分子構造と屈折率の関係の評価には影響を与えないはずです．右辺の電子分極率は表10-4の原子分極の値を使って見積もることができます．原子分極の値は多くの実験値を再現できるように決められていますから，これを使えば実験値と合うのは当然なのですが，ここで大事なのは水にもアルコールにも同じルールが適用できる（同じ数値表を使う）ということです．もちろん経験的な数値表に頼らず分子軌道法などの量子化学的な方法で計算することもできます．表13-2に結果を示します．

これらの値を使って式(13.3)の左辺と右辺の値をそれぞれ炭素数に対してプロットしてみると，図13-4に示すように両者はたいへんよく一致します．これで屈折率

表13-2 屈折率に関係する量の比較

	水	メタノール	エタノール	プロパノール	ブタノール	ペンタノール
モル屈折 $(R_M/\mathrm{cm}^{-3}\,\mathrm{mol}^{-1})$	3.72	8.21	12.95	17.54	22.16	26.91
分極率 $(\alpha_{el}/(4\pi\varepsilon_0)\,\text{Å}^3)$	1.40	3.22	5.04	6.86	8.68	10.50

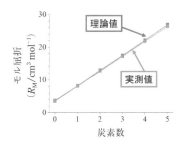

図13-4 屈折率の実測値と理論値

についても水とアルコールの間に明確な線引きはできないということになりました.

　続いて誘電率です. 誘電率の評価にはやはりマクロとミクロをつなぐクラウジウス-モソッティの式 (式 11.37) を使いますが, この式の誘電率の中には配向分極と誘起分極の両方の効果が入っていますから, 純粋に永久双極子モーメントの効果を評価するために式 (11.42) を使います.

$$\left(\frac{\varepsilon_{\mathrm{stat}} - 1}{\varepsilon_{\mathrm{stat}} + 2} - \frac{n^2 - 1}{n^2 + 2} \right) \frac{M}{d} = \frac{N_{\mathrm{A}}}{3\varepsilon_0} \left(\frac{\mu_{\mathrm{perm}}^2}{3kT} \right) \tag{13.4}$$

ただし, この式を使った解析にはあまり期待できません. **図 11-10** で見たように, この式は極性の高い溶媒には不向きなのです. 水および炭素数 1 〜 3 のアルコール (この 3 種は水と任意の割合で混和する) ではよい結果が得られるとは思えません. ともかく, モル分極, 式 (13.4) の左辺, 分子の双極子モーメント (実測値) を**表 13-3** にまとめます. メタノール, エタノール, ペンタノールの双極子モーメントが同じ値であることに注目です. これは, 分子の双極子モーメントが各結合からの寄与 (結合モーメント) のベクトル和で表されるという近似 (式 10.20) と矛盾しません. メチレン基 (–CH$_2$–) がまっすぐ伸びていく限り, C–H の結合モーメントはベクトル的に打ち消し合ってしまうからです. ここから推測するとプロパノールとブタノールについても同じ値になると期待されますが, これらの実測値が見つからなかったので括弧に入れてあります.

　式 (13.4) の左辺 (実測値) と右辺 (理論値) を炭素数に対してプロットしたグラフを**図 13.5** に示します. 予想通り, 両者は全く合っていません. ただ, 水もアルコールもみな合っていないのです. ここで注目したいのは, モル分極からモル屈折を引いた値 (P_{M}–R_{M}) は水とアルコールの間に不連続がないという点です. これは, 誘電率に関しても水とアルコールが統一のルールで説明できそうなことを示唆していますが, 今の場合は解析するためのモデルが適切ではなかったのです. 水の誘電率は飛び抜けて

表 13-3　誘電率に関係する量の比較

	水	メタノール	エタノール	プロパノール	ブタノール	ペンタノール
モル分極 (P_{M}/cm^{-3} mol^{-1})	17.37	36.91	51.71	64.64	77.67	89.22
P_{M}–R_{M}/ cm^{-3} mol^{-1}	13.66	28.70	38.75	47.09	55.51	59.10
双極子モーメント (μ/D)	1.85	1.7	1.7	(1.7)	(1.7)	1.7

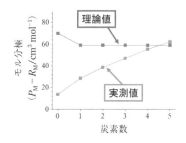

図 13-5 誘電率の実測値と理論値（デバイ式）

高いと思われましたが，意外にもクラウジウス-モソッティの式から予想されるより
ははるかに低いのですね．

　極性溶媒に対してはオンサガーの式を使った方が，双極子モーメントと誘電率の関
係を適切に予測できると期待されます（**図 11-11**）．オンサガーの式は，分子がそれ
自身の永久双極子モーメントによって周囲の分子を分極させる効果を考慮していま
す．水もアルコールもそれなりに大きい双極子モーメントをもっているので，この効
果は無視できません．

$$\frac{(\varepsilon_{\text{stat}} - n^2)(2\varepsilon_{\text{stat}} - n^2)}{\varepsilon_{\text{stat}} \, (n^2 + 2)^2} \frac{M}{d} = \frac{N_{\text{A}}}{3\varepsilon_0} \left(\frac{\mu_{\text{perm}}^2}{3kT} \right) \tag{13.5}$$

同じように左辺と右辺を炭素数に対してプロットしてみると，**図 13-6** に示すように
やはり実測値と理論値の一致はよくありません．こんどは理論値の方が実測値よりも
ずっと低くなってしまいました．しかしグラフのおおまかな形は先ほどよりもずっと
よく合っているように見えます．

　極性が高い分子では，分子間相互作用が大きいために液相中での分子運動が独立と

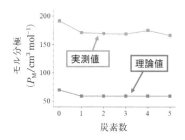

図 13-6 誘電率の実測値と理論値（オンサガー式）

みなせないということが起こりえます．このような溶媒を会合性液体といいます．水とアルコールで(メタノール，エタノールを除いて)充填率が 0.57 〜 0.58 と高めなのは，それだけ強く引き付けあっているということです．カークウッド(Kirkwood)はオンサガーの式に修正を加え，会合の効果を考慮できるように改良しました．カークウッドの式では，会合によって双極子モーメントが部分的に相殺されることを想定して μ_{perm}^2 の代わりに，

$$
\begin{aligned}
\mu_{\mathrm{perm,assoc}}^2 &\equiv \mu_{\mathrm{perm}}\mu_{\mathrm{env}} \\
&\simeq \mu_{\mathrm{perm}}^2(1+Z\langle\cos\gamma\rangle)
\end{aligned}
\tag{13.6}
$$

が用いられます．Z は周囲を取り囲む分子の数，γ は分子間の双極子モーメントベクトルのなす角です．$\langle\cos\gamma\rangle$ は $\cos\gamma$ 平均値で，ランダムな配向では 1/3 になります．水の場合，$Z=4$ と考えると実測値をかなりよく説明できるのですが，この Z 値が他のアルコール分子にも適当かどうかはわからず，むしろ実測値から Z を決めてやらなくてはなりません．それはそれで面白い試みになりますが，「分子構造から物性を予測する」という当初の目的からは外れてしまいます．

さて，ここで手詰まりとなりました．水とアルコールに線引きをするどころか，そのどちらも説明できていないのです．なぜでしょうか．第 0 章で，「物性を理解するには，分子の世界で起きている電子の運動にまで深く分け入るミクロの視点と，分子が 10^{26} 個のオーダーで集まった集団を扱うマクロな視点の両方が必要」と書きました．密度や屈折率はほぼミクロの視点で説明が足りた一方で，誘電率に関してはマクロな視点の精度をもっと上げなくてはならないということです．分子の集合体としての物質の挙動を理解することは，現代の科学レベルをもってしてもまだまだ簡単なことではありません．

13.1.4　沸点・融点について考える

これは沸点，融点についてもいえることです．分子構造だけを初期条件として沸点や融点を推測することは一般にたいへん困難です．ここではごく大雑把な計算で半定量的な理解を目指すことにします．沸点 T_{b} は液相と気相の分子の自由エネルギーが等しくなる温度ですから，蒸発エンタルピー $\Delta_{\mathrm{vap}}H$ と蒸発エントロピー $\Delta_{\mathrm{vap}}S$ との間に，

$$
\Delta_{\mathrm{vap}}H = T_{\mathrm{b}}\Delta_{\mathrm{vap}}S
\tag{13.7}
$$

という関係があります．水と低級アルコールでは $\Delta_{\mathrm{vap}}S$ は一律にほぼ $110\,\mathrm{JK^{-1}mol^{-1}}$

であり，蒸発エントロピーの値は物質の種類によらずほぼ一定というトルートン(Trouton)の法則が成り立つようです．つまり，沸点の高低は蒸発エンタルピーの値を比べればよいことになります．

蒸発エンタルピーは，液相にある分子をばらばらに引き離すエネルギー($p\Delta V$の和)ですから，分子間に働く力が目安となるでしょう．11.1節では，ファン・デル・ワールス相互作用の電磁気学的な解釈として，配向力，誘起力，分散力の表式を導きました．どれも一見複雑ですが，構成分子の電子状態がもつ情報を双極子モーメント，分極率，励起エネルギーのみに集約した大胆な近似式です．簡単のため，物理定数を数値化して書き直しておきます．

配向力：

$$
\begin{aligned}
E_{\mathrm{Keesom}} &= -\frac{2N_{\mathrm{A}}}{3kT}\left(\frac{\mu_1\mu_2}{4\pi\varepsilon_0 r^3}\right)^2 \\
&= -(\mu_1/\mathrm{D})^2(\mu_2/\mathrm{D})^2\frac{1}{(r/\text{Å})^6}\times 976\ \mathrm{kJ}
\end{aligned}
\tag{13.8}
$$

誘起力：

$$
\begin{aligned}
E_{\mathrm{Debye}} &= -N_{\mathrm{A}}\frac{\mu_1^2\alpha_2+\mu_2^2\alpha_1}{\left(4\pi\varepsilon_0 r^3\right)^2} \\
&= -\left\{\frac{(\mu_1/\mathrm{D})^2\alpha_2}{(4\pi\varepsilon_0\ \text{Å}^3)}+\frac{(\mu_2/\mathrm{D})^2\alpha_1}{(4\pi\varepsilon_0\ \text{Å}^3)}\right\}\frac{1}{(r/\text{Å})^6}\times 60.2\ \mathrm{kJ}
\end{aligned}
\tag{13.9}
$$

分散力：

$$
\begin{aligned}
E_{\mathrm{London}} &= -\frac{3N_{\mathrm{A}}}{2}\frac{\alpha_1\alpha_2\Delta E_{12}}{\left(4\pi\varepsilon_0 r^3\right)^2} \\
&= -\left(\frac{\alpha_1}{4\pi\varepsilon_0\ \text{Å}^3}\right)\left(\frac{\alpha_2}{4\pi\varepsilon_0\ \text{Å}^3}\right)\frac{1}{(r/\text{Å})^6}\times 1.50\,N_{\mathrm{A}}\Delta E_{12}\ \mathrm{kJ}
\end{aligned}
\tag{13.10}
$$

アルコールは極性基である水酸基と疎水性基であるアルキル基をもっています．簡単のため仮想的に水とペンタンに分け，式(13.8-10)を使って分子間力の大きさを見積もった値を**表13-4**にまとめました．

この表から読み取れるのは，水は水同士，ペンタンはペンタン同士で隣り合っていた方が安定，つまり両者は相分離するということです(混合によるエントロピー増大の効果は$-2\ \mathrm{kJ\ mol^{-1}}$程度)．水同士の引力は主に配向力(これに水素結合も加わる)，

表 13-4　水–ペンタン間の分子間力

	水–水	水–ペンタン	ペンタン–ペンタン
配向力	−12.7	0.00	0.00
誘起力	−0.61	−0.14	0.00
分散力	−2.93	−1.35	−3.82
合計	−16.21	−1.49	−3.82

水, ペンタンを添え字 w, p として, $\mu_w = 1.9$ D, $\mu_p = 0.0$, $\alpha_w/4\pi\varepsilon_0 = 1.4$ Å^3, $\alpha_p/4\pi\varepsilon_0 = 10$ Å^3, $N_A\Delta E_{ww} = N_A\Delta E_{pp} = 1000$ kJ mol^{-1}. 分子は平均六個の分子と平均距離 $r_{ww} = 3.8$ Å, $r_{wp} = 6$ Å, $r_{pp} = 7$ Å で接しているとして計算した値

ペンタン同士の引力は主に分散力です. ペンタノールは水とペンタンを結びつけたようなものですが, 分子配向に自由度があるため水酸基同士が近づく確率はかなり小さくなると予想されます. したがってペンタノールの場合も引力の多くの割合を分散力が占めるでしょう. 炭素数が少なくなるにつれて分散力の寄与は小さくなり, 代わりに水酸基同士の配向力の割合が増えてくると考えられます. **図 13-1** の沸点のグラフが V 字型になっているのは, 主に配向力と分散力の和がメタノールで極小値になるためだと解釈できそうです.

　融点の場合はさらに複雑です. 融点 T_m は固相と液相の分子の自由エネルギーが等しくなる温度ですから, 融解エンタルピー $\Delta_{fus}H$ と融解エントロピー $\Delta_{fus}S$ との間に,

$$\Delta_{fus}H = T_m\Delta_{fus}S \tag{13.11}$$

という関係があります. しかし結晶構造はそれぞれの分子でまちまちですし, 液相でどのような構造をとっているかもよくわかりません. 昇華エンタルピー $\Delta_{sub}H$ を求めてから,

$$\Delta_{fus}H = \Delta_{sub}H - \Delta_{vap}H \tag{13.12}$$

の関係から融解エンタルピーを求めれば曖昧さは多少減らせるかもしれませんが, 困難であることには変わりありません. しかし, 融点のグラフも（変則的ながら）V 字型をしていることを考えると, 主に配向力と分散力の和が炭素数 3 で極小点を迎えると解釈できそうです.

13.1.5　なぜ量子化学を学ぶのか

　ここから先はいくつかの方向性が考えられます. 一つはマクロな実測値と分子構造から得られるミクロな量を結ぶ, より適切な式を探し求めることです. しかし, ここ

で見ているような直鎖アルコールの系列は分子の形が不揃いで，炭素数が増えるにつれて球形からずれていきます．このような不揃いな分子の挙動を統一的に説明できるような簡単な式を構築するのは容易ではないと思います．もう一つは，実測値だと思って用いている値を疑ってみることです．「実測値は真実なのではないか」と思われるでしょう．しかし実験的に得られた値というのは測定条件という名のフィルターがかかっています．例えば気相と溶液中とでは同じ物理量でも値が異なりますし，用いる溶媒によっても異なります．そのフィルターを通る前の「真の値」に戻すには，測定原理という名の別のフィルターを逆向きに通す必要があります．その測定原理フィルターが不適切だと，実測値は真の値には戻りません．実測値として用いた双極子モーメントは，式 (13.4) や式 (13.5) の中で想定されている双極子モーメントとは異なるかもしれないのです．

　ここ数十年で，測定に代わる手段として量子化学に基づく計算を援用することが急速に浸透してきました．この背景には，高性能のコンピュータが実験室レベルでも普及してきたこと，および多様な計算化学プログラムが開発されて信頼性の高い電子状態計算が可能になったことがあるでしょう．単分子の性質，例えば双極子モーメント，分極率，励起エネルギーなどが計算できるのはもちろんのこと，その集合体の挙動が空間的にも時間的にも大きなスケールで計算できるような時代が到来しています．たいへん便利になったことには変わりないですが，プログラムの中身がブラックボックス化することの危険性はかなり初期の頃から指摘されてきました．プログラムは，分子構造を入力として理論というフィルターを通して結果を出力します．フィルターを通っている点では実測値と同じですが，理論の中身は完全に（人が作ったものですから当然）明快で，努力を惜しまなければブラックボックス化することはありません．計算化学プログラムの理論は多くのものが量子化学を出発点としています．それは扱う対象が原子・分子であることを考えれば当然でしょう．今の時代，本書で取り上げた積分計算やヒュッケル法による行列計算はそれ自体が研究に役に立つことはほとんどありません．基礎的な量子力学も大切ですが，むしろそれが物性の理解に利用されるまでの流れを俯瞰することによって計算化学の基礎となっている理論を理解し，あるいは新しい理論を構築するなどさらに高みに登るための 1 ステップとして役立てていただければと思います．

謝　辞

　本書は著者が 2006 年から東京大学・教養学部前期課程で担当している講義『物性化学』の授業ノートの内容を中心に編集したものです．『物性化学』は，その前年度に開講されている『構造化学』に連続する形で量子化学の基礎理論に基づく化学結合の本質を学び，またそれを出発点として分子間力の起源を理解し，液体や固体などの分子集合系の物性へとつなげていくという，トランススケールな内容が盛り込まれた講義です．講義を担当してまもなく，この広範な話題を網羅する教科書がほとんど見当たらないことに気がつきました．教養課程の学生に，ひとつの講義に二冊も三冊もの参考書をそろえさせるのはさすがに気の毒と考え，少しずつ講義資料を作ってはweb に上げていきました．大きな転機となったのは 2020 年の春，コロナ禍で授業がすべてオンラインになった時です．画面越しの授業では教える方にももどかしい思いがあり，伝えきれなかった部分を補足できるようこれまでの講義資料を体系的にまとめていくことにしました．テキストへの評価は概ね好意的で，出版しようという気持ちを後押ししてくれましたし，聡明な学生諸氏がその都度不明瞭な点や誤りを指摘してくれたことも大きな助けになりました．感謝申し上げます．文字通りの自転車操業で大変でしたが，あの状況がなければ本書がこのように形を成すことはなかったでしょう．

　理科 I 〜 III 類の 2 年次の必修科目なので化学の道を志す受講生は特に多いわけではなく，私が担当するクラスでは例年 2 割ほどです．必ずしも化学に興味があるわけではない理系学生にとっての必修化学とはどういう授業であるべきかという問いはいつも頭にあり，次の二点を意識してきました．第一に，直観や経験によって培われてきた化学の諸概念をいかにして厳密な数学や物理の問題となじませていくか，第二に，単に特定の化合物や反応を暗記させるのではなく，実在の物質をめぐる複雑な現象の中に潜む統一性・規則性，またそれが学問として体系化されてきた過程をどのように見せていくか，ということです．彼らが卒業してそれぞれの道に進んだとき，化学をバックグラウンドとする仕事仲間や仕事相手と共通の言語をもって意思疎通ができるようにする，ということが大事だと考えました．とはいえ化学が大好きでもっと深く勉強したいという学生の要望にも応えたく，結果的にはかなり難度の高い講義になっていることは自覚しています．このテキストはそういう層の学生が自主的に授業内容を掘り下げるための資料としても十分役割を果たせるものと思います．

　私は学内非常勤講師という立場で『物性化学』に関わらせていただいています．前

期課程化学系科目を統制している教養学部化学部会の先生方には，教養課程の教育という貴重な機会をいただいたこと，また常日頃より講義のテクニカルな面での質問や相談に応じていただいていますこと厚くお礼申し上げます．講義を担当し始めた当初から，またこのテキストをまとめ始めてからはなおさらのこと，化学部会の先生方を含め多くの先達の手による成書と数え切れないほどの web ページ上の情報を参考にさせていただきました．この場を借りて感謝申し上げます．学生にとっても入手しやすく，より深い理解のためにも併せて読んで欲しいものは後述の参考書リストに掲げておきました．リストには，本書とは直接関係はないものの私自身に化学や量子力学について多くの知識を与えてくれた読み物・エッセイも加えました．

　大部な校正刷りを通読していただいた長崎県工業技術センター（兼・長崎大学教授）の重光保博 博士には，多くの有用なご指摘・ご助言をいただきましたこと厚くお礼申し上げます．東京大学生産技術研究所・北條研究室にここ十年ほどの間に在籍した学生諸氏には折々講義資料に目を通してもらい，学生目線での貴重な意見をいただきました．感謝申し上げます．とはいえ本書中の誤記・誤謬については当然著者に責任があります．専門家諸氏のご指摘・ご助言を賜れれば幸いに存じます．

　末筆ながら，本書の出版に多大なお力添えをいただいた講談社サイエンティフィクの大塚記央様に感謝申し上げます．本書は，読者が講義を聴いているところを想像しつつ，語りかけるような口調で書きました．その意を汲んで「語りかける量子化学」という洒脱な書名をご発案いただいたのも大塚様です．この書名が，多くの方に本書を手に取っていただくきっかけになれば望外の幸せです．

令和 5 年 5 月　著者しるす

参考書

■物理化学一般の参考書

・D.A. マッカーリ，J.D. サイモン［著］／千原秀昭，江口太郎，齋藤一弥［訳］　物理化学―分子論的アプローチ〈上〉〈下〉　東京化学同人

・C.W. ムーア［著］／藤代亮一［訳］　物理化学〈上〉〈下〉　東京化学同人

・田中政志，佐野充［著］　物理化学入門　学術図書出版社

・築山光一，近藤寛，一國伸之［共編］　ベーシックマスター物理化学　オーム社

■第 1 章〜第 4 章の参考書

・D. フライシュ［著］／河辺哲次［訳］　シュレーディンガー方程式　ベクトルからはじめる量子力学入門　岩波書店

・D. フライシュ［著］／河辺哲次［訳］　物理のためのベクトルとテンソル　岩波書店

・猪木慶治，川合光［著］　量子力学 I・II　講談社

・岸野正剛［著］　今日から使える量子力学　講談社

・小出昭一郎［著］　物理現象のフーリエ解析（UP 応用数学選書）　東京大学出版会

・安江正樹［著］　わかる量子力学 素粒子物理学への基礎知識　工学社

■第 5 章〜第 9 章の参考書

・A. ザボ，N.S. オストランド［著］／大野公男，阪井健男，望月祐志［訳］　新しい量子化学―電子構造の理論入門―上・下　東京大学出版会

・M.W. ハナ［著］／柴田周三［訳］　化学のための量子力学　培風館

・小川桂一郎，小島憲道［編］　現代物性化学の基礎 第 3 版　講談社

・金折賢二［著］　量子化学 基礎から応用まで　講談社

・菊地修［著］　基礎量子化学（基本化学シリーズ 8）　朝倉書店

・久保田真理［著］　興味が湧き出る化学結合論―基礎から論理的に理解して楽しく学ぶ―　共立出版

・小泉均　"量子化学教科書の課題"　工学教育　60 巻（2012）p. 4_20–4_25.
https://www.jstage.jst.go.jp/article/jsee/60/4/60_4_20/_article/-char/ja/

・佐々木陽一，石谷治［編著］　金属錯体の光化学（錯体化学会選書 2）　三共出版

・高塚和夫［著］　化学結合論入門―量子論の基礎から学ぶ　東京大学出版会

・友田修司［著］　フロンティア軌道論で化学を考える　講談社

・中川直哉［著］　分子の中の電子の流れ―量子化学を学ぶ準備　講談社

・中田宗隆［著］　量子化学 基本の考え方 16 章　東京化学同人

・細矢治夫［著］　はじめての構造化学―構造化学のなぜに答える―　オーム社

・真船文隆［著］　量子化学：基礎からのアプローチ　化学同人

・三吉克彦［著］　金属錯体の構造と性質（岩波講座現代化学への入門 12）　岩波書店

・森野米三，坪井正道［著］　分子の構造（現代物理化学講座 3）　東京化学同人

・米沢貞次郎，永田親義，加藤博史，今村詮，諸熊奎治［共著］　三訂 量子化学入門〈上〉〈下〉　化学同人

■第 10 章～第 13 章の参考書

・J.N. イスラエルアチビリ［著］／近藤保，大島広行［訳］　分子間力と表面力 第 2 版　朝倉書店
・P. デバイ［著］／和田昭允，和田三樹［訳］　化学物理学　みすず書房
・P.A. コックス［著］／魚崎浩平，高橋誠，米田龍，金子晋［訳］　固体の電子構造と化学　技法堂出版
・F.A. コットン［著］／中川勝儼［訳］　群論の化学への応用　丸善
・石井和之，北條博彦，西林仁昭［共著］　東京大学工学教程　無機化学 II（金属錯体化学）　丸善
・伊与田正彦［著］，日本化学会［編］　材料有機化学（先端材料のための新化学 4）　朝倉書店
・上野信雄，石井菊次郎，日野照純［著］　固体物性入門（基本化学シリーズ 5）　朝倉書店
・大鹿譲［編］　分子集合体の量子化学（分子科学講座 8）　共立出版
・黒田登志雄［著］　結晶は生きている―その成長と形の変化のしくみ（ライブラリ物理の世界 3）　サイエンス社
・小林浩一［著］　光の物理 光はなぜ屈折，反射，散乱するのか　東京大学出版会
・都築誠二［著］　有機分子の分子間力 Ab initio 分子軌道法による分子間相互作用エネルギーの解析　東京大学出版会
・中山正敏［著］　物質の電磁気学（岩波基礎物理シリーズ 4）　岩波書店
・北條博彦［著］　物質科学を学ぶ人の空間群練習帳　コロナ社

■よみもの・エッセイ

・A. アインシュタイン［著］／渡辺正［訳］　アインシュタイン回顧録　筑摩書房
・I. アシモフ［著］／玉虫文一，竹内敬人［訳］　化学の歴史　筑摩書房
・P.A.M. ディラック［著］／岡村浩［訳］　ディラック現代物理学講義　筑摩書房
・R.P. ファインマン［著］　光と物質のふしぎな理論　岩波書店
・P. ルクーター，J. バーレサン［著］／小林力［訳］　スパイス・爆薬・医薬品―世界を変えた 17 の化学物質　中央公論社
・石井茂［著］　ハイゼンベルクの顕微鏡～不確定性原理は超えられるか　日経 BP 社
・L. ド・ブロイ［著］／河野与一［訳］　物質と光　岩波書店
・K. ハフナー［著］／中辻慎一［訳・著］　化学の建築家ケクレ―ベンゼンいまむかし　内田老鶴圃
・江沢洋［著］　だれが原子をみたか　岩波書店
・竹内敬人［著］　人物で語る化学入門　岩波書店
・朝永振一郎［著］　見える光，見えない光　平凡社
・朝永振一郎［著］　量子力学と私　岩波書店
・朝永振一郎［著］　鏡の中の物理学　講談社
・朝永振一郎［著］　量子力学的世界像　みすず書房
・朝永振一郎［編］　高林武彦，中村誠太郎［著］　物理の歴史　筑摩書房
・朝永振一郎［著］　スピンはめぐる 成熟期の量子力学 新版　みすず書房
・伏見康治［著］　光る原子，波うつ電子　丸善
・吉田伸夫［著］　光の場，電子の海 量子場理論への道　新潮社

凡　例

a, A	（斜体）	物理量，変数
a, A	（立体）	態の識別子（主に添え字として使用）
$\boldsymbol{a}, \boldsymbol{A}$	（太字・斜体）	（主に3次元の）ベクトルまたは座標，ベクトルで表される物理量
a	（小文字・太字・立体）	$\boldsymbol{a}$ と等価な3行1列の行列
A	（大文字・太字・立体）	行列，またはベクトルに作用する作用素
$\mathbf{A}^\mathrm{T}$	（T 上付き）	**A** の転置行列
$\mathbf{A}^\dagger$	（† 上付き）	**A** の共役転置行列
$a, \mathscr{A}$	（script 系フォント）	（ブラ・ケットベクトルに作用する）抽象的な作用素
$\hat{a}, \hat{A}$	（斜体・ハット（∧）付き）	（関数に作用する）演算子（演算結果がスカラー）
$\hat{\boldsymbol{a}}, \hat{\boldsymbol{A}}$	（太字・斜体・ハット（∧）付き）	（関数に作用する）演算子（演算結果がベクトル）

著者紹介

北條　博彦（ほうじょう　ひろひこ）

1998 年、東京工業大学大学院生命理工学研究科博士課程修了。
産業技術総合研究所を経て、現在、東京大学環境安全研究センター（兼・生産技術研究所）教授。
専門は、結晶工学、有機物理化学、理論・計算機化学。
著書に「物質科学を学ぶ人の 空間群練習帳」（コロナ社）、「化学基礎」（共著、化学同人）、
「化学・バイオがわかる物理 111 講」（共著、オーム社）、「高校で教わりたかった化学」（共著、
日本評論社）
などがある。

NDC431　271p　21cm

語りかける量子化学（かたりかけるりょうしかがく）　原子と物質をつなぐ 14 章（げんしとぶっしつをつなぐ）

2023 年　5 月 30 日　第 1 刷発行

著者	北條　博彦（ほうじょう　ひろひこ）
発行者	髙橋　明男
発行所	株式会社 講談社

〒 112-8001　東京都文京区音羽 2-12-21
　　販売　　（03）5395-4415
　　業務　　（03）5395-3615

KODANSHA

編集	株式会社 講談社サイエンティフィク

代表　堀越　俊一

〒 162-0825　東京都新宿区神楽坂 2-14　ノービィビル
　　編集　　（03）3235-3701

本文データ制作	株式会社 双文社印刷
印刷・製本	株式会社 ＫＰＳプロダクツ

Printed in Japan
ISBN978-4-06-531904-8